高等学校计算机类课程应用型人才培养规划教材

计算机系统导论

（第3版）

徐洁磐　主　编

王家宁　副主编

中国铁道出版社有限公司
CHINA RAILWAY PUBLISHING HOUSE CO., LTD.

内 容 简 介

本书是计算机相关专业本科学生的入门教材，从整体角度对计算机学科作了全面、完整、系统的介绍。全书按计算机学科体系分五篇进行介绍，内容包括初识计算机——计算机全景图；构建计算机——计算机系统介绍；开发计算机——计算机应用系统；研究计算机——计算机理论；人文计算机——计算机文化。本书为学生提供计算机学科整体平台知识，为后续课程提供指导，为选修课程提供帮助，为选择专业方向提供思路，为日后工作提供计算机知识基础，为选择职业拓宽门路。

本书内容全面、重点突出，兼顾原理与操作、概念与应用，以应用为核心，符合当代计算机技术发展潮流。

本书适合作为高等学校计算机相关专业（特别是应用型专业）本科学生“计算机导论”课程的教材。

图书在版编目（CIP）数据

计算机系统导论/徐洁磐主编．—3 版．—北京：中国铁道出版社有限公司，2019.8（2022.9 重印）

高等学校计算机类课程应用型人才培养规划教材

ISBN 978-7-113-25935-8

Ⅰ．①计… Ⅱ．①徐… Ⅲ．①计算机系统-高等学校-教材 Ⅳ．①TP303

中国版本图书馆 CIP 数据核字(2019)第 155314 号

书　　名：**计算机系统导论**
作　　者：徐洁磐

策　　划：周海燕　　　　编辑部电话：（010）51873202
责任编辑：周海燕　徐盼欣
封面设计：付　巍
封面制作：刘　颖
责任校对：张玉华
责任印制：樊启鹏

出版发行：中国铁道出版社有限公司（100054，北京市西城区右安门西街 8 号）
网　　址：http://www.tdpress.com/51eds/
印　　刷：北京柏力行彩印有限公司
版　　次：2011 年 8 月第 1 版　2019 年 8 月第 3 版　2022 年 9 月第 4 次印刷
开　　本：787 mm×1 092 mm　1/16　印张：17.5　字数：401 千
书　　号：ISBN 978-7-113-25935-8
定　　价：46.00 元

编审委员会

序

FOREWORD

当前，世界格局深刻变化，科技进步日新月异，人才竞争日趋激烈。我国经济建设、政治建设、文化建设、社会建设及生态文明建设全面推进，工业化、信息化、城镇化和国际化深入发展，人口、资源、环境压力日益加大，调整经济结构、转变发展方式的要求更加迫切。国际金融危机进一步凸显了提高国民素质、培养创新人才的重要性和紧迫性。我国未来发展关键靠人才，根本在教育。

高等教育承担着培养高级专门人才、发展科学技术与文化、促进现代化建设的重大任务。近年来，我国高等教育获得前所未有的发展，大学数量从1950年的220余所已上升到2019年的2 900余所。但目前诸如学生适应社会以及就业和创业能力不强，创新型、实用型、复合型人才紧缺等高等教育与社会经济发展不相适应的问题越来越凸显。2010年7月发布的《国家中长期教育改革和发展规划纲要（2010—2020年）》提出了高等教育要"建立动态调整机制，不断优化高等教育结构，重点扩大应用型、复合型、技能型人才培养规模"的要求。因此，新一轮高等教育类型结构调整成为必然，许多高校特别是地方本科院校面临转型和准确定位的问题。这些高校立足于自身发展和社会需要，选择了应用型发展道路。应用型本科教育虽早已存在，但近几年才开始大力发展，并根据社会对人才的需求，扩充了新的教育理念，现已成为我国高等教育的一支重要力量。发展应用型本科教育，也已成为中国高等教育改革与发展的重要方向。

应用型本科教育既不同于传统的研究型本科教育，又区别于高职高专教育。研究型本科培养的人才将承担国家基础型、原创型和前瞻型的科学研究，它应培养理论型、学术型和创新型的研究人才；高职高专教育培养的是面向具体行业岗位的高素质、技能型人才，通俗地说，就是高级技术"蓝领"；而应用型本科培养的是面向生产第一线的本科层次应用型人才。由于长期受"精英"教育理念支配，脱离实际、盲目攀比，高等教育普遍存在重视理论型和学术型人才培养的偏向，忽视或轻视应用型、实践型人才的培养。在教学内容和教学方法上过多地强调理论教育、学术教育而忽视实践能力培养，造成我国学术型人才相对过剩而应用型人才严重不足的被动局面。

应用型本科教育不是低层次的高等教育，而是高等教育大众化阶段的一种新型教育层次。计算机应用型本科的培养目标是：面向现代社会，培养掌握计算机学科领域的软硬件专业知识和专业技术，在生产、建设、管理、生活服务等第一线岗位，直接从事计算机应用系统的分析、设计、开发和维护等实际工作，维持生产、生活正常运转的应用型本科人才。计算机应用型本科人才有较强的技术思维能力和技术应用能力，是现代计算机软硬件技术的应用者、实施者、实现者和组织者。应用型本科教育强调理论知识和实践知识并重，相应地，其教材更强调"用、新、精、适"。所谓"用"，是指教材的"可用性""实用性""易用性"，即教材内容要反映本学科基本原理、思想、技术和方法在相关现实领域的典型应用，介绍应用的具体环境、条件、方法和效果，培养学生根据现实问题选择合适的科学思想、理论、技术和方法去分析、解决实际问题的能力。所谓"新"，是指教材内容应及时反映本学科的最新发展和最新技术成就，以及这些新知识和新成就在行业、生产、管理、服务等方面的最新应用，从而有效地保证学生“学以致用”。所谓“精”，不是一般意义的“少而精”。事实常常告诉人们，“少”与“精”并不等同，数量的减少并不能直接促使提高质量，而且“精”又是对“宽与厚”的直接“背叛”。因此，教材要做到“精”，教材的编写者要在“用”和“新”的基础上对教材的内容进行去伪存真的精练工作，精选学生终身受益的基础知识和基本技能，力求把含金量最高的知识传授给学生。“精”是最难掌握的原则，是对编写者能力和智慧的考验。所谓“适”，是指各部分内容的知识深度、难度和知识量要适合应用型本科的教育层次，适合培养目标的既定方向，适合应用型本科学生的理解程度和接受能力。教材文字叙述应贯彻启发式、深入浅出、理论联系实际、适合教学实践，使学生能够形成对专业知识的整体认识。以上四方面不是孤立的，而是相互依存的，并具有某种优先顺序。“用”是教材建设的唯一目的和出发点，“用”是“新”“精”“适”的最后归宿。“精”是“用”和“新”的进一步升华。“适”是教材与计算机应用型本科培养目标符合度的检验，是教材与计算机应用型本科人才培养规格适应度的检验。

中国铁道出版社有限公司同高等学校计算机类课程应用型人才培养规划教材编审委员会经过近两年的前期调研，专门为应用型本科计算机专业学生策划出版了理论深入、内容充实、材料新颖、范围较广、叙述简洁、条理清晰的系列教材。本系列教材在以往教材的基础上大胆创新，在内容编排上努力将理论与实践相结合，尽可能反映计算机专业的最新发展；在内容表达上力求由浅入深、通俗易懂；编写的内容主要包括计算机专业基础课和计算机专业课；在内容和形式体例上力求科学、合理、严密和完整，具有较强的系统性和实用性。

本系列教材针对应用型本科层次的计算机专业编写，是作者在教学中采纳了众多教学理论和实践的经验及总结，不但适合计算机等专业本科生使用，也可供从事 IT 行业或有关科学研究工作的人员参考，还可供该新领域感兴趣的读者阅读。

本系列教材出版过程中得到了计算机界很多院士和专家的支持和指导，中国铁道出版社有限公司的多位编辑为本系列教材的出版做出了很大贡献。本系列教材的完成不但依靠了全体作者的共同努力，同时也参考了许多中外有关研究者的文献和著作，在此一并致谢。

应用型本科是一个日新月异的领域，许多问题尚在发展和探讨之中，观点的不同、体系的差异在所难免。本系列教材如有不当之处，恳请专家及读者批评指正。

“高等学校计算机类课程应用型人才培养规划教材”编审委员会

PREFACE

第 3 版前言

《计算机系统导论》自 2011 年出版至今已近 8 年，中间经历了 2016 年的第二版以及 2017 年的局部修订重印，近两年，计算机学科又有了快速的发展。习近平总书记在 2019 年 5 月 26 日致中国国际大数据产业博览会的贺信中指出：“当前，以互联网、大数据、人工智能为代表的新的一代信息技术蓬勃发展，对各国经济发展、社会进步、人民生活带来重大而深远的影响。”同时也指出了当前信息技术的特征是“数字化、网络化、智能化”。

为适应这种发展，本教材内容又必须作相应调整，因此须有新的第三版以满足读者需要。

本教材第三版的修改原则是：

（1）本版仍保持前两版基本框架不变，即五篇 13 章不变。章中小节仅作少量调整。这表示虽然计算机学科发展很快，但是其基本体系没有改变。

（2）在框架不变的基础上，框架中的内容有较大更新，主要是：

- “互联网 +”及云计算；
- 大数据与人工智能；
- 计算机学科体系与教学体系间的关系；
- 计算机应用系统；
- 计算机硬件发展新技术（特别是超级计算、移动计算及云计算平台）；
- 计算机软件发展新技术（特别是新的程序设计语言体系形成及 Python 的出现）；
- 系统整体性的内容补充。

（3）在增添内容的同时适当删除了部分落后与过时内容，使本教材更能符合时代需求。

（4）对上一版中的个别错误作了订正。

本版教材保持原教材的所有特色未变，其适用对象也没有改变，特别适合作为计算机应用类专业本科学生“计算机导论”课程的教材。本教材体现了内容精练的原则，适合于学时数为 48 及 32 的两种不同模式的课程安排。本教材中部分章节带有“*”，可视情况自行选学。

本教材配有相应实验教材：《计算机系统导论实验教程（第 2 版）》。

本教材由徐洁磐任主编，由王家宁任副主编。在本次改版过程中得到了南京大学徐永森教授及东南大学孙志挥教授的支持与帮助，同时得到了南京大学计算机软件新技术国家重点实验室的支持，特此一并表示感谢。

徐洁磐

2019 年 6 月于南京

CONTENTS

目录

第一篇　初识计算机——计算机全景图

第二篇　构建计算机——计算机系统介绍

第三篇 开发计算机——计算机应用系统

第四篇 研究计算机——计算机理论

第五篇　人文计算机——计算机文化

第一篇

初识计算机——计算机全景图

本篇是全书的开篇，它从宏观角度介绍计算机及计算机学科的全貌，并作为读者了解计算机的切入点。因读者对它的了解是初步的，故称初识计算机。但它对计算机的介绍是全面的，因此又称计算机全景图。本篇包括一章，即第 1 章：计算机基础内容，主要介绍计算机基础性知识。

第1章 计算机基础内容

本章导读

本章通过对计算机基础知识的介绍，使学生对计算机有一个全局、宏观的了解。本章为后面各章内容的框架，在全书中起着提纲挈领的作用。

内容要点：

- 计算机概念的三个阶段。
- 计算机学科的3+1内容。

学习目标：

能对计算机的概念有一个全面、概要的了解。具体包括：

- 数字电子计算机。
- 计算机系统。
- 计算机学科。
- 计算机教育。

通过本章学习，学生能对计算机的概念有一个全局性的认识。

1.1 概　　述

亲爱的读者，当你打开这本书的时候，你已经开始进入计算机殿堂的大门了，而这本书就是指引你由大门进入殿堂的入门书籍，故称《计算机系统导论》。所谓“导论”即是“指引”之意，在学完这本书后，希望你能对计算机系统有一个全面、完整及系统的了解，能掌握计算机的基本操作并为后续课程提供支撑，为今后工作提供基础，为规划专业方向提供思路。

“计算机系统导论”是计算机专业学生的第一门课。虽然同学们在中学阶段大都学过计算机相关课程，并接触或操作过计算机，但是，这些知识与操作可能是不系统的，甚至是零乱的、不完整的，甚至是残缺的。而本书介绍的内容会是系统、完整与全面的。

本章将对计算机基本概念进行介绍，使读者对计算机有一个全面了解。其次，还将对计算机学科作一个初步概述。最后，在学习了计算机相关知识后，还需要将其上升为能力与素质。

1.2　计算机的基本概念

1.2.1　计算机的含义

计算机（computer）的全称是“数字电子计算机”（digital electronic computer）。它的概念有四个层次。

1.“机”

它表示“这是一种机器”。所谓机器，即是协助人类工作的一种工具。

2.“计算”机

它表示“这是一种协助人类用于计算的机器”。对于“计算”的含义是逐步发展的，在计算机刚诞生时，仅能做加、减、乘、除等基础的数值计算。但是随着计算机的发展，它也能做文字、符号等处理，称为数据处理。接着，还能做图形、图像、声音以及视频、音频等多媒体处理，更进一步还能做逻辑思维的推理、归纳等，称为人工智能。所有这一切都称为非数值计算。因此，计算机中的计算能力目前已远远超出数值计算的范围，包括数据处理、多媒体处理以及人工智能领域等范围。

3.“电子”计算机

它表示“这是一种以电子元器件为主要材料所构成的计算机”。所谓“电子元器件”，早期是电子管，后来是晶体管，接着是集成电路以及大规模、超大规模集成电路。所谓“电子元器件为主要材料”指的是：除了电子元器件外，还有机电、光电以及电磁元器件所组成的一些装置作为配套。

实际上，作为计算机而言，早在数千年前就已出现。我国的算盘就是一种最典型的计算机；而在此后陆续出现的法国人帕斯卡（B.Pascal）于17世纪所发明的手摇计算器，以及19世纪末所出现的计算尺等都是某种形式的计算机。由于它们受制作器材（要么是木材或者就是机械）所限，其计算能力受到极大的限制。只有在出现以电子元器件为材料的电子计算机后，计算机才得到了突飞猛进的发展，成为当代信息领域高新技术的代表。

4.“数字”电子计算机

它表示“该类电子计算机所处理的数据都是被数字化的”。所谓“数字化”指的是：所有计算机中的数据都用离散信号表示（常用的是1与0两个数字量），包括数值、文字、符号及多媒体信号等。在计算机发展的初期，数据是用电平高低及电流大小等连续的物理量模拟的，这种计算机称为模拟计算机（analog computer）。而目前的计算机主要是为区别于模拟计算机，因此称为数字电子计算机。

根据这四个层次的解释，数字电子计算机通常又称计算机，它是用离散量表示数据、以电子元器件为主所组成的一个能协助人类进行数值及非数值计算的工具。

这就是我们对计算机最原始与最初步的了解，它为我们认识计算机打下了最根本的基础。但这种对计算机的了解是望文释义性质的，其实计算机的概念远比这个要复杂，下面将对它作详细与全面的介绍。

1.2.2　计算机的概念及其变迁

前面已简单介绍了计算机，接着对计算机这个概念作进一步的介绍。

计算机的概念是与计算机的不同发展时代有关的，它一般可以分为三个阶段：

第一阶段：计算机主要表现为计算机硬件。

第二阶段：计算机主要表现为计算机硬件+计算机软件。

第三阶段：计算机主要表现为计算机硬件+计算机软件+计算机网络（支撑）。

下面对这三个阶段进行介绍。

1. 计算机硬件

（1）计算机硬件概述

在计算机发展初期，计算机的主要表现形式是计算机硬件（computer hardware）。所谓硬件是由电子元器件为主所组成的计算机实体，它看得见、摸得到，具有金属外壳，坚固、硬实。硬件一般由五个部分组成：运算器、控制器、存储器、输入装置、输出装置，它们通过总线与接口互相连接构成一个整体，以完成计算任务。其中，运算器与控制器的组合构成一个基本处理单元，称为中央处理器（CPU）。硬件的主要功能是执行指令。指令有运算指令、控制指令、传输指令、输入/输出指令等。

计算机硬件是一个独立的计算装置，用户需作计算时，只要从输入装置输入相应的指令及数据后，计算机即能按指令要求工作从事“计算”，最终将计算结果通过输出装置输出。图1-1所示为计算机硬件的工作流程。

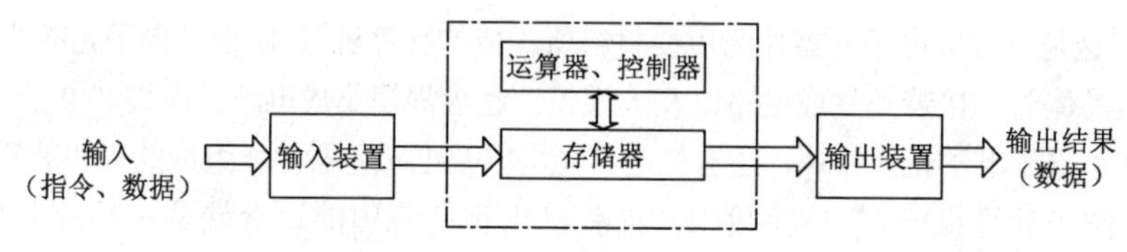

图1-1 计算机硬件的工作流程

（2）计算机硬件的发展历史

计算机硬件发展从1946年开始至今已有70余年历史，在其发展的历史长河中与电子技术的突破性进展紧密相关，一般将它分为四个发展时代。

① 第一代计算机（1946—1957年）。世界上第一台真正的通用数字电子计算机诞生于1946年，而在它之前人类为实现能计算的机器已奋斗了数千年，前面所说的算盘、计算器以及计算尺即是有力的证明。但是，真正实现快速、自动计算机器的梦想，只有到20世纪才成为可能。20世纪30年代电子技术的发展为计算机出现奠定了物理基础。1936年英国人图灵（Alan Turing，见图1-2）则给出了构造计算机的一种模型，称为图灵机，它为计算机的出现在理论上奠定了基础。最后，由于第二次世界大战的爆发，迫切需要快速计算用于军事领域的应用刺激，最终出现了第一台通用计算机ENIAC（Electronic Numerical Integrator And Computer，见图1-3）。

图1-2 图灵

ENIAC是美国宾夕法尼亚大学教授约翰·莫克莱所领导的一个小组所研制成功的。该计算机主要是为美国海军计算炮弹的弹道轨迹而研制的。ENIAC用电子管作为主要组件，使用了18 000多个电子管，占地面积约170 m^2，重达30 t，加法运算速度可达5 000次/s。

在接下来的计算机EDVAC中，由美籍匈牙利专家冯·诺依曼（John von Neumann，见

图1-4)所领导的研制小组对计算机的结构体系作了新的调整,形成了目前被广泛采用的冯·诺依曼体系，又称冯·诺依曼型计算机，这种结构体系一直沿用至今。EDVAC于1950年研制成功并投入运行。ENIAC和EDVAC是计算机发展历史上具有标志性作用的机器。

图1-3　ENIAC

图1-4　冯·诺依曼

到了20世纪50年代以后，计算机正式进入商用。IBM公司于1953年研制成功第一台商用计算机IBM701，并投入批量生产,从此以后就开始了计算机应用和计算机产业的发展。

② 第二代计算机（1958—1964年）。第一代计算机虽然使用电子管，运算速度快，但是它所占体积大、耗电量高、可靠性差、制造成本高、维护难，这些缺点也严重制约了它的发展，特别是随着应用扩大，运算速度已明显不能满足需要，因此迫切需要进一步的改造与发展。

到了20世纪50年代后半期，由于晶体管的出现并且取代了电子管，计算机进入了新的一代,称第二代计算机。

由于晶体管的体积小、耗电量低、可靠性高，更主要的是速度快，因此，它的使用使计算机有了质的飞跃。

第二代计算机的典型产品有IBM公司IBM7094与CDC公司的CDC1640等。同时，计算机已开始进入大规模的商用阶段。

③ 第三代计算机（1965—1971年）。电子技术的进一步发展及集成电路的出现，催生了第三代计算机的问世。集成电路是将大量的晶体管等组件组合在一块硅芯片上,因此又称芯片。集成电路的集成规模在当时有两种档次：一种是小规模集成电路，其集成规模为100个晶体管以下；另一种是中规模集成电路，其集成规模为100～1 000个晶体管。

1965年,美国的DEC公司首推集成电路计算机PDP-8,从而使计算机进入了第三个历史时代。

第三代计算机是以小规模及中规模集成电路取代晶体管电路的新一代计算机,它具有比第二代更小的体积、更快的速度、更低的耗电量。

第三代计算机的典型产品是IBM公司的360和370系列以及DEC公司的PDP系列，它们在20世纪60年代至70年代间起到了重要作用。

④ 第四代计算机（1972年至今）。第四代计算机是采用大规模及超大规模集成电路的计算机。所谓大规模集成电路指的是集成度在1 000～10 000个组件的芯片，而所谓超大规模集成电路则指的是集成度在10 000个组件以上的芯片。目前，这种芯片的集成规模正按照摩尔定律（Moore's law）的法则逐年变化。所谓摩尔定律是对芯片集成度规律的一种预测的描述。摩尔定律告诉我们，芯片的集成度每隔18个月提高一倍，价格降低一半，而速度也加快一倍。

由于大规模及超大规模电路的采用，第四代计算机正在向两个方向迅速发展。

a．巨型化方向。计算机要进一步提高速度与计算能力，除了依靠微电子技术外，更主要的是需挖掘自身的潜能，而目前所采用的办法是计算机自身的并行技术。所谓并行技术即是将多个计算单元组合在一起，共同协作完成计算任务。这种计算机称为并行计算机（parallel computer）。

目前，几乎所有的大型机与巨型机都采用这种并行技术，一般大型机中都包含有数十个CPU，巨型机中则包含有1 000～10 000个CPU，或超过10 000个以上的CPU。

我国的巨型机“银河”“天河一号”“天河二号”等在过去几年中连续多次获得TOP500国际超级计算机评比冠军，它们都是由数千个到上万个芯片所组成的并行机。

2017年6月19日，2017年最新TOP500评比结果出炉，全球超级计算机500强公布，我国有167台巨型机进入500强，占全球总数第一。其中，“神威·太湖之光”（见图1-5）以12.5亿亿次／s速度第三次荣登榜首。该机器是一台采用了40 000以上个国产芯片组成的并行机，实现了全部元器件国产化。

图1-5 “神威·太湖之光”计算机

b．微型化方向。计算机发展的另一个方向是微型化。由于大规模及超大规模电路的出现，使得这种发展成为现实，如微型计算机、笔记本式计算机、平板计算机、手机及单板机、单片机等。目前一般只要安装一块电路板即能实现计算机的功能。

首台商用微型计算机是1975年的MITS Altair，它使用的是Intel公司的8080芯片；接着IBM公司所开发的微型计算机系列占领了计算机的市场，成为计算机市场中的佼佼者。而当前，在微型化方向上进一步发展，如iPad等平板计算机以及iPhone、华为等移动计算机。

2．计算机软件

（1）计算机软件的基本概念

计算机软件是相对于计算机硬件而言的。计算机硬件是看得见、摸得到且具有坚硬外形的物件；而计算机软件则是看不见、摸不到的逻辑物件，具有软件特色。计算机软件由程序与数据组成。

在计算机诞生初期，由于其结构简单、应用面窄，因此计算机的运行所用指令少、数据量小。此时，计算机作为一个运行独立单位，只要输入少量指令与数据，即能独立运行并产生结果。那时，在计算机中并没有软件这个概念。但是，随着计算机硬件的发展和应用面的扩大，从20世纪60年代初开始，出现计算机软件这个概念。

计算机是一种“计算”的机器，它不会自动计算，它的计算完全是听从指令的指挥，即计算机是一种执行指令的机器。当人们需要计算时，将它们编制成指令的序列交给计算机执行，这是人们使用计算机的最常用方式。这种“指令的序列”称为程序；而“编制指令序列”则称为程序设计，或称编程。

随着应用中求解问题的规模与复杂度增加，程序也越来越大，程序设计也越来越困难，此时迫切需要有一种更为接近自然语言的工具来编程，程序设计语言应运而生。采用程序设计语言编程可以大大提高编程效率，加快应用开发。在使用了程序设计语言后，人们所编写的程序需通过翻译程序将其转换成由指令所组成的程序，然后再交由计算机执行。这个翻译程序称为语言处理系统（language processing system）。

同时，由于计算机的发展，其内部的设备及软件也越来越多，此时需要有一种软件对它作统一管理，这种软件称为操作系统（operating system，OS）。

此外，计算机执行计算的对象是数据，在初期，计算机存储容量小，因而数据量也很少，一般只达 KB 级（即 1 024 个字节单位）；随着计算机存储容量的增加，目前已可达 GB 级或 TB 级（即 2^{30} 个单位或 2^{40} 个单位字节），因此计算机存储的数据量也很多。为方便用户使用这些数据，需要有专用的软件进行管理，这种软件就是数据库管理系统（database management system，DBMS）。

与此同时，为解决应用中的问题而编写的程序（称为应用软件）也大量出现。另外，还有一些用于支持应用软件正常运行的软件（称为支撑软件）也相应出现与发展。

所有这些程序，还需要有海量的数据与之匹配，它们组成了计算机软件（computer software），这些软件需要长期驻留于计算机内，并成为计算机正常运行必不可少的条件。

在计算机软件中一般将其分成为三部分：系统软件、应用软件与支撑软件。

① 系统软件。系统软件是为计算机运行提供基础性支持的软件，它一般包括语言处理系统、操作系统及数据库管理系统三种。

② 应用软件。应用软件是直接面向应用的软件，如字处理软件、文稿演示软件、财务处理软件、电子商务软件以及目前大量流行的 App 等均是应用软件。

③ 支撑软件。一些介于系统软件与应用软件间的软件起着工具与接口的作用，它们对应用软件具有支撑意义，因此称为支撑软件，如图像处理软件、文件传输软件、数据与程序的接口软件等均属此类软件。

(2) 计算机概念的第一次变化

有了计算机软件后，计算机硬件已不能构成一个独立的运行实体，它必须在软件的支撑与协助下才能完成计算。因此，在 20 世纪 60 年代后，人们所理解与认识的计算机是计算机硬件与软件的结合体，一般称为计算机系统（computer system），也可简称为计算机。在这种计算机中，计算机硬件往往称为裸机，而其软件可以认为是“穿在裸机身上的服装”。如同人一样，一个正常的人应该是一个穿着端正的人，同样，一个正常的计算机应该是硬件与软件相结合的计算机。这就是计算机硬件、软件与计算机间的关系。图 1-6 给出了这种计算机新概念示意图。

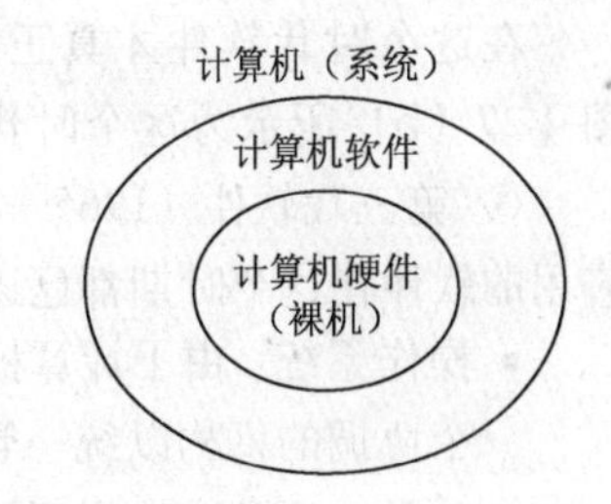

图 1-6 计算机新概念示意图

(3) 计算机软件的发展历史

虽然计算机软件与硬件关系密切，但是计算机软件的发展有其自身的历史轨迹，了解软件进化方式对理解软件在现代计算机系统中的重要性是至关重要的。

计算机软件发展自 1951 年起到目前为止经历了五个时代，分别是：

① 第一代软件（1951—1959 年）—— 萌芽期。自 1950 年冯·诺依曼型计算机出现后就有了程序与程序设计的概念。但是，那时的程序是用计算机的指令编写的，这种指令称为机器指令

或机器语言，因为这是计算机的语言。这种语言由一串二进制数字所组成，而一个程序往往就是一大串二进制数字。这种语言与自然语言差距极大，因此人们要使用它与阅读它均十分困难，当时人们称之为“天书”。这种说法充分反映了机器语言对人类的不适应性，特别是用它编制程序时，不仅困难，同时极易出错。人们企图摆脱这种困境，这就出现了产生软件的原动力。

首先所出现的改变是将这种二进制数字符串的指令用人们所熟悉的符号表示，如用 ADD 表示加法，而取代二进数字中的101；用 SUB 表示减法指令，取代二进制字符串中的110。用符号替代机器指令后，所形成的语言称为汇编语言（assembly language）。人们用汇编语言编程比过去方便多了。

但是，仅有汇编语言是不够的，因为用汇编语言所写成的程序无法被机器所识别，更不能在计算机上运行。因此，必须将这种程序翻译成机器语言后计算机才能执行。这种“翻译”也可以用程序实现，这种程序称为汇编程序。

机器指令编程与汇编语言编程构成了第一代软件的基本特征。汇编语言的出现迈开了计算机程序设计语言的第一步。

但是，在第一代软件中尚未出现软件的概念，仅仅有软件的一些思想与局部性的概念。因此，称这一代为软件的萌芽期。第一代软件的示意图如图 1-7（a）所示。

② 第二代软件（1960—1965年）—— 初创期。真正意义上的软件出现于第二代，其标志性的成果是高级程序设计语言的出现。虽然汇编语言的出现改变了程序的面貌，但是它仅仅是机器语言的一种改良而已，离真正人类所使用的自然语言还很远，要达到这种境界不仅存在着技术上的困难，而且更主要的是理论上的困难，而这些困难的克服在第二代软件这个时期内都得到了解决。

在20世纪60年代上半期，真正接近自然语言的程序设计语言问世，它称为高级程序设计语言，其典型的代表是 ALGOL、FORTRAN 及 COBOL 等。

随着高级程序设计语言的出现，翻译这些语言的翻译程序能将高级程序设计语言翻译成机器语言，称为编译程序（compiler），它是语言处理系统的一种形式。

在这个时代软件才真正出现，它是软件发展的初期，因此该时代称为软件的初创期。图 1-7（b）所示为这个时代的示意图。

③ 第三代软件（1965—1971年）—— 发展期。这个时代是软件的发展时代，目前一般所应用的软件在这个时期都已逐步形成，它们是：

- 操作系统：由于计算机结构越来越复杂，计算机内程序与数据越来越多，因此需要有一个协调的机构以统一管理，这个机构可以用软件实现，称为操作系统。操作系统的出现从另一个角度改变了计算机的面貌。
- 数据库管理系统：数据库管理系统主要用于管理计算机内日益增多的数据量，为有效组织数据与操作数据提供方便。
- 应用软件包：在该时代中出现了众多的应用软件包，如办公软件包 Office、杀毒软件等，它们为用户应用提供了很多方便。

在这个时代中，语言处理系统、操作系统及数据库管理系统组成了系统软件，而应用软件包则是支撑软件的前身，再加上这个时代的大量应用程序，它们构成了整个软件的基本架构。

在这个时代中所有软件一般需常驻于计算机内，它们构成了计算机的一部分。因此，计算机概念的改变确切地说始于此时代的末期，即从 20 世纪 70 年代以后，计算机的概念不仅包含硬件，同时也将软件包含在内。图 1-7（c）所示为这个时代的示意图。

④ 第四代软件（1971—1989 年）—— 持续发展期。这个时代是软件持续发展的时代，其主要特征是软件工程的发展。随着大型应用程序出现，迫切需要规范应用程序的开发，因此需要有一个完整的开发软件的思想与方法，这就出现了软件工程。软件工程为促进大型应用系统的发展做出了贡献，同时也为软件的发展做出了贡献。如结构化方法、面向对象方法都是在这个时代诞生的。图 1-7（d）所示为这个时代的示意图。

⑤ 第五代软件(1990 年至今) —— 成熟期。这个时代是软件收获的季节，累累硕果挂满软件这棵大树枝头，供人们欣赏、采摘。

经过几十年的努力与奋斗，软件发展已取得重大阶段性成果。软件从思想、理论与方法，从研究到开发都告诉我们，一个完整的软件体系已经建立，具体表现为如下几个方面：

- 系统软件基本定型：系统软件中的操作系统、数据库管理系统与语言处理系统经过不断竞争与发展，其中的 Windows、UNIX 及 Linux 脱颖而出成为操作系统的代表性产品；Oracle、DB2 及 SQL Server 等数据库管理系统成为典型的数据库管理系统产品；在程序设计语言方面，C、C++及 Java 等已成为常用的工具。
- 大型应用系统开发方法已基本成熟：经过数十年开发的积累与研究，对大型应用系统开发已有一套行之有效的方法。
- 已形成一套完整理论体系：在对软件研究的基础上已形成了一套完整的体系，包括算法理论与数据理论等。

图 1-7（e）所示为这个时代的示意图。

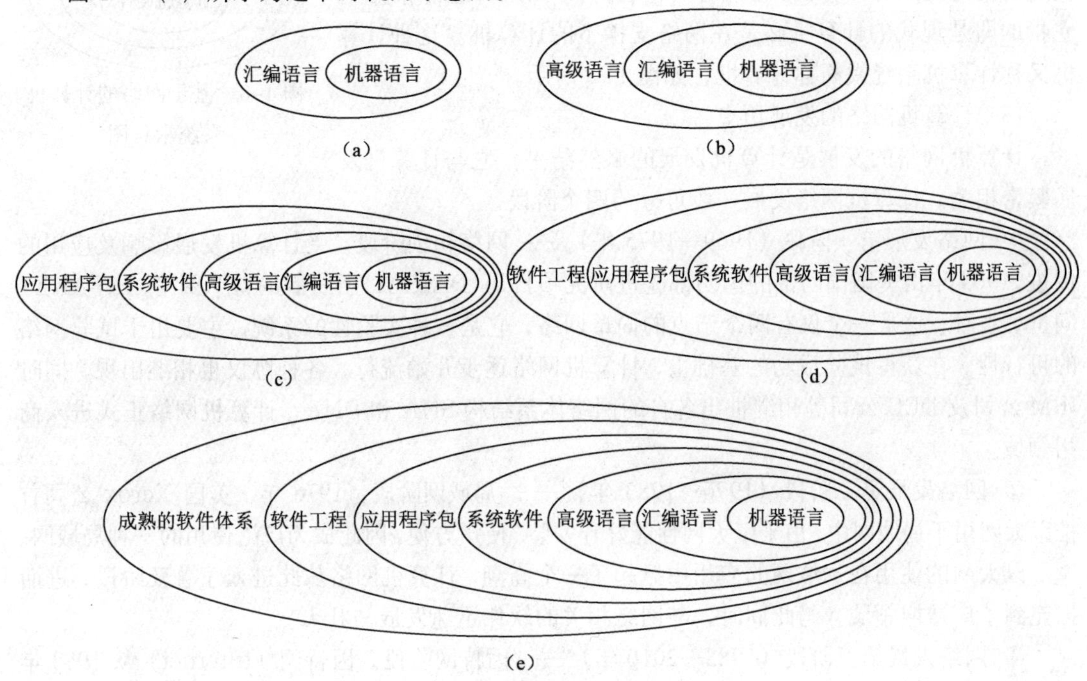

图 1-7　软件发展历史示意图

3. 计算机网络

(1) 计算机网络的基本概念

计算机网络是在计算机及数据通信发展基础之上所出现的，它是地理上分散的多台自主计算机互连的集合，是自主计算机与数据通信按一定协议要求所组成的实体。网络的出现使计算机打破了地域的限制，从而使得计算机应用领域更为广泛。

计算机网络的进一步发展是互联网，它使得计算机在全球范围内连在一起，当前进入了互联网时代。

(2) 计算机概念的又一次改变

计算机网络的出现使计算机的概念又一次发生改变。现在的计算机已不是孤立的计算机，而是与网络相连的计算机。譬如人一样，现代的人是在社会中生活的人，这是一种社会人，而不是离群索居的，也不是闭关自守的人。这种与网络相连的计算机与孤立的计算机有着不同，其主要差别至少有下面几点：

① 这种计算机具有更多资源可以利用，包括数据资源、软件资源及硬件资源等，称为资源共享。

② 这种计算机具有能进行相互沟通与相互支持的能力。例如，可以进行 E-mail 通信、QQ 交流等；又如，具有远程医疗、远程教育以及远程通信等能力。

③ 这种计算机还能通过网络多机协作完成单机无法完成的大型计算任务。

目前的计算机正是这种以网络为依托的计算机，这是目前人们所看到与使用的计算机。当前有一句名言：“网络即是计算机”，它指的即是现代的计算机必是在网络支撑下的计算机。这种计算机又称计算机系统或简称计算机，如图 1-8 所示。

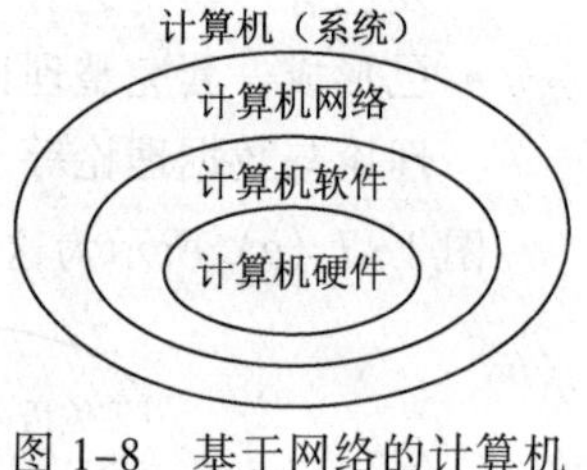

图 1-8 基于网络的计算机系统示意图

(3) 计算机网络的发展历史

计算机网络的发展是计算机发展的必然结果，它与计算机发展紧密相关。计算机网络发展一般可分为四个阶段。

① 网络发展第一阶段（1969—1975 年）—— 网络初创阶段。受计算机发展影响及应用的促进，1969 年由美国国防部的国防部先进研究项目局（DARPA）所研制的首个网络 ARPANET 问世，当时，这是一个仅有四个节点的简单网络，它是一种实验性的系统，主要用于试验网络的可行性。在获得试验成功的基础上，计算机网络逐步开始流行，各种协议也相继出现，同时 IBM 公司及 DEC 公司等相继推出各自的网络体系结构 SNA 和 DNA，计算机网络正式进入商用领域。

② 网络发展第二阶段（1976—1983 年）—— 局域网阶段。1976 年，美国 Xerox 公司首推以太网用于局域网中，由于以太网性能好且安装、使用方便，因此成为广泛使用的一种局域网。

以太网的使用在局域网的应用中掀起了一个高潮，计算机网络从此进入了普及阶段，进而扩充到了广域网领域。与此同时，与网络相关的软件迅速发展与壮大。

③ 网络发展第三阶段（1983—2010 年）—— 因特网阶段。因特网（Internet）从 1983 年开始试验到 1994 已进入实用阶段，并进入商业化时代，目前它已普及全球，几乎所有计算机都已接入因特网。

④ 网络发展第四阶段（2011 年至今）——因特网的持续发展阶段。在这一阶段，出现了物联网、移动互联网、云计算以及在这些发展基础上的“互联网+”，从而使互联网应用普及到各领域各行业。

与此同时，与因特网有关的软件也得到发展，目前已形成一个完整的网络体系。当今的应用软件实际已是网络应用软件。

1.3　现代计算机系统

由前面介绍可以知道，计算机是由最初的计算机硬件，经过若干年的软件发展而形成了由计算机硬件+计算机软件的计算机系统，再进一步发展，形成了由计算机系统加上计算机网络的支撑所组成的现代计算机系统。这种计算机具有所能见到的计算机硬件与安装在其内的软件以及一根与计算机网络相连的网线，它构成了计算机网络中的一个节点。这种计算机就是我们目前所使用的计算机。

现代计算机系统的发展历史不仅仅是计算机硬件发展的四个时代，而是包括硬件 4 个时代、软件发展 5 个时代以及网络发展的 4 个阶段共计 13 个发展阶段，它较为全面地反映了计算机迅速发展的过程。图 1–9 所示为计算机历史发展的全貌。

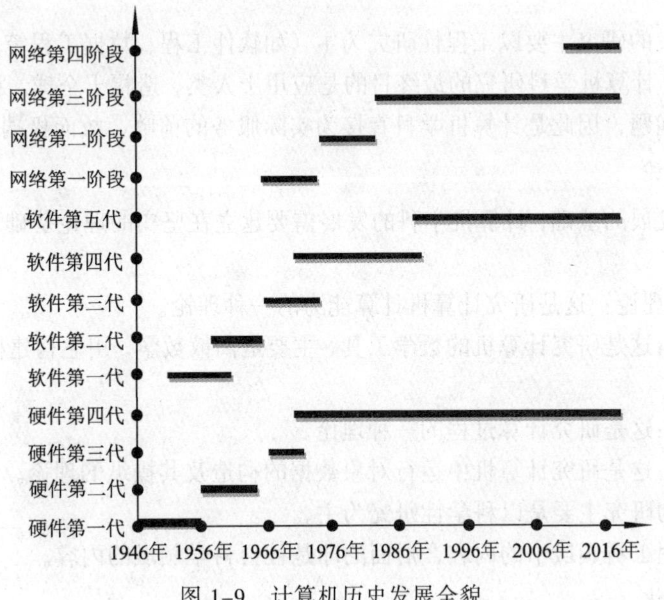

图 1–9　计算机历史发展全貌

1.4　计算机学科概述

计算机发展至今已形成一门庞大的学科。因此，我们不但需要介绍计算机的概念，而且需要介绍以计算机为研究对象的计算机学科。

1.4.1　计算机学科的含义

计算机学科是包含计算机科学、技术和工程在内的一门综合性学科。它以计算机为研究对象，研究计算机（包括计算机硬件、软件及网络）设计、制造和开发的理论、原则和方法。

在计算机学科中，科学侧重于研究现象、揭示规律；技术侧重于研制、开发计算机的方法与手段；工程侧重于将技术的方法与手段运用于计算机开发中的具体实现，计算机学科则是这三者的集成。近年来，计算机已广泛深入至社会各领域，它还成为社会科学所研究的内容，称为计算机文化。

1.4.2 计算机学科的内容

计算机学科可以包括的内容是三种理工科领域的内容以及一种社会科学领域的内容，简称3+1。下面对其做简单介绍。

1. 计算机系统

计算机系统包括对计算机的设计、构建、制造的方法与手段，计算机系统的研究内容则包括计算机硬件、软件及网络等。它也可以包括计算机的一些基础性研究以及计算机共享所带来的信息安全研究等内容。

对计算机系统的研究主要以技术性研究为主，也包括部分理论与工程性研究。此部分研究是计算学科中的主要研究内容。

2. 计算机开发

计算机开发主要是用计算机开发应用系统，这种应用系统往往是计算机硬件、软件及网络的集成系统。

对计算机开发的研究主要以工程性研究为主（如软件工程、数据工程等），也包括部分理论与技术性研究。计算机学科研究的最终目的是应用于人类，造福于全球。计算机开发直接研究应用中的工程问题，因此是计算机学科直接为实际服务的前哨，故而极端重要。

3. 计算机理论

理论是学科发展的基础，计算机学科的发展需要建立在坚实的理论基础上。计算机理论包括的内容有：

① 可计算性理论：这是研究计算机计算能力的一种理论。

② 数学理论:这是研究计算机的数学工具，主要是离散数学，用它构建模型以利于计算机的研究与应用。

③ 算法理论:这是研究计算过程的一种理论。

④ 数据理论:这是研究计算机中运行对象数据的构造及其操纵的理论。

计算机理论的研究主要是以科学性研究为主。

以上是三种理工科领域中的内容，后面的即是社会科学领域的内容。

4. 计算机文化

计算机文化主要探讨计算机进入社会后所产生的一些社会问题，它从道德、教育以及法律法规等方面规范计算机使用，在社会中形成文明、规范使用计算机的习惯与良好作风。

本教材即按照3+1内容为主线进行讲解。

1.4.3 计算机学科体系

1. 计算机学科内容间关系

从自然科学与技术科学内容看，计算机学科由理论、系统及开发三部分组成，它们之间存在着紧密的关联，理论是计算机学科的基础，计算机系统则是学科发展的主体，而开发则是系统的实际应用。其中，理论支撑系统发展，而理论与系统最终均服务于开发应用，这三者组成了图 1–10 所示的计算机学科构成示意图。

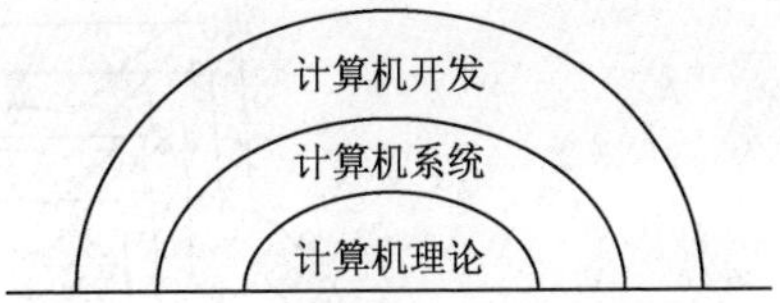

图 1–10　计算机学科构成示意图

2. 计算机学科知识构成

计算机学科由前面所述的四部分内容组成。其中每部分又有若干知识点，分别是：

(1) 计算机理论

计算机理论包括可计算性理论、数学理论、算法理论与数据理论四个知识点。它们是计算机学科的基础。

(2) 计算机系统

计算机系统包括数字技术、计算机硬件、计算机软件、计算机网络（包含网络软件）以及信息安全技术五个知识点。它们是计算机学科的核心内容。

(3) 计算机应用开发

计算机应用开发包括软件工程及计算机应用两个知识点。它是计算机学科最终的应用目的。

(4) 计算机文化

计算机文化包括计算机道德与计算机法律法规两个知识点，它是计算机学科在人文科学中的延伸。

由这四部分内容及 13 个知识点可以得出图 1–11 所示的计算机学科知识构成。

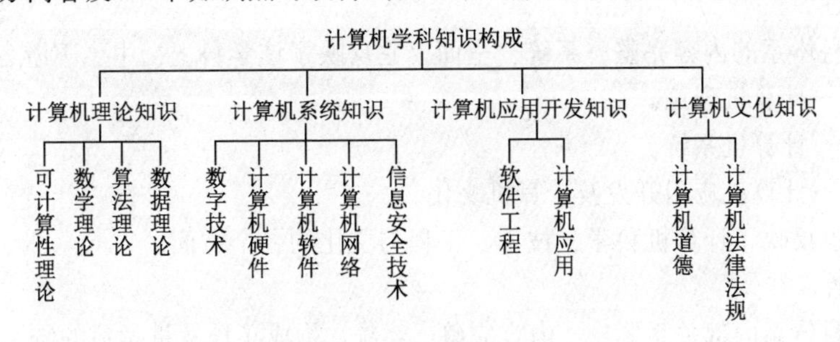

图 1–11　计算机学科知识构成

3. 计算机学科的洋葱头模型

计算机学科的 13 个知识点间有着内容上的关联与协调关系，它们构成一个层次型的单向依存关系，这种关系可用一个洋葱头形的模型表示，称为洋葱头模型。这种模型由 Nell Dale 于 2005 年首先提出，并在以后几年中得到了不同程度的更改。这种模型的基本核心思想是：计算机学科是由若干层单向依存的分支所组成，它们像洋葱一样分为很多层，而整个洋葱头就是一个完整的计算机学科体系。

图 1–12 所示为经过修改与调整后的洋葱头模型。

4. 计算机学科体系

计算机学科的洋葱头模型组成了学科的完整体系，称为计算机学科体系，这种体系由若干层分支学科组成，它们又分又合，又独立又关联，全面地覆盖了学科的全部内容，并具有以下的明显特点。

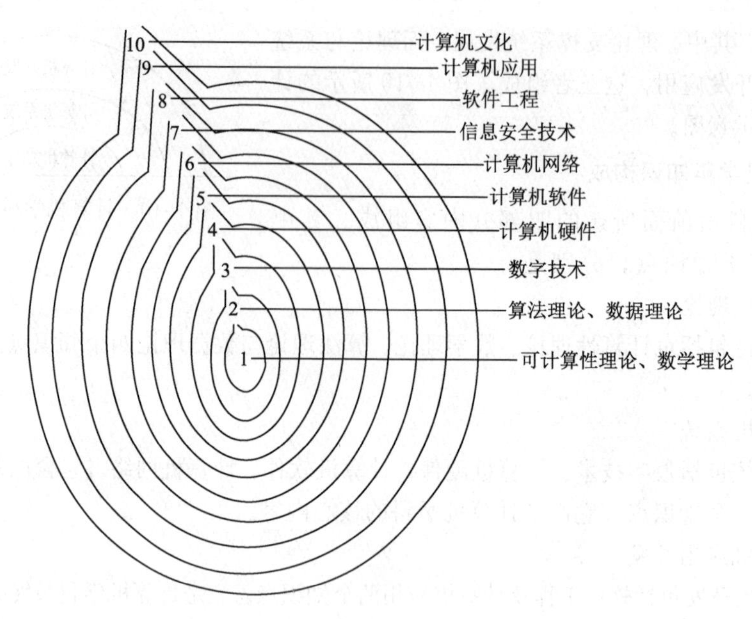

图 1–12　计算机学科的洋葱头模型

（1）关联性

上面已有所介绍，这里不做说明。

（2）完整性

计算机学科体系的内容完整、系统、全面，它反映了该学科上、中、下游各个层面：

① 上游——计算机理论。

② 中游——计算机系统。

③ 下游——计算机应用开发及计算机文化。

同时，它也反映了计算机科学、技术、工程与文化的各个方面。

（3）整体性

计算机学科体系内部关系紧密、内容完整、系统，构成了计算机学科的统一整体。由于这种体系的三大明显优点，因此，在本书中采用这种体系作为主要内容进行介绍。

实际上，在对计算机的介绍中存在着多种体系，大致有如下几种。

① 计算机理论体系：它是计算机理论或计算机科学为核心所延伸而成的体系，其内容侧重于计算机基础理论及与理论相关的内容。其缺点是完整性与整体性略显不足。

② 计算机应用体系：它侧重于计算机应用或计算机工程为核心所延伸而成的体系，其内容侧重于计算机开发、应用及其相关内容。其缺点也是完整性与整体性不足。

③ 计算机教学体系：该体系即是将计算机学科内容分割成若干门课程，而所有课程则组成了计算机教学体系。目前各校计算机相关专业均按计算机教学体系进行教学，计算机导论课程内容也大都按该体系进行教学。

目前这种教学体系由于设计上的原因，尚存在着诸多不足，不仅完整性与整体性不足，同时由于课程间紧密度不足，因此内在关联性不高。

因为上述三种体系存在不同程度的弊病，因此在本书中采用计算机学科体系无疑是较为合理的。

5．计算机学科体系与教学体系间的关系

计算机学科体系中的知识是关联的、完整的与整体的，而计算机教学体系中的知识在关联性、完整性及整体性上则存在不足。在本教材中按学科体系介绍知识，因而通过学习本书学生可以获得计算机学科的关联、完整与整体的知识。但是，本教材是一门入门性质的教材，它对计算机学科体系的介绍仅是初步的，而进一步的知识必须在教学体系后面的课程中学习，因此，在本教材的每章结论中都将简单介绍该章内容与后续课程间的关联，从而建立起计算机学科体系与教学体系的关系，也为学生进一步了解知识提供支持。

需要说明的是，由于计算机学科体系所覆盖的知识是全面的，而计算机教学体系所覆盖的知识则全面性不足，因此，在本教材中每章内容不一定都能得到后续课程的支持，但是，计算机专业的所有课程内容必定能在学科体系中找到其位置。

表 1-1 所示为计算机学科 13 个分支所延伸而成的 18 个内容与教学体系常见的 24 门必修与选修课间的关系一览表。该表表示了两个体系间的逻辑关联性。

表 1-1　计算机学科体系与教学体系间关系一览表

学科分支 课程分类	可计算性理论	数学理论	算法理论	数据技术	计算机系统	数字技术	计算机硬件	计算机软件	操作系统	语言及处理系统	数据库	计算机网络	网络软件	信息安全技术	计算机应用系统	软件工程	计算机应用开发	计算机文化
高等数学		★																
离散数学	★	★																
程序设计语言								★		★								
编译原理								★		★								
计算机组成							★											
数字逻辑电路						★												
汇编程序设计							★	★		★								
微机接口技术							★											
数据结构				★				★										
算法分析设计	★		★															
计算机网络							★					★	★					
信息安全														★				
操作系统				★				★	★									
数据库系统				★				★			★							
软件工程																★		
嵌入式系统							★								★		★	
Web 应用				★				★				★	★					
人工智能															★		★	
图像处理技术															★		★	

续表

学科分支 课程分类	可计算性理论	数学理论	算法理论	数据技术	计算机系统	数字技术	计算机硬件	计算机软件	操作系统	语言及处理系统	数据库	计算机网络	网络软件	信息安全技术	计算机应用系统	软件工程	计算机应用开发	计算机文化
中间件技术								★					★					
物联网												★	★					
云计算												★	★					
互联网+												★	★	★		★		
计算机导论	★		★	★	★	★	★	★	★	★	★	★	★	★	★	★	★	★

注：★代表学科分支存在于该课程。

1.5 计算机教育

前面已经介绍了计算机与计算机学科的概念，接下来介绍如何将计算机知识传授给学生，这就是计算机教育。

教师在传授计算机知识的同时也培养了学生的计算机能力，提高了学生的素质。因此，“知识”“能力”“素质”是三者贯通的，其中知识是基础、载体与表现形式；能力是技能化的知识，是知识应用的综合体现；素质是知识和能力的升华。一个计算机人才是知识、能力与素质三者的综合表现。

1.5.1 计算机学科知识

一个计算机专业人才首先要掌握计算机的知识，这是人才培养的首要落脚点。在人才培养中知识具有基础性，同时是载体与表现形式。首先，能力与素质是通过在知识获取中潜移默化而实现的。因此，知识在能力与素质的培养中是基础。其次，知识是载体，因为能力与素质的提高必须通过具体知识的传授来实施，否则就会成为空中楼阁。最后，在许多场合下，计算机的能力与素质都是通过知识表现出来的。

有鉴于此，在计算机教育中首要的是传授计算机知识，而计算机知识则是计算机作为一门学科的知识体系，有关这方面的介绍在1.4.3节中已有详细阐述，它们即是计算机的理论知识，计算机系统知识以及计算机的开发应用知识，此外还须介绍一些计算机文化知识。

1.5.2 计算机能力

能力是技能化的知识，是知识应用的综合体现。一个计算机专业人才，不但须拥有丰富的计算机学科知识，还须要有解决工作中所出现问题的能力。计算机的专业能力一般包括以下四方面。

1. 计算思维能力

从广义上讲，计算思维是如何有效利用计算机进行问题求解的能力，即如何将计算机这种工具应用于生产、生活及科学实践中。从狭义上讲，计算思维是如何按照计算机求解问题的方式去考虑问题的求解，以便构建出相应的算法和程序。对计算机专业学生而言，我们更多关注的是狭义上的计算思维能力。为培养这种能力，学生需要有问题求解过程中的符号表示、抽象思维与逻辑推理能力，能将问题求解转变成模型，同时，也要有模型计算能力，即将模型转换成计算机中计算的能力。

2. 算法能力

算法能力即能将客观世界中的问题或计算模型中的问题转变成为计算机中算法的能力。算法能力包括算法设计的能力与算法分析的能力。通过这种能力，可使学生在工作中解决实际中所出现的各种算法问题并能获得较优的算法解。

3. 程序设计能力

程序设计能力表现为将算法转换成计算机中的程序，它不仅包括软件中的程序设计能力，而且包括部分硬件中的程序设计能力。

4. 系统能力

计算机系统是一个集硬件、软件、网络、安全以及理论、开发方法等于一体的综合性系统，所谓系统能力即是要求能站在系统、全局的角度去考察问题、分析问题及解决问题，并能综合应用系统中的各种资源、协调各种关系以组建成一个符合目标要求、经过优化的系统的能力。

以上四种能力是计算机专业人才培养的最基础的能力。

1.5.3 素质

素质是知识和能力的升华。高素质可使知识和能力更好地发挥作用，同时还可促使知识和能力得到不断的扩展和增强。在一般意义上，素质教育是在知识和能力的基础上，以全面提高受教育者基本素质为目的，以尊重学生主体作用和主动精神、注重开发人的潜能、健全人的人格为根本特征的教育。

素质是在潜移默化中提高的，它具有不易见性、不易获得性以及终身受用性的特点。此外，素质还需通过人的知识与能力表现出来，这是素质的"表现非直接性"或"隐藏性"，由于这种特性，导致现有的各种考察方法难以对素质做出准确的评价，因此容易在工作中忽略它，这是值得注意的倾向。素质的不易获得性主要表现在需要较长期的积累，而素质提升所涉及的学习内容，很多是那些难度较大的课程，特别是很多内容与一些课程的深层次内容相关，这些又使得它很容易被舍弃。但是，它的终身受用性使我们不得不重视它。因为这是一辈子的事，也是教育的最根本的目标与追求。

在计算机学科中，素质的具体内容很多，如数学修养、抽象思维的培养以及系统模型构造，理论应用于实际等均包括素质因素在内。

小结

本章主要介绍计算机的概念、计算机学科的内容以及计算机教育等计算机基础问题。

1. 计算机概念

计算机概念的三个不同阶段:

- 计算机——计算机硬件。
- 计算机——计算机硬件+计算机软件。
- 计算机——计算机硬件+计算机软件+计算机网络。

2. 计算机学科

计算机学科的3+1内容:

- 计算机系统——学科主体。
- 计算机开发——学科应用。
- 计算机理论——学科基础。
- 计算机文化——计算机与社会科学的交叉。

3. 计算机学科体系

洋葱头模型学科体系。

4. 计算机教育

- 计算机知识——由计算机学科的3+1内容组成。
- 计算机能力——计算思维能力、算法能力、程序设计能力以及系统能力。
- 计算机素质——计算机知识与能力的升华。

习题

一、选择题

1. 第四代计算机由（　　）组成。
   A. 大规模及超大规模集成电路　　B. 小规模及中规模集成电路　　C. 晶体管电路
2. 在软件中操作系统是一种（　　）。
   A. 应用软件　　B. 支撑软件　　C. 系统软件

二、简答题

1. 解释数字电子计算机的含义。
2. 什么叫计算机硬件？
3. 什么叫计算机软件？
4. 与网络相连的计算机有什么特色？
5. 试给出计算机学科的3+1内容。
6. 试给出计算机知识体系的组成。
7. 计算机能力由哪几部分内容组成？

三、思考题

1. 为什么说计算机与计算机硬件是两种不同的概念？
2. 如何通过对计算机的知识传授以达到培养计算机能力的目的？

第二篇

构建计算机——计算机系统介绍

本篇主要介绍计算机系统，它是计算机学科中的主要内容，对它的介绍主要从组成的角度讨论。它有若干组成部分，其主体部分是计算机硬件、计算机软件以及计算机网络及其软件，此外还包括构成计算机系统的基础部分数字技术以及贯穿整个系统的信息安全技术，这五部分构建成一个完整的计算机系统，因此本篇又称构建计算机。

其一，整个计算机系统是建立在数字技术基础上的，它们构成了计算机系统的基础。

其二，在数字技术基础上可以构建计算机硬件，它是计算机系统的基本物理装置。

其三，在计算机硬件基础上可以构建软件。软件有系统软件、支撑软件及应用软件之分，它们是计算机硬件的一种扩展。由计算机硬件与软件可以构成独立运行的计算机。

其四，将这些计算机通过数据通信网络按照一定协议可以组成计算机网络。计算机网络实际上也有网络硬件与网络软件之分。所谓网络硬件实际上是建立在计算机与数据通信之上的网络协议与接口的固化装置；网络软件则由网络系统软件、网络支撑软件以及网络应用软件等几部分组成。

其五，信息安全是贯穿于计算机硬件、软件及计算机网络中的以保护系统为目的的专门设施，它一般是硬件与软件的结合体。

上面的五部分组成了下图所示的计算机系统组成图。

<table>
<tr><td>计算机网络及其软件</td><td rowspan="4">信息安全设施</td></tr>
<tr><td>计算机软件</td></tr>
<tr><td>计算机硬件</td></tr>
<tr><td>计算机基础技术</td></tr>
</table>

根据上面的组成结构，在本篇中共分六章介绍，它们分别是：第 2 章计算机基础技术——数字技术、第 3 章计算机硬件、第 4 章计算机软件、第 5 章计算机网络、第 6 章计算机网络软件与应用、第 7 章信息安全技术。

本篇是全书的主体部分，其内容构成了计算机学科的核心。

第2章 计算机基础技术——数字技术

本章导读

本章主要介绍构建计算机系统的基本元素、基本操作（运算）以及表示这些元素与操作的物理组件与部件，它们统称为基本要素。整个计算机系统即是建立在这些基本要素之上的。因此，它们是计算机的基础，具体内容包括：

- 二进制数字——基本元素。
- 布尔代数——基本操作。
- 数字电路——基本操作的物理表示。

此外，本章还介绍建立在二进制基础上的多种数字表示形式，如数值表示、字符表示以及多媒体表示等。

内容要点：

- 二进制数字与布尔代数。
- 数字化技术的三大应用。

学习目标：

能对构成计算机系统的基本元素有所了解。具体包括：

- 二进制数字。
- 布尔代数。
- 电子电路。

同时，对由基本元素所构成的多种表示形式的组成原理有所了解。具体包括：

- 数值表示。
- 字符表示。
- 多媒体表示。

通过本章学习，学生能对二进制数字及其表示能力有充分的理解与认识。

2.1 二进制数字的基本知识

二进制数字（binary digit）又称“比特”（bit），或简称“位”。从表面看它是为 0 或 1 的两个数字，但实际上它仅表示为两个符号。它既可以看成两个数字，也可以看成两种状态，如“真”与“假”、“是”与“非”、“有”与“无”、“高”与“低”，等等。

计算机的组成与处理对象的最基本单位是二进制数字。世界上任何复杂的物体都由基本的元素构成。例如，构成人体的基本元素是细胞；构成物质的基本元素是原子；构成化合物的基本元素是化学元素。二进制数字正是构成计算机的基本组成单位，因此它是计算机中基础的基础。整个宏伟的计算机大厦即是由二进制数字组成的。

在计算机中二进制数字可以有多种物理表示方法，目前常用的有四种。

1．电信号表示

这是最常用的表示方法，可以用电压的高低，即高、低电平分别表示 1、0；也可以用电脉冲的有、无分别表示 1、0。

电信号表示有几个特点：

① 电信号不但可以表示二进制数字，而且可以存储二进制数字。

② 电信号不但可以表示二进制数字，而且可以处理（即操作）电信号。

基于这两个特点，目前计算机中主要组成部分都是基于电信号的，它主要用寄存储器存储二进制数字，用数字电路实现对二进制数字的处理或操作。

2．磁信号

可以用电磁现象中的磁滞原理，对表面涂有磁性的材料施加电信号后所产生的剩磁表示二进制数字。

磁信号表示有几个特点：

① 磁信号不但可以表示与存储二进制数字，而可以持久性存储二进制数字，即当断电后其信号仍能继续保持。

② 磁信号的持久性存储具有容量大、密度高的特性。

基于这两点，磁信号表示目前在计算机中主要用于后援、大规模的持久性存储中，如磁盘存储及磁带存储。

3．光信号表示

在光信号表示中主要通过激光束改变塑料或金属盘片的表面来表示二进制数字，即通过片上的平坦区与不平坦区所产生的不同反射光偏差表示二进制数字。

光信号表示有几个特点：

① 光信号不但可以表示与存储二进制数字，还可以作为持久性存储。

② 光信号存储具有接口简单、操作方便且价格便宜、携带便利、存储时间长、易于保存等多种优点。

基于这两个特点，光信号表示目前在计算机中主要用于后援、持久性存储中，如光盘存储。

4．另一种电信号表示

用二氧化硅的微小晶格截获二进制电子信号将它们长期保存，这是一种新的电信号表示与存储方法。它有几个特点：

① 它能进行持久性存储。

② 它对物理震动不敏感。

基于这两个特点，它可以用于后援、持久性存储，且主要可用于便携式应用中。目前常用的 U 盘及手机存储器等即属此类存储。

2.2　布尔代数

计算机的基本元素是二进制数字，建立在二进制数字的基本操作（又称基本运算）称为布尔运算，而研究与讨论布尔运算的数学系统称为布尔代数（Boolean algebra）。它由乔治·布尔（George Boole）于 19 世纪中叶所提出，在后来被计算机界所采用，作为操作二进制数字的最基本数学理论。

1．布尔代数基本运算及布尔表达式

布尔代数是一种代数系统，它有两个元素 0 与 1，有 3 种基本运算：运算“+”、运算“×”及运算“¯”，分别可称为布尔加、布尔乘及布尔补运算。其运算规则如表 2-1 所示。

表 2-1　布尔代数运算规则表

（a）布尔加运算规则

+	0	1
0	0	1
1	1	1

（b）布尔乘运算规则

×	0	1
0	0	0
1	0	1

（c）布尔补运算规则

¯	
0	1
1	0

（1）布尔加运算

布尔加运算可用“+”表示，它是一种二元运算。它与传统的加法运算是有一定差异的，其运算定义如表 2-1（a）所示，如 1+1=1，0+0=0，等等。

由布尔加所得的结果称为布尔和，如 1+0=1，可称 1 与 0 相加的布尔和为 1。

（2）布尔乘运算

布尔乘运算可用“×”表示，它也是一种二元运算。它与传统的乘法运算在定义规则上是一致的，如表 2-1（b）所示，如 1×1=1，1×0=0，等等。

由布尔乘所得的结果称为布尔积，如 0×0=0，可称 0 与 0 相乘的布尔积为 0。

（3）布尔补运算

取补运算可用“¯”表示，它是一种一元运算，其定义规则如表 2-1（c）所示。如 $\overline{1}=0$，$\overline{0}=1$。

由取补运算所得的结果称为布尔补，如 $\overline{0}=1$，可称为 0 取补的布尔补为 1。

布尔代数一般有下面一些概念：

① 布尔常量：布尔代数有两个布尔常量，分别是 0 与 1。

② 布尔变量：在域{0,1}上变化的量称为布尔变量，它一般可用 $x,y,z,\cdots$表示。

③ 布尔表达式：由布尔常量、布尔变量通过布尔运算所组成的公式（包括括号）称为布尔表达式。例如，$(x+y)\times z$ 及 $x+(y\times z\times 1)$等均是布尔表达式。

2．布尔代数的另三种运算

在布尔代数中除了三种基本运算外，还有三种运算，分别为“谢弗”运算“↑”、“魏泊”运算“↓”及“异或”运算“⊕”，并可用表 2-2 中的运算规则分别表示。它们也可由基本运算所组成的表达式表示：

$$x \uparrow y = \overline{x \times y}$$

$$x \downarrow y = \overline{x + y}$$

$$x \oplus y = (x \times y) + (x \times \overline{y})$$

表 2-2　布尔代表的另三种运算规则表

（a）谢弗运算规则

↑	0	1
0	1	1
1	1	0

（b）魏泊运算规则

↓	0	1
0	1	0
1	0	0

（c）异或运算规则

⊕	0	1
0	0	1
1	1	0

布尔代数建立了二进制数字操作基本理论，它与二进制数字一起构成了计算机的基础。

布尔代数的物理表示方法有多种，如电信号表示、生物信号表示及量子信号表示等。目前常用的是电信号表示方法，基于此种方法所建立起来的计算机称为数字电子计算机；基于其他两种方法所建立起来的计算机则分别称为生物计算机与量子计算机。

2.3　数字电路简介

由于电信号表示方法具有操作的特性，因此可用它作为布尔运算的物理表示方法，这种方法的具体实现称为数字电路，简称电路。

数字电路是布尔代数的电信号物理表示的一种方式，用它可以对二进制数字及其操作作全面的电信号方式仿真。下面对它作简单的介绍。

1. 二进制数字 0 与 1 的表示

一般可以用电压的高、低电平分别表示 1、0，也可以用脉冲的有、无分别表示 1、0。

2. 三种布尔运算的表示

三种布尔运算：布尔加、布尔乘及取补运算分别可以用数字电路中的三种门电路表示，它们分别是“或门”“与门”“非门”。

（1）或门

或门有两个输入端和一个输出端，其作用是当两个输入端均为低电平时，则在输出端会产生低电平，而在其他情况下则在输出端会产生高电平，如图 2-1（a）所示。或门的这个特性与布尔加运算具有一致性，因此可用它表示布尔加运算。

（2）与门

与门有两个输入端和一个输出端，其作用是当两个输入端均为高电平时，则在输出端会产生高电平，而在其他情况下则在输出端会产生低电平，如图 2-1（b）所示。与门的这个特性与布尔乘运算具有一致性，因此可用它表示布尔乘运算。

（3）非门

非门有一个输入端和一个输出端，其作用是当输入端为高电平时则在输出端会产生低电平；而当输入端为低电平时则输出端会产生高电平，如图 2-1（c）所示。非门的这个特性与取补运算具有一致性，因此可用它表示取补运算。

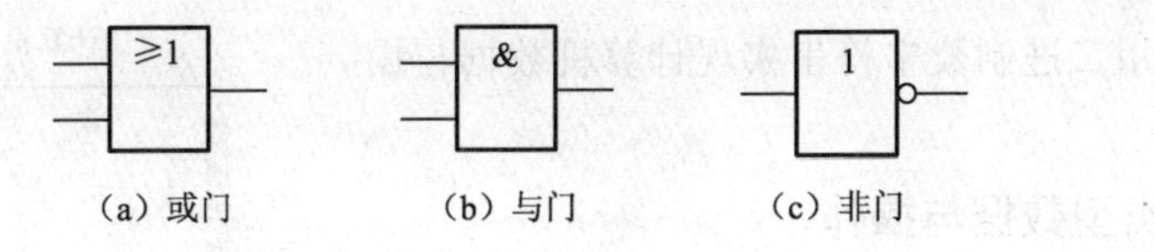

图 2-1　门电路的表示

3. 布尔变量表示

在数字电路的线路中可以传送电信号（如高、低电平），这些信号是变化的，因此可用带电信号的线路表示布尔变量。线路的图示可用直线段或折线段表示。

4. 布尔表达式的表示

由线路将三种类型的门电路连接在一起构成的电路，称为数字逻辑电路或数字电路。一个数字电路可以表示一个布尔表达式。

下面通过两个例子来说明。

【例 2-1】用数字电路表示$(x+y)\times z$。

解　该布尔表达式可用图 2-2 所示的数字电路表示。

【例 2-2】用数字电路表示$\bar{x}\times\overline{(y+z)}$。

解　该布尔表达式可用图 2-3 所示的数字电路表示。

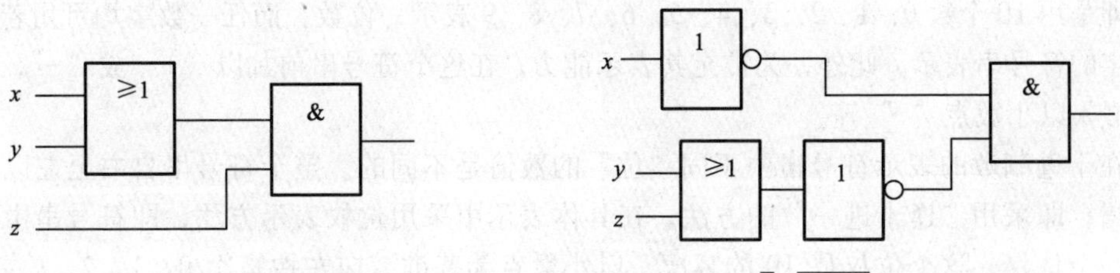

图 2-2　$(x+y)\times z$ 的数字电路表示　　图 2-3　$\bar{x}\times\overline{(y+z)}$ 的数字电路表示

5. 布尔代数另三种运算的表示

布尔代数中另三种运算：谢弗运算、魏泊运算及异或运算分别可以用数字电路中的三种门电路表示，分别是：或非门、与非门及异或门，其图示法如图 2-4 所示。

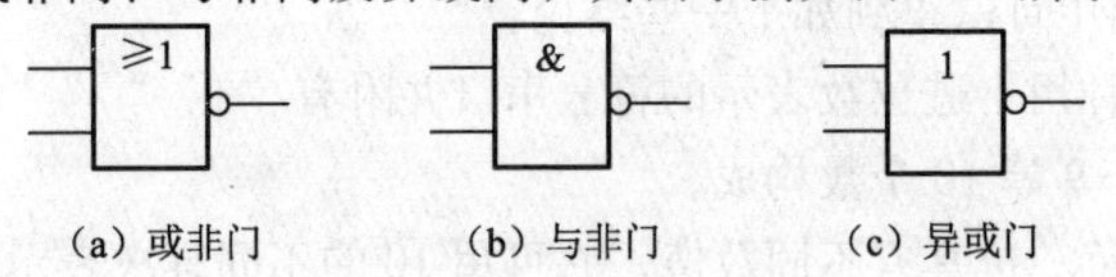

图 2-4　另外三种电路表示法

2.4　二进制数字及其操作的扩展表示

二进制数字及其操作是整个计算机中表示复杂事物的基础，通过它可以表示数值、文字、图像、图形、音频、视频及动画等多种不同数据及相应操作。一般来说可分类如图 2-5 所示。

用二进制数字表示上述类型，一般都用二进制数字所组成的符号串表示，称为二进制数字符串。因此，二进制数字符串是真正组成计算机数据的基本单位。

下面讨论用二进制数字符串实现计算机数据与操作的方法。

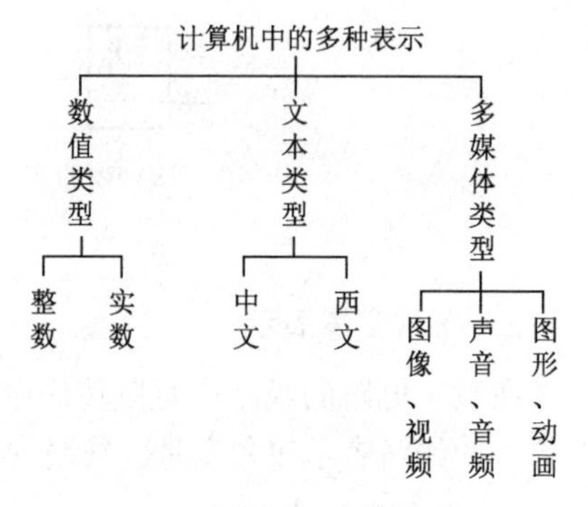

图 2-5 计算机表示的类型

2.4.1 数值类型数据与操作

计算机的基本功能是作数值计算，因此数值类型数据及操作是它的基础。

1．数制

在讨论数值时首先要讨论数制。生活中大都采用十进制数，久而久之人们在大脑中普遍形成了十进制的固定模式。但是，生活中有不同的数制。计数单位“打”（十二进制）、我国老式的计量单位16两为一斤（十六进制）以及计时单位60秒为一分钟(六十进制)，它们都是非十进制的典型代表。另外，自计算机出现以后，因为计算机是以二进制数字为基础的，因此它采用二进制。在计算机蓬勃发展及应用普及的今天，我们非常有必要讨论数制，特别是讨论二进制、十进制以及它们间的转换。

（1）十进制数

十进制数是人类最常用的一种数制，它用十进制数字的符号串表示任一数字。所谓十进制数字即是用10个数0、1、2、3、4、5、6、7、8、9表示一位数，而任一数字均可用若干十进制数字的符号串表示。此外，为扩充其表示能力，在这个符号串前加以“+”或“−”，在符号串中嵌入以小数点“.”等。

在十进制数的表示符号串中不同“位”的数值是不同的。整个符号串自右至左以十为单位递增，即采用“逢十进一”的方法。在具体表示中采用位权表示方法，即符号串中每一位数有一个位权，这个位权是10的幂次，以小数点为基准，向左按幂次0，1，2，…，n；向右按幂次−1，−2，…，$-m$；从而构成一个$n+m$位的十进制数。例如，十进制数386.25真正的数值为：

$$386.25 = 3\times10^2 + 8\times10^1 + 6\times10^0 + 2\times10^{-1} + 5\times10^{-2}$$

从十进制数的介绍中可以得到如下一些结论：

① 十进制数是一种用十进位数表示的符号串（并附有“+”“−”“.”）。

② 十进制数由0～9等10个数构成。

③ 十进制数中的每一位具有不同数值，它可用10的不同幂次表示。

（2）二进制数

与十进制数类似，二进制数是用二进制数字的符号串表示任一数字。所谓二进制数字即是用0或1两个数字表示一位数，而任一数字均可用若干二进制数字的符号串表示。此外，还可在相应处附加“+”“−”“.”以扩充其表示能力。

在二进制数的表示中，符号串中不同“位”的数值是不同的。与十进制数表示类似，自右至左以二为单位递增，采用“逢二进一”的方法，在具体表示中用“位权表示法”，即符号串每位数有一个位权，这个位权是2的幂次，以小数点为基准，向左按幂次0，1，2，…，n；向右按幂次−1，−2，…，$-m$；从而构成一个$n+m$位的二进制数。例如，二进制数101.01的真正的数值为：

$$101.01 = 1\times2^2 + 0\times2^1 + 1\times2^0 + 0\times2^{-1} + 1\times2^{-2}$$

（3）八进制与十六进制

在计算机中除大量使用二进制数外，还经常使用八进制数与十六进制数。

① 八进制数：用八进制数字的符号串表示。八进制数用 0、1、2、3、4、5、6、7 等八个数字之一表示一位数。在八进制数中的每一位数有不同的数值，它可用 8 的不同幂次表示。

② 十六进制数：十六进制数用十六进制数的符号串表示。十六进制数用 0、1、2、3、4、5、6、7、8、9、A、B、C、D、E、F 等 16 个字符之一表示一位数。在十六进制数中的每一位数有不同的数值，它可用 16 的不同幂次表示。

上面介绍的四种数制对比如表 2-3 所示。

表 2-3　四种数制对比

数　制	十　进　制	二　进　制	八　进　制	十　六　进　制
位数	十进制数	二进制数	八进制数	十六进制数
基数	10	2	8	16
数值	0～9	0、1	0～7	0～9、A、B、C、D、E、F
权	10^i	2^i	8^i	16^i

*2. 数制转换

将一种数制的数据转换为另一数制的数称为数制转换。在前面介绍的四种数制中，十进制是人类最常用的数制，而二进制则是计算机最常用的数制，因此，二进制与十进制数间的转换无疑是最重要的，因此在这节主要介绍二进制与十进制间的数制转换。首先介绍由二进制数转换成十进制数，其次再介绍由十进制数转换到二进制数。

（1）二进制数到十进制数的转换

这是一种较为简单的方法，只要将二进制数每位乘以相应的权值然后作累加后即得。

【例 2-3】将二进制数 111.01 转换成十进制数。

解　$111.01 = 1\times2^2 + 1\times2^1 + 1\times2^0 + 0\times2^{-1} + 1\times2^{-2} = 7.25$

（2）十进制数到二进制数的转换

十进制数到二进制数的转换可分为两个步骤：首先是整数部分的转换，其次是小数部分的转换。

① 十进制整数到二进制整数的转换：在这种转换中，采用“除 2 逆序取余法”。该方法的思想是：首先对十进制数逐次除以 2，直至商为 0 结束；其次将每次所得余数按逆序（即由底向上）排列即得相应的二进制整数。

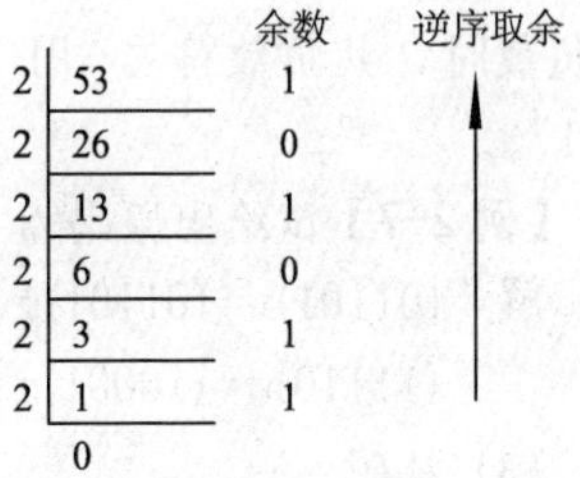

【例 2-4】将十进制整数 53 转换成二进制整数。

解　首先将 53 逐次除以 2 并得到图 2-6 所示的结果。

除数	被除数	余数
2	53	1
2	26	0
2	13	1
2	6	0
2	3	1
2	1	1
	0	

逆序取余 ↑

图 2-6　十进制整数 53 转换成二进制整数的示意图

接着将余数自底向上（逆序）排列而得到 110101。从而最终得到：

$$(53)_{10} = (110101)_2$$

② 十进制小数到二进制小数的转换：在这种转换中采用“乘2顺序取整法”。该方法的思想是：首先对十进制小数部分逐次乘以2，直到积为0结束，其次将每次所得的余数按顺序（即自顶向下）排列即得相应的二进制小数。

【例2-5】将十进制小数0.875转换成二进制小数。

解 首先将0.875逐次乘以2并得到图2-7所示的结果。

接着，将余数自顶向下（顺序）排列而得到111。从而最终得到：

$$(0.875)_{10} = (0.111)_2$$

由上面两部分可以看到，对一个既有整数部分又有小数部分的十进制数在转换时必须将其分别转换，最终将其合并就得到结果。

		整数	顺序取整
	0.875		↓
	× 2		
	1.75	1	
取小数→	0.75		
	× 2		
	1.5	1	
取小数→	0.5		
	× 2		
	1.0	1	
取小数→	0		

图2-7 十进制小数0.875转换成二进制小数示意图

【例2-6】将十进制数53.875转换成二进制数。

解 首先由例2-4可知：$(53)_{10} = (110101)_2$；

其次由例2-5可知：$(0.875)_{10} = (0.111)_2$；

由此得到：$(53.875)_{10} = (110101.111)_2$。

3．码制

从现在开始，将重点讨论二进制数，因为毕竟在计算机中采用的都是二进制。

在二进制数中要讨论的问题有两个：第一个是二进制的正数与负数的表示；第二个是二进制整数与二进制实数的表示。

一般而言，在二进制数前加0以表示该数为“正”；加1以表示该数为“负”，即用0表示+，而用1表示−。如正二进制数+1101可表示为01101，而−1101则可表示为11101。但是情况并非如此简单，实际上在计算机中所表示的还要复杂一些，这主要是从数字的运算方便考虑，需要将正数与负数的表示作进一步的深化。通常可以采用三种编码表示法，分别称为原码、反码与补码。这就是我们所说的二进制数的码制。

（1）原码

带正、负号的二进制数的原码，即是前面介绍的编码法，就是在二进制数前分别加0或1以表示“正”与“负”。这是一种最基本与最原始的编码方法，故称原码。

（2）反码

带正、负号二进制数的反码是这样表示的一种码，当它为正数时与原码相同，而当它为负数时，其负数符号−用1表示，而其二进制数值部分则每位取其反，亦即“1取0，0取1”。

【例2-7】试给出原码为01101及11110的反码。

解 $(01101)_{原}=(01101)_{反}$；

$(11110)_{原}=(10001)_{反}$。

（3）补码

带正、负号二进制数的补码是这样的一种码：当它为正数时与原码相同，而当它为负数时，其负数符号−用1表示，而其二进数值部分则每位取其反后在最后一位加1，亦即是反码加1。

【例 2-8】试给出原码为 01101 及 11110 的补码。

解　$(01101)_{原}=(01101)_{补}$；

$(11110)_{原}=(10010)_{补}$。

目前在计算机中普遍使用这 3 种编码，其中：

① 原码是最基础的代码，在计算机中最原始的表示均采用它，同时在作乘除运算时，一般均使用原码。

② 补码是一种经改造的代码，它适合做减法运算，在此时减法可由加法实现，同时符号位也可当作数值一起参加运算，因此在计算机中一般均采用补码作加减运算。

③ 反码是一种中间代码，它主要为补码的实现提供一种中间的手段，目前在计算机中反码并没有直接的应用。

4. 二进制数的整数与实数的表示

下面进一步讨论在计算机中二进制数的整数与实数的表示。一般而言，在计算机中用定点表示法表示整数，用浮点表示法表示实数。

(1) 定点表示法

定点表示法即是二进制数中的小数点固定在某位中，并一般将其设定在最低位的右端，这就表示这个数实际上是整数。

在计算机中定点表示法的位数是确定的，它一般可有 8 位、16 位、32 位及 64 位等几种（包括符号位），因此在定点表示法中所有数的绝对值是受一定范围所限的，如在 32 位定点表示法中一个数 N 的绝对值不得超过 $2^{31}-1$，亦即有：

$$|N|\leqslant 2^{31}-1$$

如果超出了这个范围就会产生数据“溢出”，从而会造成不正常现象的出现。

对一个 $m+1$ 位的定点数 N 的格式可用图 2-8 表示。

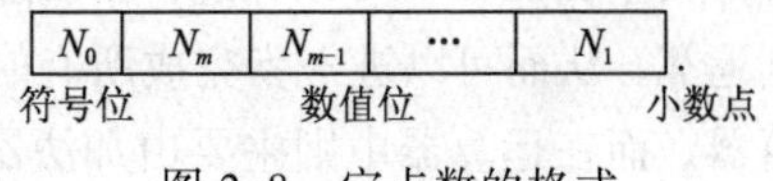

图 2-8　定点数的格式

(2) 浮点表示法

浮点表示法即是二进制数中的小数点是不固定的。在浮点表示法中，一个二进制数分为阶码与尾数两部分，其中阶码表示数中小数点的位置，尾数表示数中的数值。阶码一般是个整数（包括正整数与负整数），而尾数则可用整数或纯小数表示。

在浮点数中一般由三部分组成，它们是符号位、阶码及尾数，其中阶码反映了数的范围，尾数反映了数的精确度，因此在阶码位及尾数位的设置中可根据需要而调整。

在浮点数中与定点数一样，它的位数是确定的，一般有 8 位、16 位、32 位及 64 位等几种。在常用的 32 位浮点数中，常用的位数分配格式可用图 2-9 表示。它们分别是符号位 1 位、阶码 8 位以及尾数 23 位。

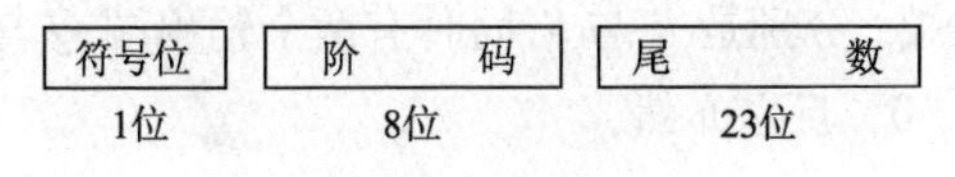

图 2-9　浮点数格式举例

在计算机中阶码采用补码二进制整数表示，而尾数则采用原码二进制纯小数表示。

【例 2-9】将二进制实数＋10110010.100111010100100 用图 2-9 所示的浮点形式表示。

解　$+10110010.100111010100100=+0.10110010100111010100100\times 2^8$，它的符号位为 0，

阶码为$(00001000)_{补}$=00001000，尾数为 10110010100111010100100，因此，整个浮点数的表示为0 00001000 10110010100111010100100。

5．数值运算（操作）

在前面主要介绍了计算机中的数值表示，下面将介绍数值在计算机中的操作，即数值运算。

（1）四则运算

在计算机中数值的基本运算为四则运算，而数值中的其他运算均可通过四则运算实现，因此在计算机中是以四则运算为基础的。

（2）加法与减法运算

在四则运算中，加法与减法运算又是基础，因为乘、除等运算可通过加法与减法实现，因此加、减法运算是四则运算的基础。

（3）加法运算

由于在数值表示中采用了补码，从而使得减法运算可以用加法实现，其具体方法是：

① 两数相减可认为是一数与另一数的负数相加：即有 $x-y=x+(-y)$。

② 对两个数取补后相加即得结果（为补码）：即有$(x)_{补}+(-y)_{补}=(z)_{补}$。

对补码作加法运算时，符号位与数值部分作为整体参与运算，如符号位有进位则作为溢出而舍去进位。

【例 2-10】用二进制形式作减法：7−5。

解 首先有：$(7)_{10}=(0111)_2$，$(5)_{10}=(0101)_2$。

其次有：$(7)_{10}-(5)_{10}=(0111)_2-(0101)_2=(0111)_2+(-0101)_2=(0111)_{补}+(1011)_{补}=(0010)_{补}=(2)_{10}$。

需要说明的是，在补码相加中出现了溢出，从而舍去了进位。

由上面的分析可以知道，在二进制数字的运算中最基本的运算是加法运算，由它可生成四则运算，从而可以进一步完成所有的二进制数的计算。因此，在计算机中有实现四则运算的运算器，而在运算器中则主要由加法器组成。

2.4.2 数值类型数据与运算的电信号实现

在前面讲过，电信号方式不但能表示二进制数字，还能存储与操作二进制数字，因而进一步用它能实现对二进制数的存储与操作。

1．二进制数的存储

下面分两步介绍二进制数的存储。

（1）二进制数字的存储——触发器

在电信号表示中可用一种称为触发器（flip-flop）的电子组件存储一个二进制数字。触发器是一种具有稳定状态的电路称为双稳态电路，常用的触发器称为RS触发器。

RS触发器有两个输入端，分别是 R 与 S,同时有两个输出端 Q 与 $\overline{Q}$，它们的状态是互相相反的，即如 Q=1 则必有 $\overline{Q}$=0，反之亦然。

RS触发器可用下面的布尔代数式表示，这是一个由与非门构成的电路。

$$Q=\overline{S}+Q=\overline{S\times\overline{Q}}=S\uparrow\overline{Q}$$
$$\overline{Q}=\overline{R}+\overline{Q}=\overline{R\times Q}=R\uparrow Q$$

这种表达式告诉我们当输入端 R 出现低电平时，触发器中 $\overline{Q}$ 必为高电平（同时 Q 必为低电平）；当输入端 S 出现低电平时，触发器中 Q 必为高电平（同时 $\overline{Q}$ 必为低电平），而且这种状态可以一直保持，直到输入端出现新的状态为止。因此，这种 RS 触发器具有存储二进制数字的功能，其存储状态以输入端 Q 为准。即 Q=1 时触发器存储 1，反之亦然。图 2-10 所示为 RS 触发器的示意图，它的电路结构如图 2-11 所示。表 2-4 所示为该触发器的功能。

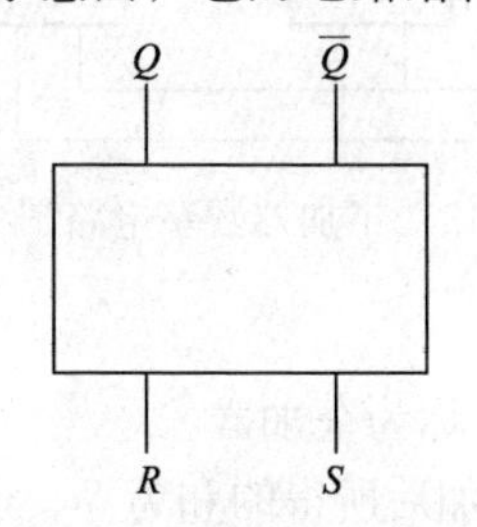

图 2-10　RS 触发器示意图

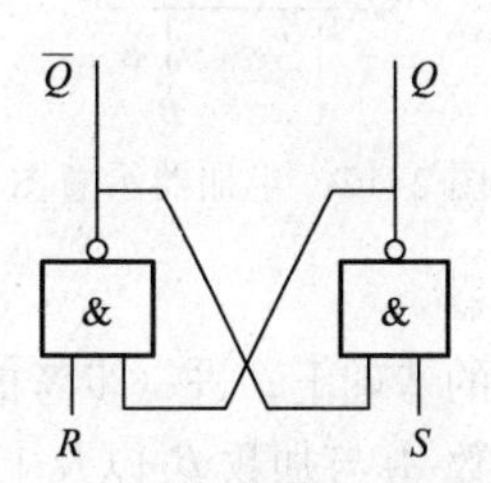

图 2-11　RS 触发器结构图

表 2-4　RS 触发器菜单

R	S	Q　$\overline{Q}$	说　明
0	1	0　1	置 0
1	0	1　0	置 1
1	1	不变	保持
0	0	1　1	不允许

（2）二进制数的存储——寄存器

二进制数是固定位数的二进制数字符串，因此它的物理存储即是由固定个数触发器所组成，称为寄存器。而这种固定个数可以是 4 个、8 个、16 个、32 个及 64 个不等。

在计算机的内部往往有若干寄存器用于存储数据。

2．二进制数的运算——加法器

二进制数的运算主要由加法器组成，下面分三部分介绍。

（1）半加器

首先考虑一种简单的情况，即输入没有进位的加法装置，称为半加器。

设有被加数 A 与加数 B，它们相加后所得的和为 S，进位为 C。满足这种条件的装置叫半加器，而这种条件则可用表 2-5 表示，这种半加器可用图 2-12 所示的符号表示。半加器的布尔代数表达式为：

$$S=\overline{A}\times B+A\times\overline{B}=A\oplus B$$

$$C=A\times B$$

表 2-5　半加器条件设置表

A	B	C	S
0	0	0	0
0	1	0	1
1	0	0	1
1	1	1	0

它可用图 2-13 所示的数字电路表示。

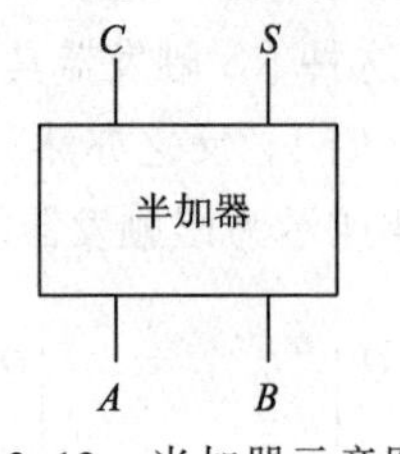

图 2-12　半加器示意图

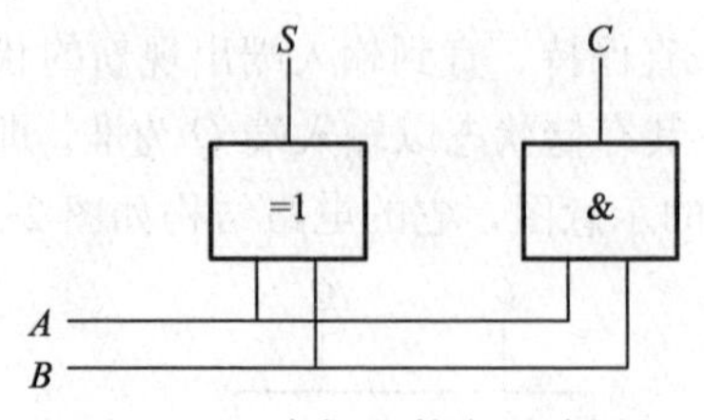

图 2-13　半加器数字电路图

（2）全加器

在半加器的基础上，进一步考虑输入有进位的加法器，称为全加器。

设有被加数 A_i 与加数 B_i 以及上一位进位 C_{i-1}，它们相加后所得的和为 S_i，进位为 C_i，满足这种条件的装置叫全加器，而这种条件可用表 2-6 表示。全加器有三个输入端，分别是 A_i、B_i 及 C_{i-1}，同时有两个输出端，分别是 S_i 与 C_i，它满足表 2-6 所示的条件，这种全加器可用图 2-14 所示的符号表示。全加器的布尔代数表示式为：

$$
\begin{aligned}
S_i &= \overline{A}_i \times \overline{B}_i \times C_{i-1} + \overline{A}_i \times B_i \times \overline{C}_{i-1} + A_i \times \overline{B}_i \times \overline{C}_{i-1} + A_i \times B_i \times C_{i-1} \\
&= (A_i \oplus B_i) \oplus C_{i-1} \\
C_i &= \overline{A}_i \times B_i \times C_{i-1} + \overline{A}_i \times B_i \times \overline{C}_{i-1} + A_i \times \overline{B}_i \times \overline{C}_{i-1} + A_i \times B_i \times C_{i-1} \\
&= A_i \times B_i + (A_i \oplus B_i) \oplus C_{i-1}
\end{aligned}
$$

表 2-6　全加器条件设置表

A_i	B_i	C_{i-1}	C_i	S_i
0	0	0	0	0
0	0	1	0	1
0	1	0	0	1
0	1	1	1	0
1	0	0	0	1
1	0	1	1	0
1	1	0	1	0
1	1	1	1	1

它可用图 2-15 所示的数字电路表示。

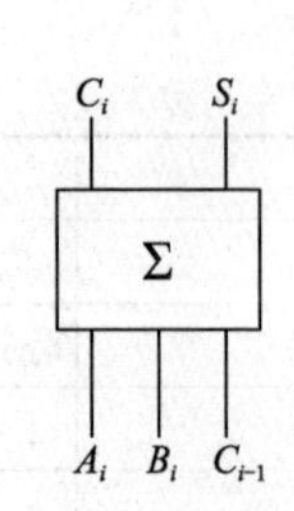

图 2-14　全加器示意图

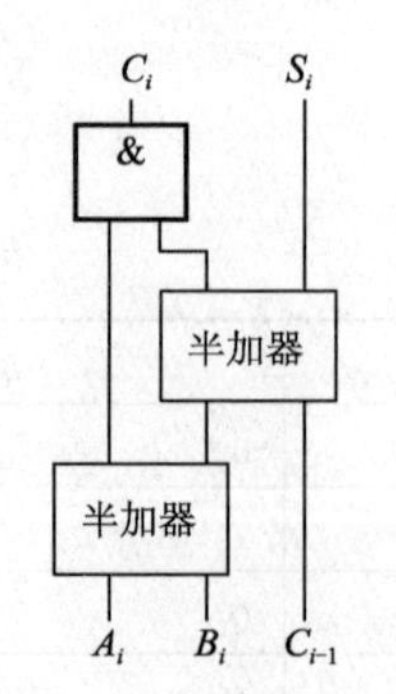

图 2-15　全加器数字电路图

（3）加法器

由多个全加器自低位至高位排列，将$\sum_i$输出端C_i连接至$\sum_{i+1}$输入端C_i，组成一个多位的加法器。下面给出一个四位的加法器，如图 2-16 所示。

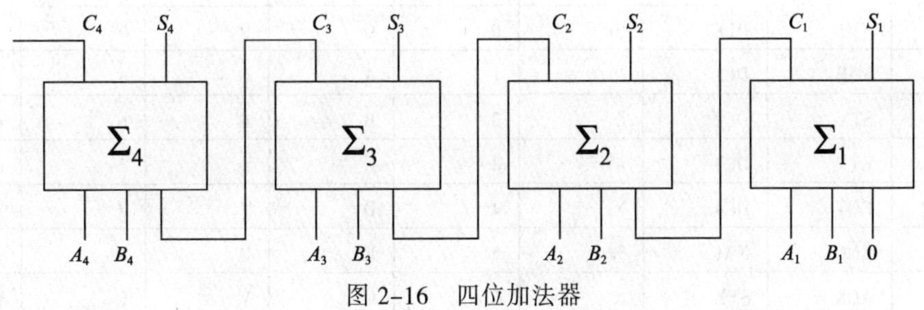

图 2-16　四位加法器

在这个加法器中被加数为$A_4A_3A_2A_1$，加数为$B_4B_3B_2B_1$，而其和为$S_4S_3S_2S_1$，而在它的进位中，最低位的进位为 0，最高位的进位C_4是一种溢出。

2.4.3　文本类型数据与操作

计算机不但能作数值计算，同时还能作文字处理。文字是一种书写的语言，它的基本书写符号在计算机中称为字符（character）。字符一般有三部分内容：

① 文字中的字母或字，它是文字的主体。

② 文字中数字及相关符号等，如数字 1、2、3、4、5 等，括号(、)、[、]等，>、<、=等以及标点符号等。

③ 文字中的控制符：用于文字书写控制作用的符号，如 NUM 表示空白，STX 表示开始，ETX 表示结束，BEL 表示响铃，EF 表示换行，FF 表示换页，CR 表示回车，等等。

而一组字符串构成了一个文本，因此文本是文字表示的形式。

在目前计算机中，字符均用二进制数字符串表示，其表示的基本单位是 B（byte，字节），字节是由 8 个二进制数字组成的串，一个字符一般用一个字节表示，如西文中的 ASCII 码，也有的用二个字节表示（如中文编码），也有的用三四个字节表示，如国际标准 Unicode 码等。

1. 西文编码——ASCII 码

ASCII 码是最为流行的一种西文编码方式，它适用于西方拉丁语。

ASCII 码是美国国家标准信息交换码（American Standard Code for Information Interchange）的简写。它已被国际标准化组织 ISO 批准作为国际标准。它一共有 128 个字符，包括 96 个可打印字符以及 32 个控制字符。

ASCII 的字符用一个字节编码，其中七个二进数字位用于真正编码使用，而空余一位留作传输时作纠错位使用。

表 2-7 所示为 ASCII 码表，在该表中把真正用于编码的七个二进制数字分别分为高三位 b1、b2、b3 以及低 4 位 b4、b5、b6、b7 两组，它们构成了一张二维表。

表2-7 ASCII 码 表

高3位 低4位	000	001	010	011	100	101	110	111
0000	NUL	DLE	SP	0	@	P	`	p
0001	SOH	DC1	!	1	A	Q	a	q
0010	STX	DC2	"	2	B	R	b	r
0011	ETX	DC3	#	3	C	S	c	s
0100	EOT	DC4	$	4	D	T	d	t
0101	ENQ	NAK	%	5	E	U	e	u
0110	ACK	SYN	&	6	F	V	f	v
0111	BEL	ETB	'	7	G	W	g	w
1000	BS	CAN	(	8	H	X	h	x
1001	HT	EM	)	9	I	Y	i	y
1010	LF	SUB	*	:	J	Z	j	z
1011	VT	ESC	+	;	K	[	k	{
1100	FF	FS	,	<	L	\	l	|
1101	CR	GS	-	=	M	]	m	}
1110	SO	RS	.	>	N	^	n	~
1111	SI	US	/	?	O	_	o	DEL

ASCII码目前已普遍使用于计算机中，但由于它所能使用的字符数有限，目前往往无法满足实际需要。近年来，ISO又制定了ISO 2022标准，对ASCII作了适当的扩充(称为扩充ASCII)。

2. 中文编码

中文的基本组成单位是汉字，因此中文编码主要是对汉字的编码。我国的汉字数量多、字体复杂、同音字多、异体字多，给计算机的编码带来了很多困难。我国对中文编码的研究始于20世纪70年代，并先后发布了三个国家标准。

① 第一个标准：1980年国家标准总局发布了第一个汉字编码标准GB 2312，共收录汉字、图形及符号7 445个，其中包括汉字6 763个，图形及符号682个。在该标准中采用双字节表示法，即用两个字节共16位表示一个汉字。

② 第二个标准：1995年国家标准总局发布了第二个汉字编码标准GBK标准。它是对GB 2312的扩充，扩充后的标准汉字总共达到32 103个。在该标准中也采用双字节表示法。

③ 第三个标准：2000年国家标准总局发布了第三个汉字编码标准GB 18030，该标准不但进一步扩充了汉字编码的数量，而且与目前国际、国内的标准均能兼容，如可与ASCII、GB 2312及GBK兼容，也与目前的国际编码Unicode兼容。

该标准采用不等长编码方式，其中有单字节编码129个以表示ASCII码，双字节编码23 940个以表示GBK码中的汉字（包括GB 2312），四字节编码158万个以表示Unicode中的编码。

目前，我国的所有信息处理产品中均已执行此项标准。

汉字编码是计算机内部表示与处理的代码，除此之外，为方便汉字的输入，尚有多种汉字输入方案，如拼音码、国标码、区位码、五笔字型码等。

此外，还有汉字的输出，这是一种汉字字形代码，它采用图像表示形式——点阵编码化形式，存储于汉字库中供汉字输出时使用，其规格有 16×16、24×24、32×32 以及 48×48 等。

汉字编码、汉字输入码以及汉字输出代码等三种不同编码分别用于计算机的不同场合，它们相互关联、相互区分，组成了一个完整的汉字代码体系。

3. 国际编码——Unicode

世界上有多种语言与文字，除了西文与中文编码外尚有多种文字编码，多种编码方法给全球化趋势日益加速的今天带来了诸多的不便，因此须有一种统一的编码方式以规范全球所有文字的代码，这就是国际工业标准 Unicode，它是统一码或联合码的简称。该标准包括了目前世界各国使用的 75 套书写符号共 10 万个字符。它包括下面的一些字符：

① 拉丁字母、音节文字。

② 各种符号——数学符号、标点符号、几何形状及技术符号以及其他符号等。

③ 中、日、韩等文字。

Unicode 采用两种编码方案，一种称 UTF-8，另一种则称 UTF-16。在 UTF-8 中采用可变长编码方法，其中 ASCII 仍用单字节表示，带变音符的拉丁字母、希腊字母及阿拉伯文等音节文字使用双字节表示，而中、日、韩等文字则用三字节表示，其他少量字符使用四字节表示。UTF-8 目前已在部分计算机中及网络中推广使用。

在 UTF-16 中常用的字符用双字节表示，而不常用的字符则用四字节表示。UTF-16 编码已被大多数计算机以及操作系统所采用，如微软的 Windows 及.NET，以及 Mac OS 及 UNIX 等。

4. 文本类型操作

文本类型的操作又称文字处理或字符处理。在计算机中除了能表示文字外，还能处理文字，这样，才能在计算机中像人类手工处理文字一样方便，从而达到以计算机取代人工劳动并比人工更为方便与快速的目的。

文字处理内容很多，其大致可以分为以下几类。

(1) 文字编辑

文字编辑是文字处理的最基本功能。所谓文字编辑即是具有对文本中的文字作增、删、改的功能，如可以将文本“我准备明晨 9 点半去北京”修改成“我准备明晨 8 点去北京开会”。在这个修改中，需要将 9 改成 8，删去“半”，并增加“开会”二字，从而完成整个文本的修改。

(2) 文本排版

除了编辑功能以外，对文本还需作排版。排版内容包括对文字、符号格式作设置，对段落作格式设置以及对整个文档格式设置。排版的目的是使整个文本正确、清晰、美观以便于阅读。

(3) 文字输入

文字输入即是将键盘作为输入终端，通过人工操作将文字输入计算机内形成机内代码的过程。在文字输入特别是汉字输入中还涉及汉字输入编码与机器内码间转换的实现。

(4) 文字输出

文字输出即是将机内字符编码转换成便于阅读的浏览输出或打印输出的过程。输出设备有显示器、打印机等。

在文字输出中特别是汉字输出中，还涉及将机内汉字代码通过汉字库中相应汉字地址调用相关汉字图像点阵输出的过程。

（5）文字保存

可以通过计算机中的外部持久存储装置以持久保留文本供后续使用。

（6）其他

此外，文字处理还可以包括拼写检查及语法检查、文本中的相关统计、同义词检查，以及相关字体的转换等。

2.4.4 多媒体类型数据与操作

计算机的传统应用是数值计算及文字处理，而其近期应用则是多媒体领域的应用。

人类除了进行数值计算及作文字处理外，还大量接触到通过眼睛、耳朵所获得的图像、图形与声音等信息，如果能用计算机表示与处理这些信息，就表示计算机能取代人的视觉与听觉，这将是计算机应用的一种重大突破。当然，这是一种远期的奋斗目标，在近期，它已能部分取代人的视觉与听觉并且具有超过人的处理功能。

目前，前面所介绍的图像、图形及声音等均属多媒体（multimedia），而处理它们的技术则称为多媒体技术。在本节中主要介绍多媒体数据及其处理技术。

在这里所指的多媒体包括如下的一些内容：

- 图像及视频。
- 声音及音频。
- 图形及动画。

1. 图像及视频数据与操作

（1）图像数据

图像（image）的基本单位称为像素 pel（picture element），而一幅平面图像则是一个 $m\times n$ 的像素所组成的矩阵，称为点阵。每个像素称为灰度，它代表颜色的深浅度，可用一个整数表示；当为彩色图像时，灰度则表示色彩。它往往可用三个数值表示，分别是红、黄、蓝三种颜色（称三原色）的强度。因此，不管是灰度或色彩，像素总可以用 1～3 个数值表示，而这些数值均可用二进制数字体现出来。一幅完整的图像由 $m\times n$ 个像素表示，即可用 $m\times n$ 个二进制数字或 $3\times m\times n$ 个二进制数字（当为彩色图像时）表示，由此图像就可在计算机中表示。这种图像称为数字图像。

（2）视频数据

视频（video）是随时间变化的图像序列，由数字图像组成的序列则称为数字视频。目前最常见的数字视频应用是数字电视。

由于数字图像可用二进制数表示，因此数字视频也可用一组二进制数字符串表示。

（3）图像的处理

图像的操作又称图像处理。图像处理一般有如下几种：

① 图像生成，又称图像获取（capturing）。它是通过数字图像的专用工具（如扫描仪、数码照相机等）对外界景物的模拟信号作数字化处理后变成为数字图像信息的过程。其具体步骤如下：

- 扫描：将一幅图像画面划分成 $m\times n$ 个网格，每个网格称为一个取样点，这样一共有 $m\times n$ 个取样点组成一个取样阵列。

- 分色：对彩色图像的取样点的颜色将其分解成三个基本色，即红、黄、蓝三色，因为所有色彩均可由这三色组成。若不是彩色图像则此步不必进行。
- 取样：测量取样点每个分量的亮度值（或称灰度值）。
- 量化：对取样点的亮度值（灰度值）的模拟量转换成数字量表示，并用二进制数字形式给出。

通过这四个步骤即可将一幅图像转换成计算机中的数字信息，即是数字图像。

② 图像压缩与解压。一幅数字图像往往需用大量的数字表示，因此占有存储空间大，传递速度慢，这对计算机表示与处理图像有极大的影响。图像中数字间关联度高，冗余性大，而且由于人的视觉局限性，可以允许有一定的失真，只要在允许误差之内，这种失真是可以接受的，因此可以对数字图像中的数字作一定的压缩。这种压缩量往往很大，可压缩至 1/10，甚至压缩至几十分之一。

数字图像压缩一般按一定编码规范与标准通过一定算法实现。

图像压缩的反向操作即是图像解压，图像解压即是将压缩的图像代码还原成为数字图像的过程。

在图像生成后可以用图像压缩将图像的代码量缩减，然后用于存储与传递，最后可用图像的解压将其还原成图像。

③ 图像的修改。可以对图像作适当的修改，包括亮度与色彩的变换，某些部位的几何变换等，用以改善图像的视觉质量。

④ 图像的复原与重建。可对图像进行校正，消除退化的影响以产生一个理想的图像，称为图像复原。也可使用多个一维投影以重新建立图像，称为图像重建。

⑤ 图像分析。可以提取图像的某些特征，并作相应分析为图像的识别、分类及理解创造必要的条件。

⑥ 图像管理。图像管理包括图像的存储、检索以及图像增添、删除等功能。

(4) 视频处理

视频是动态的图像，对它的处理与图像类似。

2. 声音及音频数据与操作

(1) 声音及音频的表示

声音（voice）是由物体振动所产生的一种现象。当物体振动时通过空气的传播到达人的耳膜而引发耳膜的振动，由此人就能听到声音。声音一般是连续的，它在空气中产生连续的波状曲线，传入人的耳朵后，人能听到的也是连续的声音，称为音频。

由于音频是一种波，因此可以用模拟方法表示它，称为模拟音频。但这种方法在计算机中处理较为困难，因此需要对它作数字化处理，即每隔一个时间段对模拟音频信号波形取一个幅度的值，称为采样，然后将采样结果量化，得到相应的数值，并用二进制数表示，由此，最终可得到一个二进制数的序列，用它可表示音频，称为数字音频。

图 2-17 所示为一个模拟音频曲线的信号采样示意图。在图中，曲线 S 是一个模拟音频曲线波，对此曲线可按时间段设置采样点：t_0，t_1，t_2，…，t_{n-1} 等共 n 个，每个点可得到采样结果，一共为：V_0，V_1，V_2，…，V_{n-1} 等共 n 个，这 n 个采样结果的二进制数字表示：V'_0，V'_1，V'_2，…，V'_{n-1} 等共 n 个，即组成了这个模拟音频的数字值，亦即数字音频。

(2) 音频的处理

音频的操作又称音频的处理，它一般有如下几种：

① 数字音频的生成。数字音频的生成又称数字音频的获取，它通过音频的专用工具（如传声器、声卡等），首先获得模拟音频信号波，再将其数字化，从而最终得到数字音频信息。其获取的全过程如下：

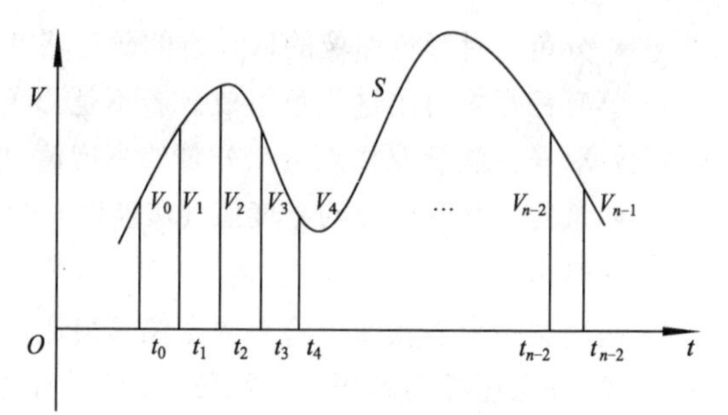

图 2-17　模拟音频的数字采样

- 模拟音频的获得：首先将外界声音转换成模拟音频信号。
- 对模拟音频信号采样：按时间段对模拟音频信号采样以取得每个时间点的采样值。
- 采样值的量化：将获得的采样值予以量化并按一定精度要求表示。
- 编码：将量化后的值用一定的二进制编码方式实现。

② 数字音频的压缩与解压。与图像压缩类似，数字音频也可以作压缩。数字音频压缩一般按一定编码规范与标准，通过一定算法实现。

数字音频的压缩主要用于音频信号的存储与传递，以减少存储量及加快传递速度。

数字音频的反向操作是数字音频的解压，它即是将压缩的数字音频代码还原成模拟音频信号的过程。

③ 声音播放：声音播放即是在计算机中输出声音的过程。其处理过程分两步：

- 将计算机中的数字音频信号转换成模拟音频信号，这个过程称为生成重建（reconstruction）。
- 将模拟音频信号经过处理与放大后传递至声音输出设备（如扬声器）输出。

在数字音频生成后可用音频压缩将其代码量缩减，然后用于存储和传递，最后可用音频解压将其还原成模拟音频信号，通过声音播放最终还原成声音形式出现。

④ 音频信号的编辑：音频信号编辑可以对数字音频信号作素材的剪辑、音量的调整、噪声的消除等编辑功能。

⑤ 声音的效果处理：为达到理想的效果，可以对声音作效果处理，包括和声效果、混响、回声、延迟、动态效果、升降调及颤音处理等。

⑥ 格式转换功能：将不同采样数据的波形声音作转换；将不同规范的声音作转换。如将WAV声音转换成MP3声音或转换成MIDI声音等。

⑦ 音频分析：对数字音频信号提取其特征值，用以作语音识别、分类等音频分析。

⑧ 声音合成：前面所介绍的声音都是针对自然界声音而言的，如人类的语音、演奏家所演奏的音乐、大自然的风雨声等。但随着数字音频技术的发展，出现了计算机声音合成。由计算机替代自然界生成声音，它可以根据需要自动生成声音，这就叫声音合成。目前常见的有两种声音合成：

第一种声音合成是语音合成，即计算机能根据需要合成声音，包括电话自动查询中的语音服务，动漫、游戏中的自动配音等。

第二种声音合成是音乐合成，即计算机能根据乐谱创作与演奏音乐。目前所常用的一种音乐合成标准MIDI以及一种称为音序器（sequencer）的软件，用它可以自动生成合成音乐。

⑨ 数字音频的管理：数字音频管理包括音频的存储、检索以及音频的增添、删除等。

3. 图形及动画数据与操作

(1) 图形数据

在前面所介绍的图像数据与处理中，计算机能方便地处理自然界中的景物，这为计算机应用开辟了新的方向。但是，它存在着一个固有的不足，即它过度依赖外界实体，这为图像应用带来了严重的缺陷。如需设计一个工业产品（建筑物、机械零件等），由于产品尚处于设计阶段无法得到实体，此时图像处理就无法应用于该领域中，为弥补此类需求就出现了图形，或称计算机图形（computer graphic）。

图形也以图的形式展示，但它并不依赖于外部实体，它可以根据需要，用一种描述的方式给出景物的需求，称为模型（model）。人们进行景物描述的过程称为“建模”（modeling），计算机根据模型可以生成相应的图像的过程称为“绘制”（rendering），最终所产生的图像称为“合成图像”（synthetic image）。

图 2-18 所示为图形的生成过程。

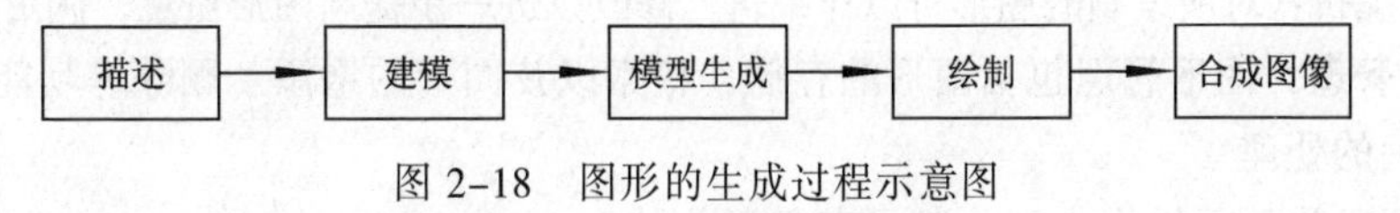

图 2-18　图形的生成过程示意图

图像以像素为单位组成，而图形则由几何元素或简称元素（element）以及相应的属性组成，由这种方法所表示的图形称为矢量图形。下面对它作简单介绍：

① 元素：元素是组成图形的基本单位之一。所谓元素即是一些基本几何元素，如点、直线以及圆、椭圆、双曲线及抛物线等二次曲线等，任何一个图形均可由一些元素按一定规则组成。

元素一般可由一组数值表示，如点可以用笛卡儿坐标中的一个数字偶对(x,y)表示，如图 2-19 (a) 所示；直线段可用两个点(x,y)及(x',y')表示，如图 2-19 (b) 所示；圆用圆心(x,y)及半径 r 表示，如图 2-19 (c) 所示；圆弧可用圆心(x,y)、半径 r 以及圆上两个点(x',y')及(x'',y'')表示，如图 2-19 (d) 所示。

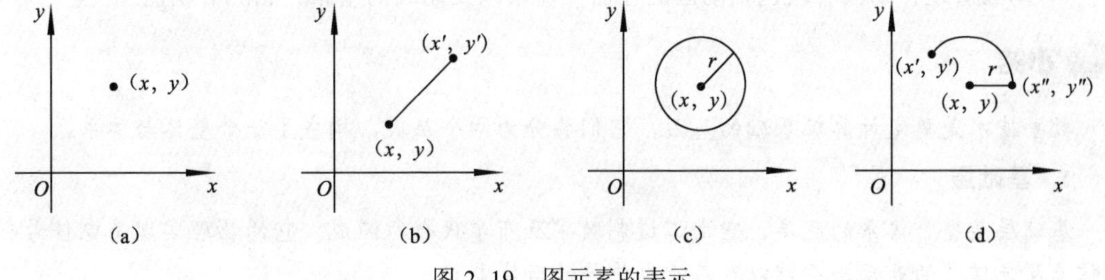

图 2-19　图元素的表示

由于元素都可以用数字表示，而数字可用二进制数字表示，因此图形中的元素可以用二进制数字表示。

② 属性：属性是元素的说明。例如，对一个几何线段除用元素表示它的几何形体外，还需要作一些外形性质上的说明，如曲线的宽度、色彩、方向以及曲线标识等。表 2-8 所示为图 2-19 (d) 中圆弧的一个性质说明。它表示这个弧段标识号为 AB，宽度为 0.3 cm，颜色为红色，方向为顺时针（它表示该弧段为自(x',y')开始顺时针至(x'',y'')的那一段）。

表 2-8　圆弧的属性示例

ID	宽　度	颜　色	方　向
AB	0.3 cm	Red	顺时针

属性一般可用文字或符号表示，它是文本类型，因此也可以用二进制数字表示。

可以看出，图形也可以用二进制数字表示。

（2）动画数据

动画是快速连续显示图形序列所得到的效果。动画由图形组成，在动画中每幅图形称为帧(frame)。由于图形可用二进制数字表示，因此动画也可用二进制数字表示。

（3）图形的处理

图形处理又称图形操作，它一般可有如下几种。

① 图形绘制：图形绘制即是根据用户需求，绘制符合需要的图形，其绘制流程如图 2-18 所示。绘制的结果是一个合成图像。图形绘制一般须用专门的软件实现。

② 图形编辑：对所绘制的图形可以作编辑、修改以进一步提高图形质量，满足用户的需要。

③ 图形管理：图形管理包括图形的存储、检索以及图形的增添、删除等功能。

（4）动画的处理

动画处理又称动画操作，它一般可有如下几种。

① 动画制作：动画制作是一个过程。首先是在计算机中生成场景和形体模型，接着描述它们的运动，最后生成图形。图 2-20 所示为动画制作流程图。动画制作一般需用专门软件实现。

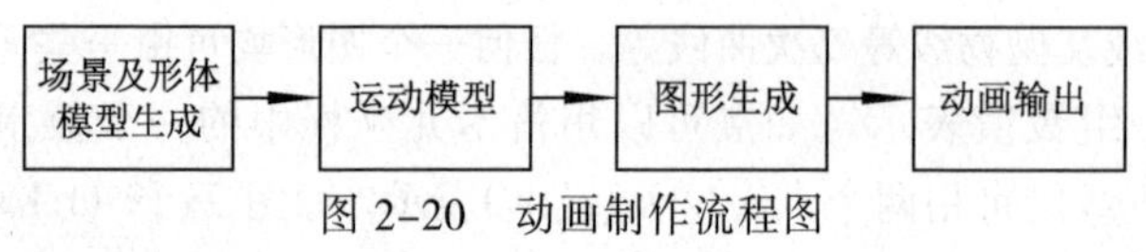

图 2-20　动画制作流程图

② 动画编辑：可对制作完成的动画进行编辑、修改以进一步提高动画质量，满足客户的需要。

③ 动画管理：动画管理包括动画的存储、检索以及动画的增添、删除等功能。

小结

数字技术是奠定计算机基础的基石，它们共分为两个层次，构成了一个整体与体系。

1. 基础层

基础层是整个体系的底层，它由二进制数字及布尔代数所组成。它的物理实现是电信号、磁信号及光信号的表示与存储以及基于电信号的数字电路。

2. 扩展层

在基础层之上进一步扩展，分成为三部分，分别为：

- 数值类型数据。
- 文本类型数据。
- 多媒体类型数据。

在扩展层中给出了数字技术中目前所能表示与处理的三大应用领域。任一应用领域，只有数字化后才能施加数字技术。也就是说，任一领域只有数字化后才能应用计算机。

上面这两层相互关联，互为依存，构成了计算机学科发展的基础，如图 2-21 所示。

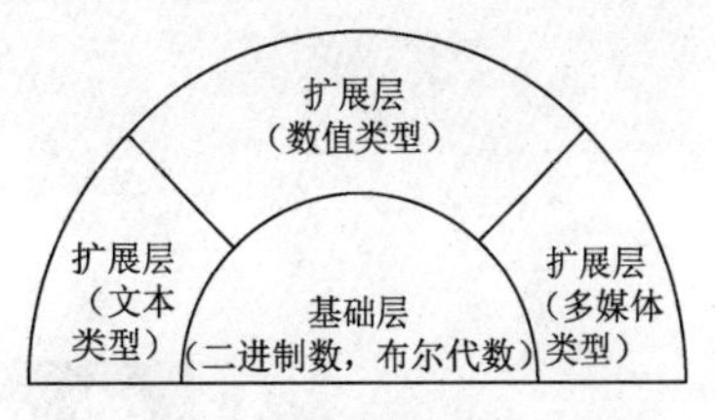

图 2-21　数字技术两层关联图
三层关联

数字技术的两层关联图不仅构成了计算机学科的基础，而且是数字通信、自动控制等多门学科的基础。因此，在本教材中单独列为一章，作为一个独立内容作介绍，而并不与计算机学科中的其他内容交织在一起，以利于建立单独的概念理论体系，并使其能应用。

本章内容告诉我们：

（1）数字技术是计算机中的基础技术，任一领域只有数字化以后才能实现计算机的应用。

（2）目前，计算机的应用领域主要集中在数值计算、文本处理及多媒体应用等三大方面。

习题

一、选择题

1. 二进制数字是（　　）。

   A. 数值　　B. 文字　　C. 符号

2. 布尔代数中元素 0 和 1 与二进制数字中的 0 和 1 是（　　）的。

   A. 不同　　B. 相同

二、简答题

1. 二进制数字可有哪几种物理表示？
2. 二进制数字可有哪几种物理存储？
3. 二进制数字的持久性存储与非持久性存储（称挥发性存储）有区别吗？
4. 将下列布尔代数表达式画成数字电路：

（1）$\overline{(A+B)}\times C$；

（2）$\overline{A}\times\overline{B}+(A\times B)$。

5. 数字技术中三大应用是什么？
6. 什么叫数制？目前常用的有哪些数制？它们之间如何转换？
7. 什么叫原码？什么叫补码？什么叫反码？
8. 为什么说可用补码的加法作减法？请说明理由，并给出一例。
9. 如何用加法以实现减法、乘法及除法？
10. 用数字电路做一个二进制数的取反器。
11. 如何用二进制数字表示文本？
12. 给出常用的三种字符编码，并给出它们的关系。
13. 文本类型操作有哪几种？
14. 如何用二进制数字表示图像？
15. 如何用二进制数字表示声音？
16. 如何用二进制数字表示图形？
17. 说明图像与图形的一致与差别之处，并说明各自的应用特点。
18. 给出计算机基础的两个层次及其关系。

第3章 计算机硬件

本章导读

计算机硬件是计算机系统最基础的物理装置。本章主要介绍计算机硬件的工作原理及组成。

内容要点：

- 指令系统与数据。
- 冯·诺依曼结构。

学习目标：

对计算机系统的基本物理结构及工作原理有所了解。具体包括：

- 计算机的五大组成部分。
- 冯·诺依曼机的三大特点。
- 计算机指令系统及工作原理。
- 计算机硬件的物理组成。

通过本章学习，学生能掌握计算机基本物理结构知识。

3.1 计算机指令系统与数据

计算机硬件，在早期又称计算机，它能完成部分的人脑工作。在计算机中有很多条指令(instruction)，由这些指令所组成的序列称为程序，而计算机则是执行程序的装置。因此，指令与程序（特别是指令）是计算机中的核心。

此外，在计算机中还有很多数据，它是指令处理的对象。

1. 指令与指令系统

指令是计算机的基本操作单元。一台计算机的所有指令组成称为指令系统（instruction system)。计算机的功能由指令系统确定。一般地，不同类型的计算机有不同的指令系统，但是它们大致有几个相同的部分。

(1) 运算指令

运算指令包括加、减、乘、除等算术运算指令；布尔加、布尔乘等逻辑运算指令；字符加等字符运算指令；移位指令、比较指令以及取反指令等。

(2) 控制指令

一般程序的执行均按指令排列顺序执行，但有时它可不按顺序而转移至前面或后面的指令执行，这类指令称为控制指令。

(3) 数据传送指令

可以将指令加工对象——数据在计算机内部进行传送，如存储器与 CPU 之间、存储器与存储器之间等，而负责传送数据的任务则由数据传送指令完成。

(4) 输入/输出指令

可以用输出指令将计算机中的最终结果数据通过输出设备传送给用户（user），同时可以用输入指令将计算机执行中所需的数据通过输入设备传送给计算机。

2. 数据

在计算机中一般有 3 种类型数据，它们是：

① 布尔型数据：它由 0/1 所组成的数据。

② 字节数据：由 8 位二进制位数所组成的数据。

③ 定点数据：由 32/64 位二进位数所组成的数值数据。

④ 浮点数据：由 32/64 位二进位数所组成的另一种数值数据。

3. 指令与数据

在计算机内由指令所组成的程序给出了机器的工作流，此外，由数据组成了数据流。数据是指令的加工与处理对象。一般地，任一指令均以某些数据为其加工对象，而指令执行的过程即是对数据的加工过程，最终指令执行结束得到加工后的数据。在计算机内由程序所组成的工作流对数据不断加工从而不断得到新的数据，因而产生数据流；而当工作流结束时所得到的数据即是计算机最终获得的结果与目标数据。通过工作流对数据流的作用最终可获得加工的结果数据，这就是计算机的基本工作原理。

计算机是加工与处理数据的机器，其加工与处理的手段是程序，而加工对象与处理的结果是数据。

3.2　冯·诺依曼体系结构

接着讨论的问题是：如何根据计算机的工作原理组织与构建计算机的结构体系？冯·诺依曼在设计并研制实现计算机 EDVAC 时提出了一种结构方案，该方案具有开创性意义，并被以后的计算机所广泛采用，用这种方案所设计而成的计算机称为冯·诺依曼型计算机。

冯·诺依曼型计算机的结构体系主要有以下几个原则。

1. 用二进制数形式表示指令和数据

在冯·诺依曼结构体系中均用二进制数序列表示指令与数据，它们并无区别。这种表示形式既简单又易于用数字电路实现。

2. 存储程序形式

在冯·诺依曼结构体系中程序以二进制编码形式按一定顺序存放至计算机存储器中，而当计算机在执行程序时能自动连续的从存储器中依次取出指令，并加以执行。这就是计算机的存储程序形式，它是冯·诺依曼机的核心思想。

3. 整个计算机由控制器、运算器、存储器，输入设备与输出设备等五大部件组成

下面我们对冯·诺依曼机的结构体系进行介绍：

① 在冯·诺依曼机中数据的表示用二进制编码形式，其详细方式已在第2章中介绍，即

- 数字用二进制原码或补码形式表示。
- 文字用字符形式表示。
- 多媒体用数字、字符或二进制数字符串表示。

② 在冯·诺依曼机中指令的表示也用二进制编码形式，其具体由操作码及操作数地址两部分组成，它的形式如图3-1所示。

- 操作码：操作码用二进制编码形式表示，它给出指令的操作类型，如加、减、乘、除、取数、存数等。如可用0001表示加法、用0010表示减法等。
- 操作数地址：操作数地址也用二进制编码形式表示。首先，操作数是一种数据，它存放在计算机中的存储器内，它是指令加工的对象。操作数地址给出操作数在存储器中的位置。在指令中操作数地址可以有一个、两个或三个。如对二元运算而言，则可以有三个地址，它表示将两个地址的操作数作运算后将结果数据放至第三个地址内。

③ 在冯·诺依曼机中由指令序列组成程序存放于存储器内，每条指令都对应存储器中的一个地址，程序在存储器内一般按地址顺序存放。图3-2所示为程序存储的一个例子。

操作码	操作数地址

图3-1　指令结构图

存储器地址	存储器单元内容
000	指令1
001	指令2
010	指令3
011	指令4
100	指令5
101	指令6
110	指令7

图3-2　程序存储示意图

④ 在冯·诺依曼机中计算机由五部分组成，它们是：

- 存储器：用于存储数据与指令，并执行数据传输指令。
- 运算器：用于执行算术运算、逻辑运算及字符运算等指令。
- 输入设备：用于执行输入指令。
- 输出设备：用于执行输出指令。
- 控制器：控制与协调整个程序的执行以及对控制指令的执行。

自20世纪50年代初开始，世界上所有计算机不管其类型、规模为何，其结构体系均按上面所介绍的冯·诺依曼结构要求建造，至今未见有任何本质上的突破。因此，冯·诺依曼结构体系是计算机硬件的核心原则。下面在该结构体系指导下对计算机硬件作较为详细的介绍。

3.3 中央处理器

在冯·诺依曼机中的控制器与运算器承担着程序执行的主要工作，它们都由数字电路构成，速度快、体积小。在微电子时代它们均由一个集成块组成，它们构成了一个计算机的主要核心部件，一般称为中央处理器（central processing unit，CPU）。

CPU 一般由下面几部分组成。

1. 运算器

运算器（arithmetic logic unit，ALU）负责执行算术运算、逻辑运算、字符运算指令以及数据传输指令。在运算器中有加法器以及由它所构成的减法器，由加法器与减法器所构成的乘法器及除法器，此外还有实现逻辑运算、字符运算、比较运算、移位等指令的部件。在运算器中参与操作数据一般来自寄存器（有时也可来自存储器），其结果也存放于寄存器。在运算器中通用寄存器中的数据与存储器中的数据传送可用传送指令实现。

2. 控制器

控制器是 CPU 的核心，它控制及调度指令及程序的执行。它由下面几部分组成。

（1）指令计数器

指令计数器（instruction counter）是一种专用的寄存器，用于存放当前指令地址。一般情况下，当一条指令执行完毕后，它会自动+1，接着去指向下一条指令的地址。特殊情况下，即当前指令为控制指令时，控制器会将控制指令所指向的地址送入指令计数器中，以便下一条指令按控制器所指向指令执行。

（2）指令寄存器

指令寄存器（instruction register）是一种专用寄存器，用于存放当前指令。控制器根据指令计数器所指地址从存储器中取出指令放入指令寄存器供译码及存取操作数之用。

（3）指令译码器

指令译码器负责分析及解释指令中的操作码，产生相应控制信号以执行操作。它还对指令中的地址码作解释，产生操作数地址所需的控制信号以执行存取操作数。

（4）脉冲源

脉冲源产生时钟脉冲信号，它是整个 CPU 的基准信号，为 CPU 执行指令提供统一节拍的基础。

（5）时序信号产生器

时序信号产生器用于按一定顺序产生定时脉冲以有节奏地指挥 CPU 执行指令。

（6）微操作控制信号产生器

微操作控制信号产生器用于形成微命令。微命令是构成控制信号序列的最小单位。该产生器主要依据指令操作码的译码结果及反馈信号产生微命令信号序列。

除此之外，控制器中还有启停控制线路、总线控制线路及中断装置等。

总体说来，控制器的主要功能是指令控制、数据控制及时间控制，它是整个 CPU 的总指挥与总协调。

3. 通用寄存器

通用寄存器（general register）是一种特殊的寄存器。由于它由电子组件组成，其存取速度极快，但价格相对较高，因此只能以少量数目与 CPU 捆绑一起，用于日常的指令操作数存储以及运算执行中存储。通用寄存器与一般存储器一样也有地址，可按地址存取数据。

4. CPU 与存储器

在外部，CPU 主要与存储器进行指令与数据的传送。

(1) 指令传送

CPU 根据指令计数器所示指令地址从存储器取指令至指令寄存器。

(2) 数据传送

CPU 通过传送指令将存储器中数据送入通用寄存器，同时，它也可将通用寄存器中数据送入存储器中。

一个 CPU 的组成及它与外部的关系如图 3-3 所示。

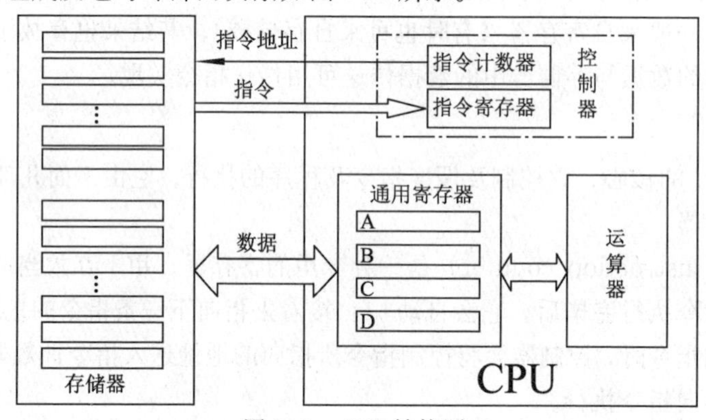

图 3-3　CPU 结构图

5. 通用与专用 CPU

普通的 CPU 称为通用 CPU，有些应用中对 CPU 有特殊专门的要求称为专用 CPU。目前常用的有用于图像处理的 GPU、用于神经单元的人工智能芯片等。

在 CPU 中有若干关键的指标，它们是：

(1) 字长

字是计算机中指令及数据的二进位编码串的一个单位。字长即是字的二进位编码串长度，常用的是 32 位及 64 位等。

(2) 主频

主频是指 CPU 内部的时钟频率，即 CPU 芯片中电子线路的工作频率。为保证 CPU 内部电子线路的工作一致性与协调性，在 CPU 中专门设置时钟频率，CPU 内部所有电子线路与电子信号流动均按时钟频率节拍工作。一般地，主频越高，执行指令所需时间就越少，CPU 处理速度也就越快。主频的单位为 GHz，1 GHz 表示每秒 10 亿个周期。如 Intel 公司生产的 CPU 芯片的 Pentium G2020 为 2.9 GHz，赛扬 G1610 的主频为 2.6 GHz。目前 CPU 主频一般为 2～5 GHz。

主频是衡量计算机运行速度的重要指标。

(3) 指令数目

指令数目是指计算机中 CPU 所能执行指令的条数。一般地，指令系统的数目多则表示计算机功能强，操作方便。目前一般的指令数目大致在 1 000～3 000 条之间。

(4) 内核

过去一台计算机仅有一个 CPU，但近年来，为提高计算机处理能力，往往在计算机内设置多个 CPU，这种计算机称为多核计算机。一般在小型机以上均为多核，如美国巨型机“顶点”有 4 356 个单元，每个单元由两个 CPU 及一个 GPU 组成。

内核的数目反映了计算机的处理能力，特别是计算机的并行处理能力。

(5) 运算速度

运算速度表示 CPU 每秒执行加法指令的数目。它用每秒百万次指令（million instructions per second，MIPS）表示。运算速度也是表示计算机运行速度的重要指标。

3.4 存 储 器

存储器（memory）是计算机中用于保存数据与指令的场所。在现代计算机中所保存的数据与指令的数量特别巨大且需求又各不相同，因此对存储器的介绍要分为几种不同情况分别阐述。

3.4.1 存储器概述

存储器是计算机中的重要部件，它负责对数据与指令的保管与存放。在计算机中对数据与指令的存储是以某种单位形式存放的，它们一般有：

① 二进位数：也称比特（bit），它由 0/1 组成，是计算机中最基本存储单位。

② 字节：由 8 位二进位数所组成，称字节 B（Byte），它是计算机中常用的存储单位。

③ 字：由 32/64 位二进位数所组成，称字（word），它也是计算机中常用的存储单位。

目前，在存储器中一般以字节/字为单位存放数据与指令。

由于计算机中对存储的需求量很大，因此在实际使用中分为若干不同的存储容量单位，它们分别为：

$1KB=2^{10}B=1\ 024\ B$

$1MB=2^{20}B=2^{10}KB$

$1GB=2^{30}B=2^{10}MB$

$1TB=2^{40}B=2^{10}GB$

$1PB=2^{50}B=2^{10}TB$

在存储器中为满足不同使用者的需求，我们还将按不同的存取速度分成为若干不同的档次，它们分别是：

秒：s（10^{0}s）

毫秒：ms（10^{-3}s）

微秒：μs（10^{-6}s）

纳秒：ns（10^{-9}s）

这样，按存取速度与容量可将存储器分成为五个层次：

(1) 寄存器

寄存器由电子组件组成，它存取速度最快（一般为 1 ns），但制造成本最贵，因此容量很小（一般少于 1 KB）。它一般在 CPU 中并与 CPU 一起直接完成程序的执行。尽管它具有典型的存储器性质，但一般属于CPU而不属于存储器范畴。

寄存器是一种由CPU直接访问的存储设备，它不能作持久保存。

（2）高速缓冲存储器

高速缓冲寄存器简称高速缓存，它是比寄存器速度略低（一般为2 ns）但容量比寄存器较大（一般为MB级别）的一种存储器。它一般是一种集成度低、功耗大，但工作速度快的静态存储设备。目前高速缓存主要用于存储经常执行操作的那些数据。

高速缓存是一种由CPU直接访问的存储设备，它由电子组件组成，不能持久保存。

高速缓存大部分与CPU芯片集成于一起。

（3）主存储器

主存储器（main memory）又称内存储器，简称主存或内存。它是存储器中的主力军。它的存取速度比前两种要低（一般为10 ns），但它的容量且很大，一般在GB级别。由于它的容量大且存取速度在可接受范围之内，同时它又是一种CPU能直接访问的设备，因此成为存储器中最为常用和主要的存储设备。目前，一般所说的存储器如不作特殊说明，即指主存储器。

主存储器由半导体集成电路芯片组成，其形式是内存条，如图3–4所示。一个内存条有不同存储容量，如1 GB、2 GB、8 GB、16 GB等。一台计算机可以由若干内存条组成一个主存储器。

（a）台式计算机内存条

（b）笔记本计算机内存条

图3–4　内存条

主存储器相当于在冯·诺依曼结构中的存储器，它与CPU相结合构成了计算机的主要工作部件，称为主机。

（4）外存储器

外存储器包括多种存储设备。CPU不能直接访问它，而要通过一定的接口设备才能进行数据传递，因此有外存储器之称。外存储器容量巨大，可达TB级，但由于大多采用机械–电子传动设备因此存取速度较慢（一般在10 ms），但它有一个很大的优点即可作持久性的保存。外存储器的设备包括磁盘、光盘、U盘等。

外存储器主要用于大容量数据的持久性保存。

（5）辅助存储器

辅助存储器主要指磁带设备。它是一种典型的脱机设备，它的存取速度很慢（一般为100 s），但存储容量极大，可达PB级。它一般可作为数据后援备份存储。

上述五部分组成了计算机中速度与容量不同的层次系列，它们各有长短，在计算机中根据需要相互取长补短，形成一个能满足不同需要的存储装置。

图 3-5 所示为存储器层次结构示意图。

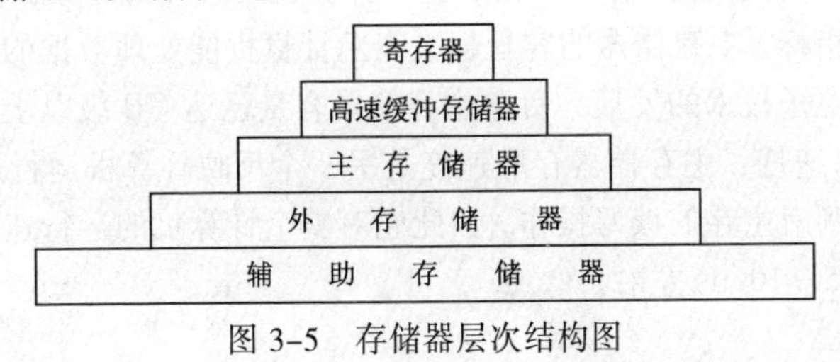

图 3-5　存储器层次结构图

在五种存储器类型中以主存储器与外存储器最为重要，下面我们用专门的两节介绍这两个部分。

3.4.2　主存储器

主存储器与 CPU 紧密关联，CPU 可以直接访问主存储器，它包括以下几方面内容。

(1) 访问

访问（access）表示读与写两种含义或存与取两种含义。因此也可称为读写或存取。所谓取或读即从主存储器将数据取出读入 CPU（指令为一种特殊数据，今后除专门说明外，数据一词包含指令在内），同时也可将数据写入主存储器。

(2) 直接访问

直接访问（direct access）表示 CPU 可以无障碍、无须接口即可访问主存储器，但是需要有一条通道，它称为总线，我们将在后面介绍。

(3) 按地址访问

CPU 直接访问主存储器的方法是按地址访问方式。主存储器的基本单元称为存储单元（memory cell），它一般以字节/字为单位。每个存储单元均有地址，地址是该单元的唯一标识。因此内存单元一般由两部分组成，它们是单元地址与单元内容。单元地址用二进制编码表示，从小到大顺序排列，单元内容则表示单元中所存储的数据。图 3-6 所示为一个有 64 个存储单元并存储有不同的 64 个（315～378）数据的主存储器示意图。

地址	主存储器
000000	315
000001	316
000010	317
000011	318
000100	319
...	...
111111	378

图 3-6　主存储器结构示意图

主存储器目前常用的有两种类型，它们分别是 ROM 和 RAM，下面对它们作简单介绍。

(1) 只读存储器

只读存储器（read only memory，ROM）是一种只能读不能写的存储器，它同时是能够永久保存数据的存储器，所以又称非易失存储器。它的这两个特点使它适合于存储系统性信息，包括系统软件与系统数据等。

(2) 随机存取存储器

随机存取存储器（random access memory，RAM）是一种能随机读写的存储器，它是目前最常用的存储器，是主存储器中的主要部分。但是，在该存储器中的数据不能持久保存，所以又称易失存储器。在此中的数据要么是中间的临时数据，要么需要用外存储器做支撑，在执行前将持久性数据从外存读入内存，在执行后将持久性数据存入外存。

主存储器有几个关键性的指标。

① 主存储器容量：主存储器容量反映了整个计算机可直接处理数据的数量，它是反映计算机性能的一个重要指标。主存储器的容量越大表示计算机能处理数据的数量就大，计算机的性能就越好。由于微电子技术的发展，目前主存储器容量已达GB级以上。

② 主存储器存取速度：主存储器存取速度是另一个反映计算机运行速度的指标，由于在指令执行中需大量用到对主存的读写操作，因此它对整个计算机的运行速度影响很大，主存的存取速度目前一般在5～10 ns左右。

3.4.3 外存储器

外存储器简称外存。外存一般包括磁盘存储、光盘存储以及 U 盘存储等多种，有时也将磁带存储归并为外存。

外存储器的存储特点是：

① 外存的存储容量大但存取速度慢。

② 外存能对数据作持久存储。

③ 外存不能直接与 CPU 进行数据传送，它一般需要通过接口与主存进行数据传送，再通过主存与 CPU 进行数据交换。

外存储器适合存储批量、持久性数据，也适合于存储后援备份数据。

外存储器的数据存取一般以数据的物理块为单位进行，一个物理块（physical block）一般为256 B、512 B、1024 B不等。在数据存取时，通过外存的存取专用指令进行操作。

下面我们介绍常用的三种外存设备。

1. 磁盘存储器

磁盘又称硬盘，它的存储容量及存取速度在外存中均属上乘，它又是外存中的联机设备，因此它是外存中的主力，一般所指外存主要指磁盘存储器。

磁盘存储器一般由两部分组成，它们是磁盘驱动器与磁盘盘片，其中磁盘驱动器负责磁盘数据存取，如图3–7所示，而磁盘盘片则存储数据。磁盘通过电磁中的磁滞原理对电信号作磁性存储。

目前常用的磁盘存储器有多种形式，它们主要是：

(1) 磁盘组存储

它由多个盘片所组成的盘组，其特点是容量特别大。一般所指的磁盘即是此种磁盘。

(2) 移动硬盘

移动硬盘是一种使用简单、方便的可移动硬盘，它通过 USB 接口实现即插即用的功能，如图 3–8 所示。

图 3–7 磁盘驱动器

图 3–8 移动硬盘

2．光盘存储器

光盘存储器是通过激光束改变光盘片的表面而存储数据，如图 3-9 所示。光盘存储器的结构与磁盘结构类似，由光盘驱动器与光盘片两部分组成。光盘设备是一种可移动的存储设备，它的存储容量与存取速度都低于磁盘，但它的灵活性与方便性优于磁盘。

目前常用的光盘存储类型有如下几种：

（1）CD-ROM 存储器

它是一种小型的只读光盘存储设备，目前使用广泛。

（2）CD-R 存储器

它称可记录式光盘，该光盘可一次性写入，此后不能修改，但允许多次读出。

（3）CD-RW 存储器

它可以对光盘作反复的刻录、重写，同时又能多次读出。

（4）DVD 存储器

DVD 是一种与 CD 类似但容量大于 CD 的一种光盘存储器，有可能今后会逐渐取代 CD。DVD 目前也可分为 DVD-ROM、DVD-R 及 DVD-RW 等三种。

图 3-9　光盘驱动器

3．U 盘存储器

U 盘存储器是利用目前最为流行的闪存芯片为存储介质的一种存储器，如图 3-10 所示。它具有质量小、体积小、防震、防潮等特点，非常适合于随身携带，同时它以 USB 接口为传输通道，方便、灵活，因此目前被大量应用于台式计算机、笔记本计算机及智能手机中。

图 3-10　U 盘

3.5　输入/输出设备

输入/输出设备（input/output device）亦即 I/O 设备，它是冯 · 诺依曼机中的输入设备与输出设备的总称。输入/输出设备是人与计算机主机间传送数据的设备，即人从外部将数据（包括数字、文字、声音、图形、图像及视频等）通过输入设备传入主机以及主机将数据通过输出设备传送至外部以供人使用（包括阅览与聆听等）。由于输入/输出设备是计算机主机与外界的联络设备，因此又称外围设备。下面分别对它们作介绍。

3.5.1　常用输入设备

输入设备的功能是将数据中的数字、文字、声音、图形、图像、视频等信息转换成二进制编码后传入至主机的设备，常用的输入设备有键盘与鼠标等，如图 3-11 所示。

1．键盘

键盘（keyboard）是计算机中的最基本的输入设备，任何计算机都配备有键盘。键盘主要用于数字、文字的输入。键盘一般由四个区域组成，它们是：

（1）主键盘区

主键盘区主要用于字母（西文字母）及相关符号（如标点符号、运算符号）的输入。

图 3-11　键盘显示在智能手机的屏幕上及鼠标

（2）数字键盘区

数字键盘区主要用于数字的输入。

（3）功能键区

功能键区主要用于非字母、数字的一些功能的输入，它由 F1、F2、……、F12 等 12 个键组成。

（4）控制键区

控制键区主要对输入数据起控制作用的那些键，如 Alt 键、Ctrl 键、Esc 键、End 键、Delete 键、Insert 键等。

目前，计算机中常用的是 104 键的键盘。用户按不同按键时，它们会发出不同的信号，并通过键盘内的电子线路（称键盘控制器电路）转换成二进制编码，然后由键盘接口进入计算机主机。

2. 鼠标器

鼠标器（mouse）简称鼠标，它是一种指示设备，它能方便地控制屏幕上的鼠标指针，准确地定位在指定的位置，并通过自身的按键完成各种操作。由于它的外形如老鼠，而它的作用具标识性，因此称鼠标。

鼠标有两种操作：一种是二维平面移动，另一种是按键的按动。当鼠标作二维平面移动时，通过机械或光学的方法把鼠标移动的距离和方向转换成脉冲信号传送给主机，主机中有一个鼠标驱动程序，该程序将脉冲个数转换成鼠标的水平与垂直方向的位移量，从而控制显示屏上的光标箭头随鼠标变化而移动。鼠标按键一般有两个：左键与右键，它们可以作按下与释放操作。在操作时与对应屏幕上的箭头所指的内容有关，此时会发出电信号并通过操作系统以实现相应的软件功能。因此，鼠标的两种操作一是定位，二是执行，两者有机配合可以完成显示屏上所标识的功能。

一个完整的鼠标动作是：首先作平面移动，并带动光标箭头至相应显示屏上的位置定位；然后按动按键以完成屏幕上所示动作的实现（执行）。

鼠标按不同工作原理一般分为三种，它们分别为机械式、光机式及光学鼠标，目前流行的是光学鼠标，它具有速度快、准确性好及灵敏度高，无机械磨损，很少需维护，不需鼠标垫等优点。

鼠标在执行两种操作时会发出不同信号并通过相关的控制电路转换成二进制编码，然后通过接口进入计算机主机并启动鼠标驱动程序以完成相关的功能。

鼠标也是计算机中的最基本的输入设备，任何计算机都配备有鼠标。

3. 其他输入设备

除了上述两种输入设备外，还有其他的一些输入设备，如：

- 扫描仪。
- 数码照相机。
- 条形码阅读器。
- 话筒。
- IC 卡读卡器。

此外，还有如触摸屏、手写笔、光学字符阅读器（OCR）以及摄像机等。

3.5.2 常用输出设备

输出设备的功能是将主机中所形成的结果以数据形式传输至输出设备并以人类所能感知的视觉、听觉等方式显示。常用的输出设备有显示器及打印机等。

1. 显示器

显示器是计算机中的基本输出设备，任何计算机都有配备有显示器。显示器主要用于将主机中的结果用图像形式输出。

显示器主要由两部分组成：一部分是用于显示图像结果的部分，称为监视器（monitor），又称显示器；另一部分则是用于显示控制部分，称为显示控制器，由于它以插卡形式出现，故又称显示卡，或简称显卡。显卡主要功能是将主机中的二进制编码转换成图像形式输出。图 3-12 所示为显示器结构及与主机间关系图。

显示器是一种光电设备，其作用是将电信号转换成光信号，最终以图像形式表示。目前常用的显示器有 CRT 显示器和液晶显示器等两种，如图 3-13 所示。

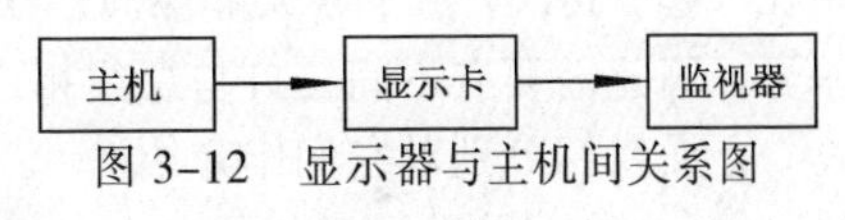

图 3-12　显示器与主机间关系图

显示器卡是一种电路，它由三部分组成：显示控制器、显示存储器以及显示接口电路。显示器的显示单位是帧，因此，在显示时需将帧数据存储于显示存储器，然后由显示控制器将该帧数据转换成图像信息后，经显示接口电路至监视器以图像形式输出。

图 3-13　各种显示器外形

2. 打印机

打印机是计算机中常用的输出设备，它主要用于将主机中的结果以硬拷贝形式打印于纸上的一种设备。打印机目前分为针式打印机、激光打印机和喷墨打印机等三种，如图 3-14 所示，常用以激光打印机为主。在激光打印机中有黑白与彩色等两种，常用以黑白为主。

打印机的工作原理是将主机中的二进制编码通过打印机的驱动程序以并行或串行接口传送至打印机控制器，通过控制器将电信号转换成机械或光信号打印输出。

除上述两种输出设备外，还有语音输出设备、缩微输出设备等多种其他输出设备。

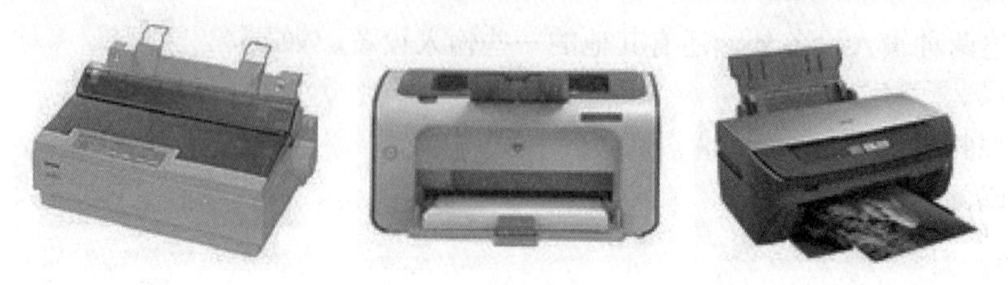

图 3-14　针式打印机、激光打印机、喷墨打印机

3.6　总线与接口

到此为止，我们已经介绍了计算机硬件的主要部件，它们分别是 CPU、主存储器、外存储器（多个）、输入设备（多个）及输出设备（多个）等，它们构成了计算机硬件。在计算机中，这些部件少则一个，多则若干，目前常用的部件在 10 个以上，根据需要有的可以达到数十个之多。它们各司其职，相互协调构成一个为实现共同目标协同工作的集合体。为实现这个目标，需要在各部件间建立统一的通路与相互间的接口，这是一个极其重要的部分。这部分的功能在这里用“总线与接口”表示之。

总线与接口由两部分组成：其一是总线，其二是接口。所谓总线即是计算机硬件五大部件间需要有一条传输数据的通路，这种通路结构既要有方便性又要灵活性，它将五大部件紧密联系在一起。其次，由于各大部件间存在着本质上的结构差异与速度上的差异以及传输方式上的差异，因此需要有不同接口与总线相连。这些接口应该是方便的且灵活的。

下面我们分别对它们作介绍。

3.6.1　总线

总线（bus）是连接计算机硬件各部件间的数据传送的公用信号线，其结构呈线性状，而各大部件则分别挂接于总线的两边。图 3-15 所示为总线结构示意图。

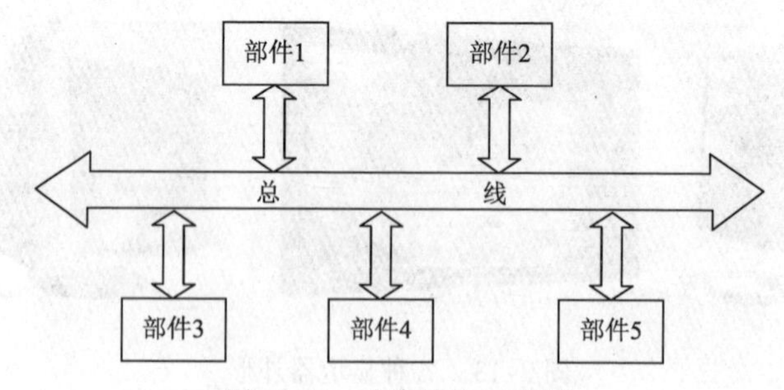

图 3-15　总线结构示意图

这种形式的总线结构具有构造简单、传递数据方便，挂接部件灵活等优点，因此目前大部分计算机硬件都采用此类结构。

进一步，我们对总线作深入的讨论。

① 实际上目前计算机硬件中的总线有多种，常用的有：

- 系统总线：系统总线是计算机硬件系统内部各部件间的通路。我们一般所指的总线即指的是系统总线。图 3-16 所示为系统总线示意图。

- 内部总线：可以将总线概念扩大到部件的内部，称为内部总线。内部总线是 CPU 内部各功能单元间的通路，如控制器、运算器与寄存器间的通路。图 3-17 所示为内部总线示意图。

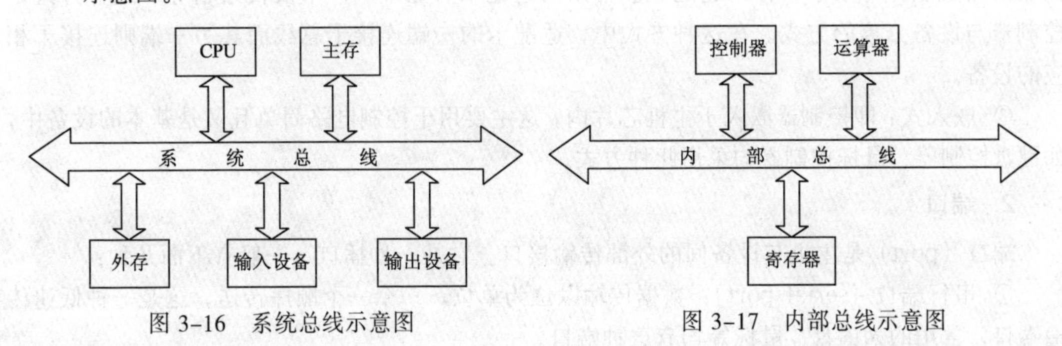

图 3-16 系统总线示意图　　图 3-17 内部总线示意图

② 由于总线涉及多个部件间的关联，因此需要有一种统一的标准，目前常用的有 ISA、PCI、EIS 以及 AGI 等标准。

③ 在物理上，总线是由总线控制器以及连接该控制器的若干插口及导线组成。总线的性能指标一般有两个，它们分别是：

- 总线时钟频率：即总线的工作频率，它是影响总线传输速率的因素之一，目前一般的工作频率为 MHz 或 GHz 级别。
- 总线宽度：即总线每秒传输的二进位数。

3.6.2 接口

挂接在总线上的部件从性质上看是各不一样的。它们大致分为两类：一类称为主机部件，即 CPU 及主存之类的部件，它们均为电子部件，其运行速度快且一致，部件的品种与个数均属固定；另一类称为 I/O 部件，又称 I/O 设备，包括输入设备、输出设备以及兼具输入/输出功能的外部存储器。这类部件较为复杂，它们的操作包括机电、光电以及电磁等多种方式，它们的运行速度快慢不一；它们彼此之间及与 CPU 间均可各自独立、并行运行；它们的配置数量灵活可变；它们传输的数据量大；它们操作控制复杂度及与主机的连接方式也大不一样。有鉴于此，主机部件与总线间并不需要设置接口，而 I/O 部件则需有专门的不同接口与总线相连。而这种接口一般分为两类：一类称为设备控制器，另一类称为端口。下面我们对它们作介绍。

1. 设备控制器

设备控制器因不同 I/O 设备而有不同。设备控制器主要是一组电路，它的作用有：

① 接口作用：设备控制器的首要作用是起接口作用，它将主机的二进制编码信号转换成设备内的标准信号（或反之）。这是主机与设备间的内部转换接口。

② 控制作用：设备控制器的另一个作用是对设备的控制作用，它根据 CPU 的指令独立操作设备工作。

设备控制器在完成接口与控制作用时往往还须有一定的程序配合，这种程序称为驱动程序。

设备控制器的形式有多种，目前流行的是三种：

① 内置式：即控制器内置于相应的设备内，这是一般常用的方式，如打印机控制器即安装在打印机内。

② 适配卡（adapter card），又称控制卡（controller card）：对于那些控制电路复杂的控制器需要制作专用卡，称为适配卡。常用的适配卡有显卡、声卡及视频卡等，这种方式是控制器与设备分离的方式。在这种方式中，适配卡的一端连接于总线而其另一端则连接于相应的设备。

③ 嵌入式：即控制器嵌入于主机芯片内，这主要用于控制电路简单且又是基本的设备中，如键盘控制器、鼠标控制器均采用此种方式。

2. 端口

端口（port）是主机与设备间的外部传输接口。它是一种插口，一般有下面几种：

① 串行端口（serial port）：数据传输以位为单位，一个一个顺序传送，这是一种低速传输端口，常用的如键盘、鼠标等均有这种端口。

② 并行端口（parallel port）：数据传输以字节为单位并行传送，这是一种高速传输端口，常用的如打印机、扫描仪等都用这种端口，如图3–18所示。

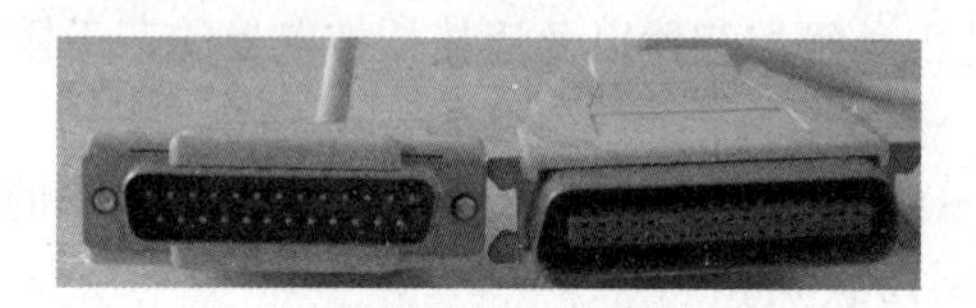

图3–18　打印机并行端口

③ 通用串行总线（universal serial bus，USB）端口：它是一种最新的端口技术，它能同时连接多个设备到主机且速度较快，预计它将会取代传统的串行端口与并行端口，如图3–19所示。目前多种设备都用此种端口，如U盘、可移动硬盘等，图3–20为U盘插入USB口的示意图。

图3–19　多种不同形状的USB口

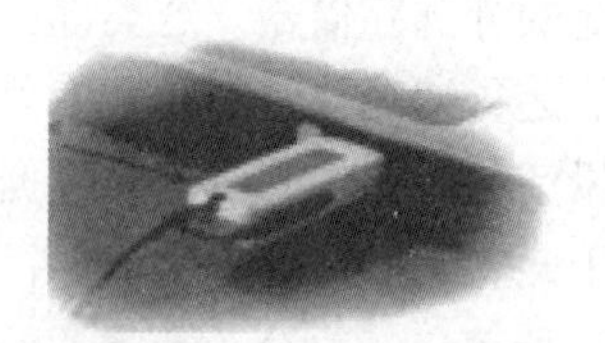

图3–20　U盘插入USB口

④ IDE端口：这是一种并行的、双向的传输端口，适合于做外存的端口，如图3–21所示。

⑤ SATA端口：这是一种高速串行传输端口，适合于做硬盘等的专用端口，如图3–22所示。

图3–21　IDE端口

图3–22　SATA端口

⑥ 显示器端口：这是一种专门用于连接系统总线与显卡的接口，称为加速图形端口（accelerated graphics port，AGP），它具有高速并行输出图像信号的功能，如图3–23所示。

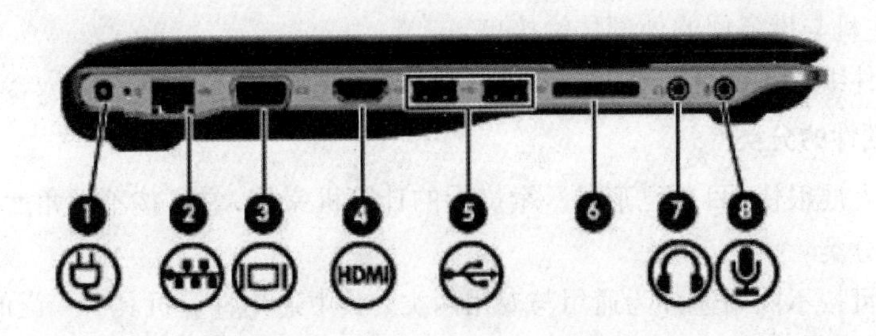

图 3-23 笔记本计算机各种端口

1—电源；2—RJ-45 网络口；3—外接显示器口；4—HDMI 口（接高清电视）；5—USB 口；6—各种存储卡口；7—耳机插孔；8—话筒插孔

3.6.3 计算机硬件的连接

通过总线与接口可以将计算机硬件的各部件间构成一个整体。图 3-24 所示为一个完整的计算机硬件全貌示例图。

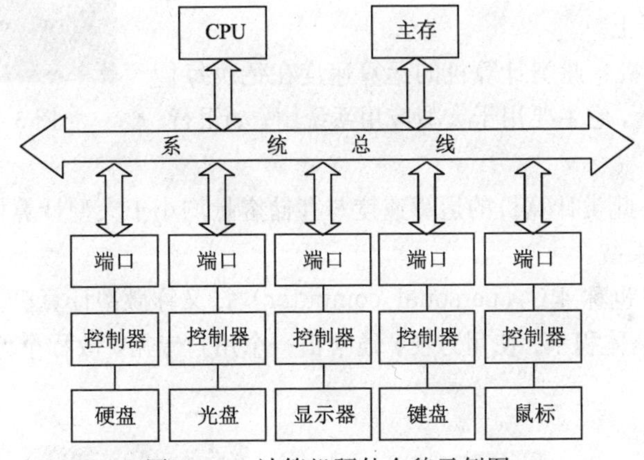

图 3-24 计算机硬件全貌示例图

3.6.4 计算机硬件组成与分类

1. 计算机硬件组成

计算机硬件组成包括如下部件：

① 控制器：控制器完成对指令的分析与控制并操纵指令执行顺序。

② 运算器：运算器完成算术运算、逻辑运算、字符运算及移位等操作。

控制器与运算器构成了硬件的主要部件称 CPU。

③ 主存储器：主存储器存储指令与数据，并提供存取服务。

CPU 与主存储器构成了计算机硬件的主体，称主机。

④ 外存储器：用于存储批量及持久性数据。

⑤ 输入/输出设备：是人与计算机主机间传送数据的设备。

⑥ 总线：计算机硬件各部件间数据传输通路。

⑦ 设备控制器：主机与设备间的内部转换接口及控制设备工作。

⑧ 端口：主机与设备间的外部传输接口。

以上八种部件组成了一个完整的计算机（硬件）。

2. 计算机硬件的分类

计算机硬件发展很快，目前已形成一个庞大的计算机家族，它可按不同角度分为不同种类：

(1) 按用途分类

计算机硬件可按不同用途分为通用与专用两类，其中通用计算机具有广泛的使用范围，而专用计算机则主要用于特殊的应用领域，如仪器仪表中、自动火炮中、数控车床中等。

(2) 按规模分类

计算机硬件可按不同规模分为巨型计算机、大型计算机、小型计算机、个人计算机及嵌入式计算机等。

① 巨型计算机，又称超级计算机，其峰值速度一般在亿亿次每秒以上。它主要用于复杂的科学计算中。巨型机外形如图 3-25 所示。我国的“天河”“银河”“曙光”“神威太湖之光”及美国“顶点”计算机均属此列。其中“顶点”的峰值速度在 20 亿亿次每秒以上。

图 3-25 巨型机外形

② 大/中型计算机：此类计算机的运算速度在亿次每秒以上，且有大存储容量，它主要用于大型应用系统中，如银行、保险等金融系统中。

③ 小型计算机：此类计算机的运算速度与存储容量均小于大型计算机，它主要用于一般应用系统或小型应用系统。

④ 个人计算机，也称 PC（personal computer），又称微型计算机。它是微电子技术发展的结果。它的特点是体积小、使用方便，通常由一个用户专用，故称个人计算机，如图 3-26 所示。

图 3-26 个人计算机

⑤嵌入式计算机：一种体积更小、专门为某些设备配套的计算机，它往往嵌入于设备中，因此称为嵌入式计算机。例如，安装于数码照相机中，或安装于游戏机、机器人、自动车床、自动流水线及智能武器中等。

⑥ 移动计算机：能从一个地方携带到另一个地方的计算机可称为移动计算机。移动计算机是近期计算机发展热门，它包括笔记本计算机、平板计算机（见图 3-27）以及智能手机，其热门产品有 iPad 平板计算机与华为、iPhone 智能手机等。

(3) 按网络上的功能分类

在网络环境中计算机可分为服务器与客户机两类。

服务器是为多个用户提供公共服务的计算机，如图 3–28 所示。这种计算机往往要求存储量大、速度快的计算机，如打印服务器、文件服务器、应用服务器、数据库服务器以及 Web 服务器等，它们一般设置于计算机网络环境中。

图 3–27 平板计算机

图 3–28 服务器

客户机是为客户直接服务的计算机。

(4) 按字长分类

计算机存储与处理数据单位有固定长度，它们按二进制数字计算可分为 32 位、64 位等。

3.6.5 计算机硬件的基本工作原理

计算机硬件的主要工作是执行由指令所组成的程序，在计算机硬件结构支持下完成此项工作，其中包括计算机组成中的 8 个部件，它们在控制器的统一控制与协调下完成程序的执行，而其一般工作流程是：

① 取指令：控制器将指令计数器所示地址通过总线发送至主存储器，并获得该地址的数据（即指令），由总线返回至控制器内指令寄存器。

② 译码：控制器对指令中的操作码作翻译后确定指令的操作类型，然后通过总线将其分配给相应部件作处理。(算术/逻辑运算及传送指令分配给运算器；输入/输出指令分别分配给输入/输出设备等)

③ 取数：相关部件在处理前首先根据操作数地址将操作数取出。

④ 执行：接着相关部件处理相应操作，在操作完成后将结果放入相应地址。

⑤ 修改指令地址：在控制器中，如当前指令为控制指令，则需按要求修改指令地址，为下一步操作做准备；如当前指令为非控制指令，则修改指令地址为当前指令地址+1，为下一步操作做准备。

整个程序的执行则不断重复上述五个步骤直至程序结束为止，其流程如图 3–29 所示。

下面用一种指令的执行，以说明计算机硬件工作原理。

【例】运算型指令执行过程。

设有图 3–30 所示的指令，这是一个加法指令，其操作码 11 表示为加法操作，紧跟着后面的 A、B、C 为操作数地址，该指令表示将寄存器 A、B 中的数相加后其和存入寄存器 C。该指令的执行过程为：

① 控制器将指令计数器所示地址通过总线（系统总线）发送至主存储器。

② 主存储器读取地址中的数（即指令）由总线返回至控制器内指令寄存器。

③ 控制器分析指令寄存器中的指令后，将寄存器中的数据通过总线（内部总线）传送至运算器，并发送运算控制信号通过总线（内部总线）到运算器。

④ 运算器启动加法运算，结束后将两数的和通过总线（内部总线）返回至寄存器 C，并发控制信号通过总线（内部总线）至控制器。

⑤ 控制器执行操作：指令计数器加1。

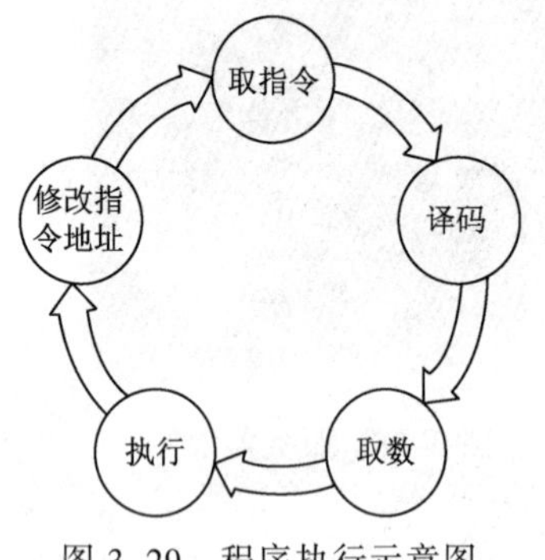

图3-29 程序执行示意图

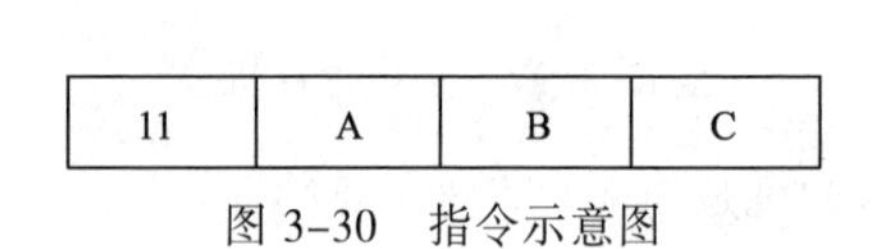

图3-30 指令示意图

3.7 计算机硬件的物理组成

在本章的前6节均以介绍计算机硬件的原理为主，而在本节中则将前面的原理转化成它的物理组成，使读者对计算机硬件有一个感性的认识。

在本节中我们以PC为例作介绍。

一台PC一般由几个部分组成，它们是主板、适配卡、CPU、内存条、总线及I/O设备等。

1. 主板

主板是计算机硬件的最主要部件，它是一组芯片的集成。在物理上，主板由一些基本电子器件与一些插槽与端口组成。

（1）插槽

主板中的常用插槽如下：

① CPU插槽：CPU插槽用于插接CPU。在CPU中主要是控制器与运算器电路。

② 内存条插槽：内存条是由多个内存芯片所组成的一条小电路板。内存条可以通过主板内存条插槽插入，一块主板可以插入多个内存条。

③ 总线插槽：总线插槽可以用于插接总线。一般常用的总线是PCI总线。总线是一块电路板，具有连接部件的作用。

④ 显卡插槽：显卡插槽可以用于插接显卡。再通过它与监视器相连。

以上是一些常用的插槽，此外还可以有一些插槽，如声卡插槽、视频卡插槽以及网卡（用于与网络接口的控制电路）插槽等。

（2）端口

主板中的常用端口如下：

① 串行接口。

② 并行接口。

③ USB 接口。

④ 键盘专用接口。

⑤ 鼠标专用接口。

⑥ 显示器专用接口。

⑦ 局域网专用接口。

⑧ IDE 接口——硬盘与光盘驱动接口。

⑨ SATA 接口——硬盘接口。

此外，还有音频插孔及电源接口等。

(3) 基本电子器件

常用基本电子器件如下：

① 芯片组：它由若干块超大规模集成电路组成，配合 CPU 组成计算机硬件核心。它还包括大量的接口电路、部分的设备控制电路等。

② CMOS 存储器：它是一种高速的随机存取存储器。在 CMOS 中存储用户对计算机硬件所设置的初始参数，包括当前日期和时间、已安装硬盘种类与数量等。由于 CMOS 是易失存储器，因此必须使用电池供电。

③ BIOS：计算机硬件有一个基本输入/输出系统（basic input output system，BIOS），它是存储于 ROM 中的一组机器指令所组成的程序，它是计算机软硬件间最原始、最基本的接口。它有四个功能：

- 加电自检程序 POST：POST 用于对硬件各部分作自检.
- 系统装入程序：用于引导操作系统装入。
- CMOS 设置程序：用于设置 CMOS 中的参数。
- 外围设备驱动程序：用于协助设备控制器完成输入/输出。

主板是一个既集成又灵活的半导体芯片板，计算机硬件中各部件都可通过它的插槽与端口组装成一个所需配置的硬件。图 3-31 所示为主板组成示意图。

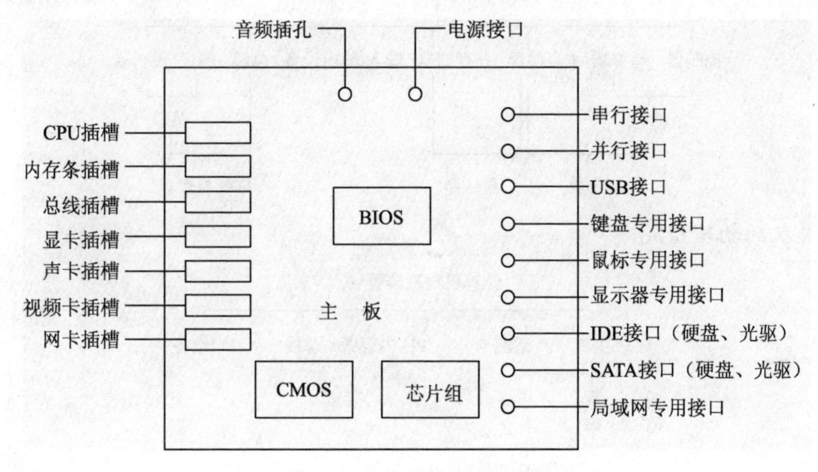

图 3-31　主板组成示意图

2. 适配卡

适配卡是一种具有独立功能的 I/O 设备控制器，由于控制复杂，因此需要单独制作成卡状电路板。在计算机硬件中最常用的适配卡是显卡，其他包括声卡、视频卡等，此外还有与网络接口的网卡等。

3. CPU、内存条及总线

CPU、内存条以及总线等电路也可做成卡状插入主板内。

4. I/O 设备

I/O设备包括外存设备、输入设备与输出设备等。在PC的主机中常用的I/O设备配置有硬盘驱动器、光盘驱动器、键盘、鼠标及显示器等，它们可以分别插入相应的端口，这些端口大都是专用的端口。

此外，还有一些非固定的设备，如U盘、可移动硬盘以及打印机等可以在需要时插入USB接口。

以上四个部分以主板为基础作合理配置后，即可以组成一个满足要求的计算机硬件。

小结

（1）计算机是一种以执行指令所组成的程序为主要目标的机器。

（2）计算机是处理数据的机器。

（3）计算机处理的原理。

- 有两种流：工作流与数据流。
- 工作流对数据处理产生数据流。

（4）冯·诺依曼结构。

- 二进制表示。
- 存储程序。
- 五大部件。

（5）计算机结构：

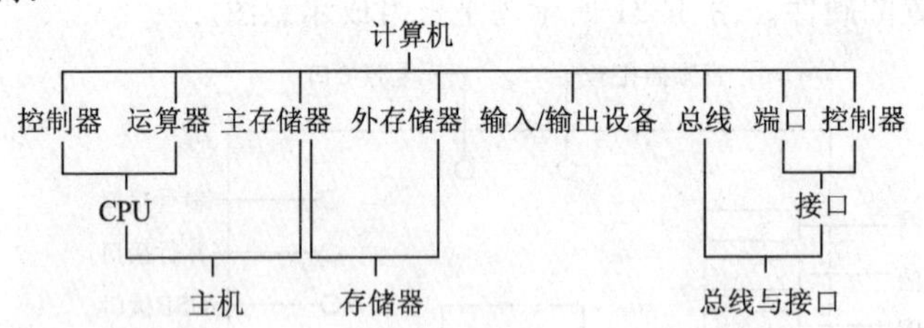

（6）计算机的物理组成：

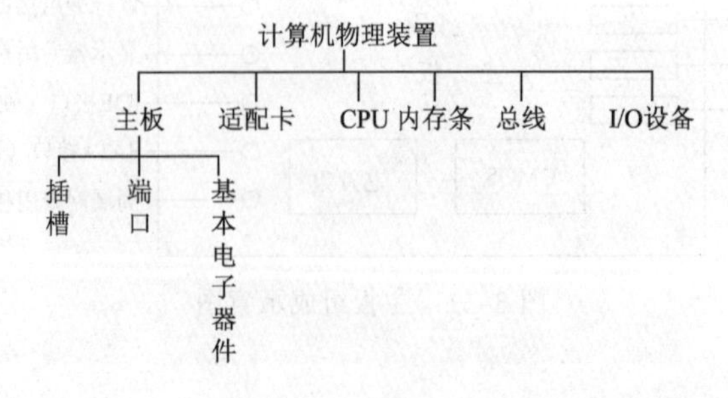

（7）计算机的工作原理。

① 计算机的工作：执行程序。

② 五大部件的工作：

- 控制器：控制程序执行。
- 运算器：执行运算指令。
- 存储器：存储指令与数据；执行传送指令。
- I/O 设备：执行 I/O 传送指令。
- 总线：数据通路。
- 接口：控制器与端口。

③ 工作流程：

- 取指令。
- 译码。
- 取数。
- 执行。
- 修改指令地址。

（8）计算机硬件与软件的接口——指令与二进制数。

习题

一、选择题

1. 计算机主机包括（　　）。
   A. 外存储器　　B. 主存储器　　C. 显示器
2. 程序由（　　）组成。
   A. 指令　　B. 字　　C. 指令计数器
3. 辅助存储器也是一种（　　）。
   A. 接口　　B. 存储器　　C. 运算器
4. 总线是一种（　　）。
   A. 传递数据的通路　　B. 接口　　C. 输入/输出设备
5. 高速缓存是（　　）。
   A. 存储器　　B. 主存储器　　C. 寄存器
6. RAM 是一种（　　）存储器。
   A. 只读　　B. 只写　　C. 读写
7. USB 是一种（　　）接口。
   A. 并行　　B. 通用串行总线　　C. 显示器输出
8. 显示器是一种（　　）设备。
   A. 输出　　B. 输入　　C. 输入/输出

二、简答题

1. 计算机的主要工作是什么？
2. 指令系统包括哪几个部分？

3. 简述冯·诺依曼体系结构的特征。
4. 什么叫CPU？它由哪些部分组成？
5. 什么叫存储器？它分为哪几种类别？
6. 什么叫主存储器、外存储器？
7. 简述常用的输入/输出设备，并做出说明。
8. 总线起什么作用？常用有哪几种总线？
9. 什么叫接口？常用的接口有哪几种？
10. 简述计算机的工作原理。
11. 简述计算机的整体结构。
12. 简述计算机的物理组成。

三、思考题

1. 计算机能取代人的哪些脑力劳动？
2. 计算机硬件与软件的分界线在哪里？

第4章 计算机软件

本章导读

计算机软件是建立在计算机硬件上的程序与数据。本章主要介绍计算机软件的基本概念与原理，以及包括系统软件、支撑软件及应用软件在内的几种软件门类。此外，本章还包括若干实验。

内容要点：

- 软件系统概念及分类。
- 系统软件。

学习目标：

对计算机软件有全面、系统的了解与认识。具体包括：

- 计算机软件的概念及软硬件间关系。
- 计算机软件中的系统软件、支撑软件及应用软件的概念及它们之间的关系。
- 操作系统、语言处理系统、数据库管理系统的功能、作用与地位。
- 计算机软件的基本操作。

通过本章学习，学生能掌握计算机软件的基本概念，各类软件的功能、作用与地位，同时能学会软件的基本操作与使用。

4.1 计算机软件基础

4.1.1 计算机系统与计算机软件

我们目前所使用的计算机是一个计算机系统，它包括计算机硬件与计算机软件。其中，计算机硬件是系统的物理基础，计算机软件则是在其上的程序与数据。仅有硬件的计算机（系统）称为“裸机”，裸机是很难正常工作的，只有在裸机上加载软件后才构成一个能运行的计算机系统，并能为用户所使用。图4–1所示为计算机系统构成示意图。

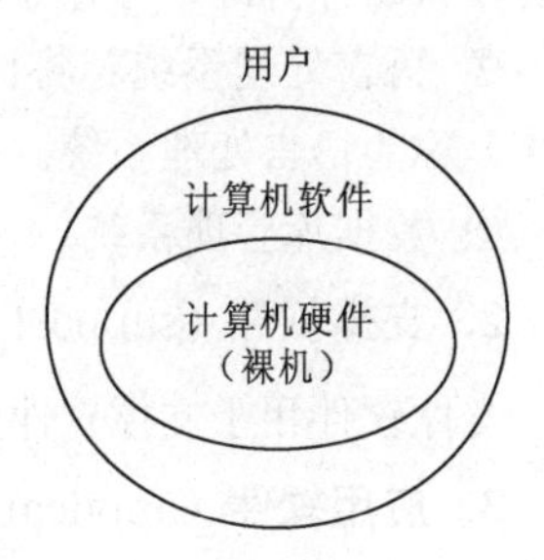

图4–1 计算机系统构成示意图

此外，计算机软件是以硬件作为支撑的，硬件所支撑的具体内容是指令系统与二进制数。软件即是在这两个内容基础上发展起来的，它们分别组成了软件中的程序与数据。

4.1.2 计算机软件的基本概念

计算机软件是计算机系统中的一大门类，它是建立在硬件上的一种运行实体以及相关的描述。软件一词来源于英文 software，它由 soft 与 ware 两词组合而成。在“软件”中，“件”一般表示实体，而“软件”则是相对于“硬件”而言的一种抽象的实体。目前一般软件是指程序、数据及相应文档所组成的完整集合。

（1）程序（program）

程序是能指示计算机完成指定任务的命令序列，这些命令有时又称语句或指令，它们能被计算机理解并执行。

注意：这里所指的程序是前面计算机硬件中所指程序的一种扩充。前面所指程序是机器指令的序列，而软件所指的程序则包括机器指令在内的含义更为广泛的指令、命令及语句等。

（2）数据（data）

数据是程序加工的对象，也是程序加工的结果。

程序与数据构成了软件的主体。在这个主体中，软件相当于一个加工厂，在这个工厂中程序是加工工具，而数据则是加工原料（又称加工对象）与加工成品（又称加工结果），它们间构成了图 4-2 所示的关系图。

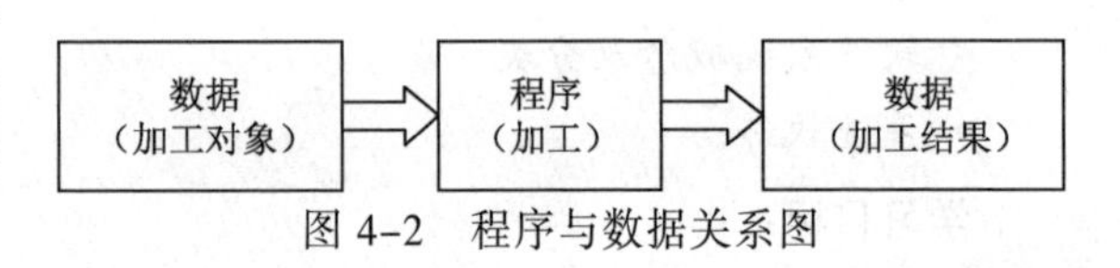

图 4-2 程序与数据关系图

（3）文档（document）

文档是软件开发、维护与使用的相关图文资料，是对程序与数据的一种描述。由于软件是一种抽象的实体，因此对它作相应的描述是必要的。

4.1.3 软件系统

软件的实体就是软件系统（software system），它构成了软件的基本内容。软件系统一般由三部分组成，它们是：

1. 系统软件（system software）

系统软件是最基础性的一种软件，其他软件都通过它发挥作用。系统软件与具体应用无关。它是计算机硬件的一种扩充。常用的系统软件有：

① 操作系统：这是最接近硬件的一种软件。从宏观看，它起到了软硬件接口的作用，同时管理软硬件资源，为程序运行提供支持。

② 语言处理系统：将计算机语言翻译成机器指令所组成的程序，这种翻译过程也是一种程序，称为语言处理系统。

③ 数据库管理系统：一种管理共享数据的系统，它向程序提供多种数据服务。

2. 支撑软件（support software）

支撑软件用于支撑软件开发、维护与运行的软件。包括工具软件、接口软件以及中间件等。

3. 应用软件（application software）

应用软件是在系统软件及支撑软件的作用下，用于为直接应用服务的软件。如人口普查软件、财务软件以及学籍管理软件等。

软件系统是一个完整的整体，它们各自具有自身功能又相互依赖，构成一个完整的集合体。在软件系统中，系统软件是基础；支撑软件在系统软件之上为应用开发提供协助；应用软件在前面两者的支持下运行，是应用开发与使用的最终实现。

图 4–3 所示为软件系统层次结构图。

图 4–3　软件系统层次结构图

4.2　操 作 系 统

操作系统（operation system，OS）是计算机中统一管理软硬件的系统软件，所有计算机硬件均必须配备有操作系统。现代计算机中，“裸机”是无法直接为用户所使用的。因此，需要有一种软件对硬件作改造，经改造后用户才能方便使用，这种软件即是操作系统。裸机+操作系统构成了一个真正能对用户开放使用的基础。

4.2.1　操作系统的作用

操作系统到底起什么作用呢？操作系统借助硬件的支撑，起到了下面的四个作用。

1．控制程序运行

计算机硬件的最高任务是保证程序的运行，这是从硬件的角度而言的。但是，对于整个计算机系统而言，情况就变得复杂多了。这主要表现为：在计算机硬件的各自运行工作单元中，其运行速度相差极大，特别是主机与外围设备间的速度至少相差以千倍计，因为一般主机运行速度以微秒（μs）计，而外围设备则以毫秒（ms）计。此外，在一条指令执行中，硬件的众多独立工作单元往往仅有一个单元工作，而所有其他单元均处于空闲状态，特别地，当一个外部设备工作时不但所有其他外围设备均空闲，而且主机更是处空闲状态，由于主机的运行速度远远高于外设，同时主机造价又高，因此造成了巨大的资源利用上的浪费；另一方面，由于计算机应用发展要求，计算机硬件内能同时运行多个程序的需求越来越高，这样就出现了计算机运行中的资源浪费与多个程序同时运行的压力。这一对极其严重的矛盾需要有专门的机构以化解之，即允许多个程序同时运行（又称多任务运行），又能充分利用资源。

这就是在计算机系统下如何解决多个程序运行的问题。这是操作系统的首要任务，它是从更高的层次下保证程序的运行，是计算机硬件工作任务的扩充与延伸。目前一般采用进程的方法解决此问题。

2．资源管理

保证程序运行的另一方面是资源管理。程序运行是需要资源的，只有在资源得到满足的情况下程序才能顺利执行。在传统的计算机中是单任务运行，该任务独占所有资源，因此资源不必管理；但是在多任务环境下，n 个程序争抢 m 个资源，这就需要对资源进行必要的管理，以使多个程序都能获得必需的资源而顺利运行。

那么，操作系统可以控制哪些资源呢？一般认为它包含如下一些：

① CPU：这是最重要的资源，且一般只有一个（多核计算机除外），因为只有它才能执行程序。

② 内存：这也是一种重要资源，只有获得内存资源，程序才能在其上执行。

③ 外部设备资源：它包括外部存储器、输入设备及输出设备等。

④ 数据资源：它包括外存空间中的数据资源以及内存空间中的共享数据资源。

具体来说，资源管理的内容比较多，它主要包括下面一些内容：

（1）资源的分配与回收及资源调度

这是资源管理的最重要的内容，它负责将资源及时分配给程序，同时在程序使用完资源后及时回收资源。

为使资源的分配更为合理，可设计一些资源调度的算法，如 CPU 的调度算法、打印机的分配算法等均是有效地提高资源使用效率的方法。

（2）提高资源使用效率

如何使资源充分发挥作用是操作系统的任务之一，如采用虚拟存储器扩大主存容量，采用假脱机以提高输入设备、输出设备的效率等。

（3）为使用资源的用户提供方便

往往资源本身与用户需求有一定差异，因此需对资源作一定的转换与包装以满足用户的需要，如打印输入是以页为单位的，而打印机指令则以行为单位输出，此时需有打印机驱动程序以组织打印机指令以页为单位输出。

3．用户服务

操作系统不但要起管理作用还要起服务作用，它的服务对象是用户，这种用户不仅包括直接使用操作系统的操作人员，还包括使用操作系统的程序。操作系统+硬件所构成的系统不但面对众多程序，还直接面对操作用户，因此方便用户使用操作系统、为用户服务是操作系统的又一任务。

我们知道，操作系统是硬件、软件与用户三者的交会点与聚焦点，它不但要处理好软硬件关系，还要处理好与用户的关系，这主要有下面两方面关系：

① 友好的界面：为用户使用操作系统提供方便、友好的接口。

② 服务功能：为用户使用操作系统及计算机提供多种服务。

这两方面即是操作系统用户服务功能的具体体现。

4．软硬件接口

上述内容告诉我们，从宏观与总体看，操作系统实际上起到了软硬件接口的作用，亦即，计算机硬件经操作系统包装与接口后可以直接为软件与用户服务，如图 4-4 所示。

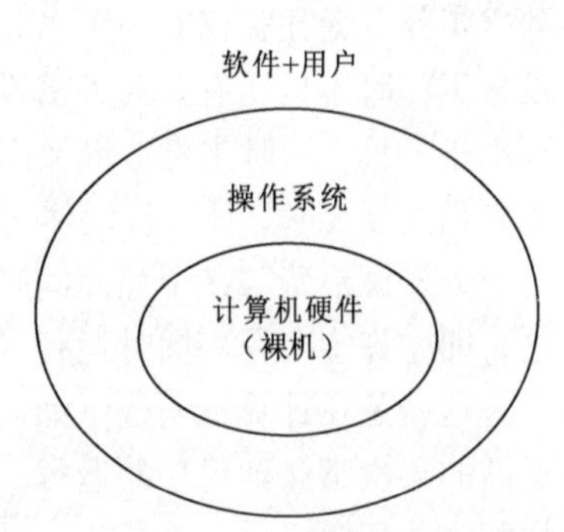

图 4-4　计算机与操作系统关系图

4.2.2　操作系统的结构

操作系统是一种软件，这种软件有一定的结构。目前一般的操作系统采用分层内核式结构，其具体构造如下：

① 操作系统由内核（kernel）与外壳（shell）两部分组成，其中内核完成操作系统的基本核心操作，外壳完成其他操作。

② 内核是操作系统的底层，它下面与硬件接口；外壳是操作系统的上层，它上面与用户接口。

这种分层内核式结构可用图 4-5 表示。

用户
外壳层
内核层
硬件层

图 4-5　操作系统分层内核式结构图

在分层内核式结构中，用户通过外壳与内核交互，再由内核驱动硬件执行相关操作。其中，内核无疑是操作系统中最重要的部分，操作系统的大部分功能，即控制程序运行及资源管理工作均由内核完成。为保证任务的完成，硬件为内核设有专门装置，这就是特权指令与中断装置。其中，特权指令是一些指令，它仅供内核操作使用，而中断（interrupted）则是内核与硬件、内核与软件间的联系通道。此外，在计算机运行时分为两种状态，一种称为管理状态（简称管态、核态），另一种称为用户状态（简称目标状态、目态）。所谓管态即是操作系统内核运行时所在的状态，在此时所运行的程序享有包括使用特权指令、处理中断在内的一些权力。

4.2.3　操作系统的安装

操作系统的安装一般是由计算机软件、硬件联合完成的。以 PC 为例，在 PC 的主板上有 BIOS 装置，在接通电源后，由硬件首先启动 BIOS 中的 POST 自检程序，在测试合格后，即启动操作系统的装入程序。操作系统是一种大型的系统软件，它的容量大，一般存储于硬盘内。在操作系统装入程序启动后，其装入过程如下：

① 装入程序根据 CMOS 中参数的设置，从相应的存储器（硬盘或 CD-ROM 等）中读出操作系统的引导程序至内存相应区域，然后将控制权转移给引导程序。

② 引导程序引导操作系统安装，将操作系统的常驻部分读入内存，而非常驻部分则仍存储于硬盘内，在必要时再行调入。目前一般操作系统均采用此种方法，它们均以磁盘为基地，这种操作系统称为磁盘操作系统。

③ 在常驻部分进入内存后，引导程序将控制权转移至操作系统，此后，整个计算机就控制在操作系统之下，并且用户就可以通过操作系统使用计算机了。

4.2.4　进程管理

从这一节开始介绍操作系统的几个主要任务。本节主要介绍它的“控制程序运行”任务。在操作系统中，控制程序运行的任务是由进程管理来实现的。

1. 进程

我们知道，在目前的计算机中可以同时执行多个程序，称为多任务（multi-task）计算机。为完成这些任务，仅靠程序是不够的，它必须在硬件上运行程序并获得结果才能完成任务。因此，操作系统的主要职责就是控制计算机中多个程序的执行并保证其正确完成。为此，须引入一个新的概念——进程（process）。进程即是程序的动态执行。操作系统主要任务之一就是控制进程以实现程序动态运行，而这种工作就称为进程调度。

那么，程序动态执行须哪些必备条件呢？那就是需要资源（resource），其中主要的是CPU与内存两种资源，因为它是程序执行的最基本的时间与空间的物质保证。进程调度则是一种协调机构，它协调n个程序与m个资源间的关系，以保证多个程序在计算机中正确、高效、合理地执行。

2. 进程状态与状态转换

进程是动态的，它处于不断活动之中，它的活动是有规律的，其活动变化与资源有关。因为进程活动须有资源的支持，故而进程因资源因素而可分为下面三种状态：

① 运行状态：当进程的所有资源特别是CPU满足时，进程中的程序即可执行，此时进程处于运行状态。

② 等待状态：当进程缺少资源而无法运行时，进程等待资源（不包括 CPU），此时进程处于等待状态。

③ 就绪状态：在进程的所有资源中，最重要与最稀缺的资源是CPU，每个进程要运行都必须有CPU这个资源，因此在进程状态中专门设置一个就绪状态，它表示该进程除CPU资源之外，其他所有资源均已具备，一旦获得CPU即能进入运行状态。

进程的活动是一种状态转换的过程，其转换是有规律的，其规律如下：

① 进程一开始处于就绪状态。

② 就绪进程一旦获得CPU立即进入运行状态。

③ 运行进程在失去 CPU 后即转入就绪进程再次等待CPU。

④ 运行进程因申请资源，转入等待状态。

⑤ 等待的进程在获得资源后处于就绪状态，此时它仅等待唯一的必需资源CPU。

上述规则可用图4-6表示。

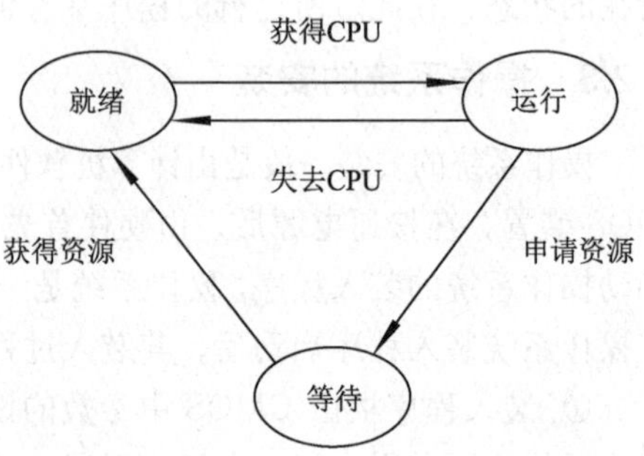

图4-6 进程状态转换图

3. 进程调度

进程调度的方法是控制进程的状态转换，其具体操作是：

① 建立若干等待队列。首先是CPU等待队列，它即是就绪队列，凡仅等待CPU的进程在此队列排队等待；其次是其他资源的等待队列，每个资源设置一个队列、如打印机等待队列，内存等待队列等，凡等待该队列资源的进程在此队列排队等待。

② 当某资源被运行进程释放后（包括 CPU），此时启动进程调度程序，它从相应队列中按一定的调度算法选取一个进程，改变它的状态（由等待进入就绪）在队列中重新排队，如果原释放的资源为CPU，则从就绪队列中按一定算法选取一个进程进入运行状态。

③ 当运行进程申请新的资源后，该进程自身的状态也就发生变化，它从运行状态变成为等待状态，从而进入相应队列排队等待。

④ 当运行进程失去CPU后，它自身就由运行状态变成为就绪状态。

⑤ 不断重复排队与调度的过程，从而实现进程的活动。

图4-7所示为进程调度示意图。

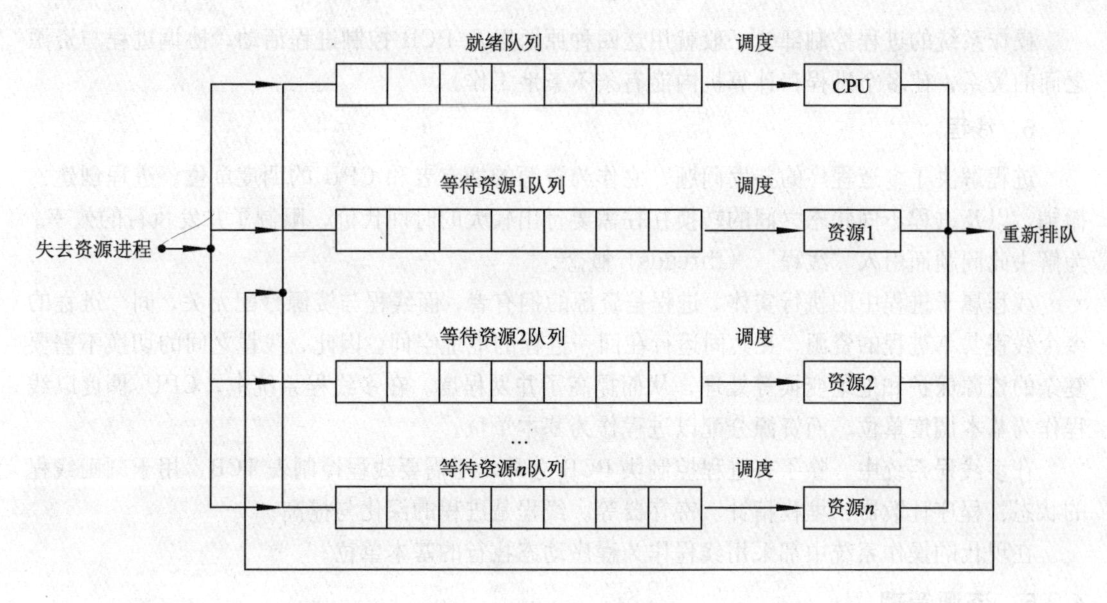

图 4-7　进程调度示意图

4．进程描述

每个进程必须有一组数据用以对它作静态刻画与描述，这组数据称为进程控制块（process control block，PCB）。PCB 一般包括如下一些数据：

① 进程标识符：是一组符号，用以唯一表示该进程。

② 进程控制信息：包括进程所处状态、进程的优先级别、进程的程序和数据的地址信息等。

③ 进程使用资源信息：包括进程使用内存，I/O 设备以及文件的信息。

④ CPU 现场信息：进程在退出 CPU 时必须保留现场寄存器的内容，以便重新使用 CPU 时恢复现场继续运行。CPU 现场信息包括专用寄存器及通用寄存器等内容，以及当时程序的断点地址。

每个进程都有 PCB，它是进程的代表，非常重要，操作系统即是根据 PCB 管理与调度进程。

5．进程控制

前面介绍了进程活动的一些原理，接下来介绍如何实现它，这就是进程控制。为具体实现进程活动，操作系统提供了一些基本操作命令，称为原语。这些原语大致有四种，它们是：

① 创建进程原语：用以生成一个新进程，并给予初始资源，在生成时同时给出一个 PCB 并给出其初始数据。新进程一旦建立即进入就绪队列排队。

② 撤销进程原语：当进程执行完毕或进程因内外部的意外而中止时，可实施进程的撤销，此时操作系统收回分配给进程的资源，取消 PCB，最终取消进程在队列中的排队。

③ 等待进程原语：处在运行状态的进程在发生对某资源需求时，该进程主动调用等待进程原语，将它从运行状态转入等待状态，保护现场，并进入某队列等待。

④ 唤醒进程原语，处在等待状态中的进程，一旦获得了相应的资源即可用此原语将其激活，并进入就绪队列排队。

操作系统的进程控制部分一般就用这四种原语以及PCB控制进程活动，协调进程与资源之间的关系，使多个进程在计算机内能有条不紊地工作。

6．线程

进程解决了多道程序的并发问题，它作为资源的拥有者和CPU的调度单位。进程创建、撤销，以及进程不同状态之间的转换往往需要付出较大的时间代价，限制了并发执行的效率。为解决此问题而引入“线程”（threads）概念。

线程属于进程中的执行实体。进程是资源的拥有者，而线程与资源分配无关，同一进程的多个线程共享进程的资源，并共同运行在同一进程的地址空间。因此，线程之间的切换不需要复杂的资源保护和地址变换等处理，从而提高了并发程度。在多线程系统中，CPU调度以线程作为基本调度单位，而资源分配以进程作为基本单位。

在多线程系统中，除了有进程控制块PCB之外，还需要线程控制表TCB，用于刻画线程的状态、程序计数器、堆栈指针、寄存器等。线程是进程的深化与提高。

在现代的操作系统中都采用线程作为程序动态执行的基本单位。

4.2.5 资源管理

资源管理是操作系统的另一个重要内容。资源管理中的资源包括CPU、内存、外围设备及文件等四类，其管理内容是资源调度，提高资源使用效率以及为用户提供方便。

下面我们分别对它们作介绍。

1．CPU管理

CPU管理内容主要就是CPU调度，即是CPU资源的分配算法。

① 先来先服务算法：即按进程排队先后次序顺序调度，进程一旦占有CPU后，直至结束或发生新的等待后才释放CPU。

② 时间片轮转法：即将CPU划分若干相等时间片，按排队顺序，依次分配给每个进程，待时间片一到即释放该进程而将CPU分配给下一顺序的进程。这种方法既方便又实用，被大多数操作系统所采用。采用此种方法的操作系统称为分时操作系统。

③ 优先权法：时间片轮转法固然很好，但是它过于“平均主义”，并不考虑不同进程的不同需求，因此需作适当改进，即对不同进程设置不同优先权，而调度的时间片按不同优先权而不同，这种方法称为优先权法。

2．存储管理

存储管理主要用于对内存的管理，它的主要内容包括内存分配与回收、地址复位位、虚拟存储器三部分。

（1）内存分配与回收

进程在执行时必须有一定的内存空间供程序运行，因此内存分配与回收是资源管理中的一个重要问题。

内存空间一般可划分为两个区域：一个是系统工作区，用于存放操作系统；另一个是用户区，用于存放用户进程。每个进程均有其独立的内存空间，它一般在进程创建时申请，还可在进程执行过程中继续申请（有专门原语用于申请内存资源），而在进程结束时归还。目前的内存分配方式有两种：一种是固定分配方式，即对每个进程不管它的实际需求，统一分配一个固定大小的内存区域；另一种是动态分配方式，即按进程实际需要分配，每个进程所分配的内存区域是动态可变的。

(2) 地址复位位

进程中的程序与数据在编程时即需要有内存地址的，但是进程运行时的实际地址必定在进程创建时才能确定。为解决此问题，进程中程序与数据在编程时预先设定一个相对的逻辑地址，它们按逻辑地址编程，而在进程获得实际的物理地址后，再将逻辑地址转换成物理地址，这个过程就称为地址复位位。

(3) 虚拟存储器

存储管理的一个重要内容是虚拟存储器（virtual memory），它对有效解决紧缺的内存资源起到了很大的作用。虚拟存储器实际上是一种完整的技术，称为虚拟存储技术，它在软硬件的联合支撑下完成内存空间的扩充。所谓虚拟存储技术，即是在用户编制程序时，在逻辑上设定一个存储空间，称为虚拟空间（virtual space），该空间地址由 0 开始顺序排列，组成一组虚拟地址，并构成一个虚拟存储器。在虚拟存储器中并不考虑实际物理存储器的大小。操作系统直接管理虚拟存储器，它的使用空间可远远大于实际的物理存储器。在管理中，首先需在硬盘中设置一个相对应的虚拟拷贝区，用于存放虚拟存储器中的数据。而当进程运行时并不将其全部数据装入内存，而仅装入其中部分，另一部分则暂留于硬盘拷贝区内。在运行过程中当 CPU 访问的地址不在内存时，操作系统将相应程序从硬盘调入内存，同时选取暂不使用的从内存调出至硬盘。此后即可继续执行程序。

目前虚拟存储器实现的方法有三种：

① 页式存储：即将整个存储空间（包括内存的物理空间与虚拟空间）划分成大小相等的若干块，它可称为页面（pageframe）。页面内地址编号连续。页面是操作系统分配的基本单位，也是虚拟存储技术调度的基本单位。在此方式下，存储空间按(页号,页内地址)方式编号。在页式存储方式中，进程运行前，操作系统首先分配若干物理页面，在运行时先调入部分虚拟页面至内存物理页面，当运行时发现 CPU 访问不在物理页面中的数据时，操作系统紧急调入相应的虚拟页面至物理页面，同时将不常用的物理页面调出至硬盘，此后进程可继续执行。

② 段式存储：即操作系统以可变大小的区域段为单位作为分配及调度的基本单元，在段内地址是连续的，在此方式中存储空间按（段号,段内地址）方式编号。

③ 段页式存储：这是一种页式与段式相结合的存储方式，在此方式中虚拟空间按（段号,页号,页内地址）编号。

3. 设备管理

设备管理主要用于对外围设备及外存设备的管理。由于计算机硬件中设备众多，性质不一，对它的管理极为复杂。下面我们将按外围设备与外存设备分别介绍。

(1) 外围设备管理

外围设备的管理主要包括设备调度、提高设备传输速度以及方便用户使用等三方面内容。

① 设备调度。进程需设备资源时通过专门原语向操作系统提出设备资源请求，此后该进程进入该资源等待行列排队，操作系统根据一定的设备调度算法，从该资源等待行列中选取一个进程并将资源分配该进程，此后该进程即进入就绪行列，一旦获得 CPU 后即用设备作输入/输出，最后在完成数据输入/输出后归还资源。

② 缓冲技术。缓冲技术是提高设备传输速度的一种技术。我们知道，快速 CPU 与慢速设备之间存在着严重的速度上的不协调性，为缓解此矛盾可以采用缓冲技术。所谓缓冲技术即是在 CPU 与设备间设立一个内存区域作为缓冲区。凡从 CPU 至输出设备的数据，并不直接进入设备，而是先进入缓冲区，称为收容输出操作；同时有一个提取输出操作，它将缓冲区的数据传送至输出设备。这是两个不同的操作，可由不同进程完成，以实现操作的并行。当一个输出进程在执行完收容输出操作后，它即可认为已完成输出，此后它即可组织另一个输出；而提取输出操作则是另一个进程，它统一组织缓冲区与设备间的物理输出，可与输出进程并行工作，从而提高了传输效率。同样，对从输入设备到 CPU 的数据也可采用类似的方法。

③ 假脱机方法。另一种提高设备传输速度的方法称为假脱机方法，又称 spooling 技术。其思想与缓冲技术一样，所不同的是所选用的缓冲区并不用内存区域而是用硬盘区域，这主要是内存区域资源稀缺并不适合于多个设备的大规模的数据交换，因此用硬盘取代内存无疑是较为合适的。

④ 设备控制技术。设备控制技术是提供输入/输出方便的一种技术。我们知道一个完整的输入/输出过程往往是一组数据的传输过程，而计算机硬件所能执行的仅是单个数据的传输指令，因此存在将多个指令组成一组数据的传输过程。实现这种过程的技术一般由操作系统联合硬件共同完成，称为设备控制技术。

⑤ 设备驱动程序。由于设备的输入/输出形式要求不一，如在输出中打印机是以页为单位输出，而显示器则以帧为单位输出，因此针对不同设备，用设备控制技术组织不同的输入/输出形式需要有专门的程序，这就是设备驱动程序。设备驱动程序将进程对设备的输入/输出要求转换为对设备的具体操作（即指令）序列，设备驱动程序因设备而异，即不同设备有不同的驱动程序。设备驱动程序是为用户提供输入/输出方便的又一种方法，一般而言，在操作系统中都有设备驱动程序。

（2）外存设备管理

外存设备也是一种输入/输出设备，因此前面介绍的外围设备管理中的一部分内容也可适用，如设备控制技术等。但是，外存设备有其独特的个性，因此在某些方面对它的管理也有其特点，现以磁盘管理为例作介绍。

① 磁盘调度。磁盘是一种共享设备，可以允许多个进程访问磁盘，因此需有一定的调度方法。常用的有：

- 先来先服务方法：即根据进程申请磁盘的先后时间次序进行调度。
- 最短等道时间优先法：即选择当前磁头与磁道距离最近的进程，此方法有较高的访问效率。

② 高速缓存技术。这是缓冲技术在磁盘管理中的应用，即在 CPU 与磁盘间设置一个内存区，用于暂时存放从磁盘中读/写的数据，它是一种逻辑磁盘，称为磁盘高速缓存。采用高速缓技术可以提高 CPU 与磁盘读/写的并行性，从而提高传输效率。

4．文件管理

文件管理主要管理外存储器（主要如磁盘、光盘等）上存储空间资源及数据资源，它是大容量且能作持久存储的一种存储资源。其主要内容是空间资源的合理分配回收及数据的合理组织。此外，它还可为用户使用资源直接提供服务。

(1) 按名存取

用户使用外存空间时，并不需要了解磁盘盘区的复杂物理结构，而仅须用逻辑空间上的文件。一个文件占据一定容量的空间，用户使用时只需知道文件名就能存取，称为按名存取。

(2) 文件组织

从用户使用的观点看，为方便使用，文件有两种组织形式：一种称为记录式，另一种称为流式，它们统称文件的逻辑结构组织。

① 记录式文件：文件被组织成一个个的记录，而记录是由多个有关联的数据项组成，文件存取以记录为单位进行。这种记录式文件用于结构型数据存储。

② 流式文件：文件是一种字符的序列，即它由一长串字符所组成。这种文件适用于非结构型数据的存储。

(3) 文件目录

在磁盘空间上可以组织成多个文件，称为文件系统。为方便用户查找文件，设置有文件目录，在文件目录中每个文件均记录有关文件的一些必要信息，如文件在外存中的位置、文件建立及修改日期及文件存取数据等。

用户按名查找文件，按目录使用文件。

(4) 文件使用

为使用文件，操作系统提供若干基本文件操作，它是文件的用户接口。这种操作一般有如下几种：

① 创建文件：建立一个新的文件，系统为其分配一个存储空间与一个文件控制块FCB，并将文件初始信息及控制信息记录在FCB中。

② 删除文件：将文件从文件系统中删除，操作系统收回文件所占用的外存空间，同时删除该文件的FCB。

③ 打开文件：在使用文件前，为读/写文件作准备，同时将该文件FCB调入内存。

④ 关闭文件：在文件使用完毕，释放该文件使用的所有资源。

⑤ 读文件：在文件中读取数据，操作系统要为其分配一个内存读缓冲区，将读取数据放至缓冲区。

⑥ 写文件：将数据写入文件，操作系统要为其分配一个内存写缓冲区，将数据通过缓冲区写入文件。

4.2.6 用户服务

操作系统的用户服务包括如下两方面。

1. 用户接口

操作系统的用户接口是有效发挥操作系统能力、扩展操作系统支撑范围以及方便用户使用的重要手段。常用的用户接口有三种，它们是联机命令、可视化图形界面以及系统调用。下面分别介绍。

(1) 联机命令

联机命令是传统操作员用户使用的接口方式，它主要用于文件操作、磁盘操作及系统访问中。命令的一般形式为：

命令名：参数1，参数2，…，参数n，结束符在使用时，操作员在联机终端输入命令，此时，操作系统终端处理程序接收命令并将它显示于终端与屏幕上，然后将其转送给命令解释程序，该程序对命令进行分析后，转至相应命令处理程序，执行该命令。

（2）可视化图形界面

可视化图形界面是以图形化接口为主要特征，以完成人机交互为主要目标。它是目前操作员与操作系统交互的主要手段。

在可视化图形界面中，有背景与图形元素等几部分：

① 背景：可视化图形界面的背景主要用桌面，它是系统的工作区域。

② 图标：它是一种标识，用于表示文件、程序等，图标用图形元素表示。

③ 窗口：它是操作员与操作系统交互的主要区域，窗口可有很多图形元素，如按钮、滚动条等。

④ 菜单：菜单主要用于用户输入，是联机命令的一种简易表示。

⑤ 对话框：它是一种人机交互的临时窗口。

⑥ 可视化图形界面的操作工具是鼠标，采用的是事件驱动方式，当用户点击鼠标时，系统即产生一个事件，并进入就绪队列排队，一旦进入运行状态，即能接收窗口输入，最终将结果从窗口输出。

（3）系统调用

系统调用即是程序作为用户直接调用操作系统的一种方式。目前常用的调用方式是函数调用。

系统调用一般可以调用操作系统内核中的程序，如进程控制、文件操作、磁盘操作等。此外，也可调用操作系统外壳中的程序。

2. 服务功能

为方便用户，在操作系统中往往有很多服务性程序供用户使用，它们往往因操作系统不同而大不一样。这种服务功能目前以微软的 Windows 操作系统最为丰富。

4.2.7 软硬件接口

操作系统的作用有宏观与微观之分。从微观看，它控制程序运行，管理资源及服务用户；从宏观看，它的唯一任务是作为软硬件接口，为用户方便使用计算机提供支撑。目前实际上所使用的计算机即是如此。当我们打开计算机时，呈现在我们面前的并不是计算机裸机，而是带有操作系统的计算机，亦即是计算机的一种虚拟机，只有这样的一种机器才是用户真正能使用的机器。

图 4-8 所示为一个操作系统的宏观结构以及它与硬件、用户间的接口关系。

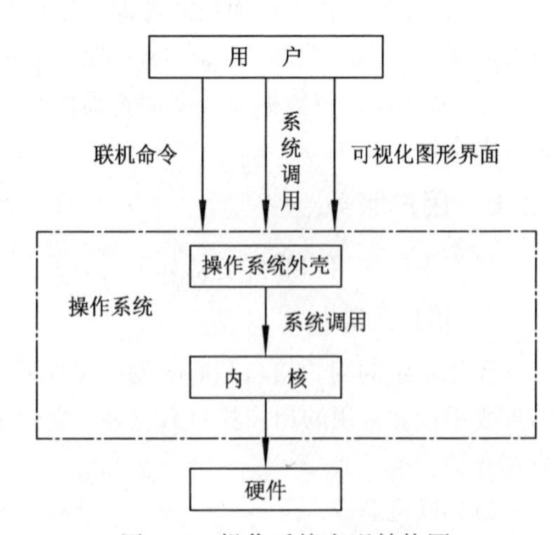

图 4-8 操作系统宏观结构图

4.2.8　常用操作系统

世界上有很多操作系统，目前常用的主要有 5 种，它们分别是 Windows、UNIX、Linux、iOS 及 Android。

1. Windows 操作系统

Windows 操作系统是美国微软公司从 1983 年起开始推出的一个系列的视窗操作系统产品，目前流行的是 Windows 7、Windows 10 等。下面介绍 Windows 产品的特色。

Windows 是一种建立在 32/64 位微机上的操作系统，由于微机的广泛流行而使它成为使用最广的操作系统，同时它的优越特点也是其流行的另一个原因。

① Windows 的友好用户接口与多种服务功能是它的特色，其可视化图形界面功能更是引领操作系统的潮流。

② 以 Windows 为核心，微软公司开发出一系列相应配套的产品，如 Office、VB、VC、VC++、IE、Outlook 以及 SQL Server 数据库产品等。

③ 微软公司致力于 Windows 版本的更新换代，以不断满足社会的发展与用户的需要。到目前为止已更换至少 25 个以上的版本。

2. UNIX 操作系统

UNLX 操作系统 1969 年诞生于美国贝尔实验室，最初以其简洁与易于移植而著称，经多年的发展已成为具有多种变种与克隆的产品，其使用范围已遍及各机型及各类应用，成为目前最流行的操作系统之一，特别是在大、中、小型机上具有绝对优势地位。UNIX 有很多明显特色，其主要特点如下：

① UNIX 是一种跨越从微机到小型、大型机的全方位能力的操作系统，它在大型及小型机中有绝对使用权威性。

② UNIX 具有多个公司生产的多个变种及克隆产品，如 Oracle 公司中的 Solaris，IBM 公司中的 Aix 型以及 HP 公司的 UX 产品等。

③ UNIX 的历史悠久，使用广泛，目前操作系统产品的基础框架及基本技术都来源于它。

3. Linux 操作系统

Linux 是芬兰赫尔辛大学的一名学生 Linus Torvalds 于 1991 年首次创作的一种操作系统。他最初参考了荷兰教授编写的类 UNIX 的教学与实验用的操作系统 Minix 的内核部分，在此基础上按照 UNIX 模式进行设计与开发了 Linux。因此，Linux 也称类 UNIX 操作系统。

Linux 的特色比较明显，其主要是：

① Linux 是一种自由软件，它一直是免费的且源代码公开，因此引发了人们共同参加开发的热情，目前已成为一个多种版本且可共享源代码的自由软件。

② Linux 可以支持所有 UNIX 的应用程序，能与 UNIX 共享多种软件资源。

③ Linux 还是一个提供完整网络集成的操作系统，它可以与多个网络协议及网络软件集成，因此是一个代表性的网络操作系统。

4. iOS 操作系统

近年来由于苹果公司产品的崛起而带红了 iOS 操作系统。iOS 是苹果公司 MAC 计算机的操作系统 OS X 的新版本，其内核是一种改进的 Linux，目前在苹果公司的平板计算机 iPad

及智能手机 iPhone 中都采用 iOS 作为其操作系统。因此，实际上也是一种 Linux。

5. Android（安卓）操作系统

Android 操作系统是一个以 Linux 为内核的开放源代码的操作系统，它早先由 Android 公司开发，现由 Google 公司和开放手持设备联盟 OHA 共同开发与维护。Android 操作系统目前主要用于智能手机及平板计算机中，也包括如电视机、游戏机及数码照相机等移动手持设备中，其市场占有率位居全球第一。

4.2.9 扩充操作系统

在上面所介绍的操作系统功能以外，目前一般都附加有很多常用的必要的功能，一般称扩充操作系统，它们分别是：

① 网络操作系统。具有网络管理功能的操作系统称网络操作系统。目前适用于大、小型应用的操作系统都是网络操作系统。如 Windows、UNIX 等均是。有关网络操作系统的网络管理功能将在第6章中作详细介绍。

② 多媒体操作系统。具有多媒体管理功能的操作系统称多媒体操作系统。目前适用于图像处理、动漫制作、音乐合成及视频、音频处理应用的操作系统中都使用多媒体操作系统。如 Windows、UNIX 等均是。

③ 嵌入式操作系统。具有嵌入式管理功能的操作系统称嵌入式操作系统。目前适用于嵌入式设备应用的操作系统都是嵌入式操作系统。如 iOS 及 Android 等均是，此外，经改造后的 Linux 也是。

4.3 程序设计语言及其处理系统

本节主要介绍计算机软件中的核心问题——程序，并以它为基础介绍程序设计、程序设计语言以及程序设计语言处理系统等内容。

4.3.1 程序

程序是为完成某个计算任务而指挥计算机（硬件）工作的动作与步骤的描述。计算机是由人指挥的，而人通过程序指挥计算机。因此，程序是由人编写的。编写程序的过程称为程序设计。程序中描述动作与步骤是由指令（或语句）实现的，因此程序是一个指令（或语句）序列。一般地，计算机中有一个指令（或语句）集合，程序可以用指令（或语句）集合中的指令（或语句）按一定规则编写，它们称为程序设计语言（programing language），又称计算机语言或简称语言。

程序设计语言是人与计算机交互的语言，人为了委托计算机完成某个计算任务时必须用程序设计语言作程序设计，最后以程序形式提交给计算机。计算机按程序要求完成任务。其中，程序起着关键的作用，它相当于一份下达给计算机的任务说明书。

在程序的讨论中有若干困难问题必须解决，它们是：

① 计算机硬件所能理解的是机器指令与机器语言，它能执行的是由机器语言所书写的程序。但是，人类对这种程序极其陌生，编写难度大，因为它们都用二进制代码编写且指令数量繁多（一般在数百条至数千条不等）同时又因机而异（即不同机器类型有不同指令系统）。为

解决此问题，须对机器语言作改造。因为程序是由人编写的，因此须有一种对人类能方便掌握、词汇量少、语法简单的语言。这是讨论中的第一个问题。

② 接下来要讨论的问题是，如何使改造后的语言能为计算机所理解与执行，这就需要语言的翻译，即将改造后的语言翻译成机器语言。这个翻译过程称为语言处理（language processing）。而语言处理本身是一种软件，它可称为语言处理系统（language processing system）。

③ 接着须讨论这种程序设计语言自身的问题，它包括语言应包含哪些组成成分以及满足不同用户的要求须有哪些不同的语言。

④ 最后，在讨论了语言后，还须探讨如何编写程序（即程序设计）。

上述四个问题是以程序为中心所必须解决的几个技术问题，下面我们分别介绍。

4.3.2　程序设计语言介绍

世界上已有的程序设计语言达数百种之多，它们由低级向高级发展，迄今可以分为两个层次，四个大类。这两个层次是低级语言与高级语言。

低级语言分为机器语言（machine language）与汇编语言（assembly language），它们分别可称为第一代语言（1th generation language）与第二代语言（2th generation language）。

高级语言则可分为过程性语言（proceduring language）与非过程性语言(non-proceduring language)，也可分别称为第三代语言（3th generation language）与第四代语言（4th generation language）。

1. 低级语言

低级语言是一种面向机器的语言，它包括机器语言与汇编语言。

(1) 机器语言

机器语言即是由计算机指令系统所组成的语言，它在语言体系中属最低层。用机器语言编写的程序能在计算机上直接执行，因此执行速度快。但是，它也存在着致命的缺点，即用户编写程序的难度大以及可移植性差，因此必须对它进行改造。改造可以分为若干层次，首先是将其改造成汇编语言，接着是高级语言。

图 4-9 所示为用机器语言编写的程序示例，该程序表示 d=a×b+c 的计算过程。在该程序中，单元地址为 1000、1010、1100、1110，分别存放数 a、b、c、d。

指令码	地址 1	地址 2	注　解
00000001	0000	1000	将 1000 的数据装入寄存器 0
00000001	0001	1010	将 1010 的数据装入寄存器 1
00000101	0000	0001	将寄存器 0 与寄器 1 的数据相乘，积在寄存器 0 中
00000001	0001	1100	将 1100 的数据装入寄存器 1
00000100	0000	0001	将寄存器 0 与寄器 1 的数据相加，和在寄存器 0 中
00000010	0000	1110	将寄存器 0 的数据存入 1110

图 4-9　机器语言编写的程序示例

在该程序指令中前八位为指令码，它们分别表示：

00000001——取数据；

00000010——存数据；

00000101——乘运算；

00000100——加运算。

在后面的两个四位分别表示地址码，其中第一个地址为寄存器地址，第二个地址为内存地址或寄存器地址。

（2）汇编语言

从图 4-9 所示的程序中可以看出，机器语言最为人所不能容忍的是指令采用二进制编码形式，因此，首要任务是将二进制编码形式改造成人类所熟悉的符号形式，即符号化语言。如果说机器语言是第一代语言，则这种符号化语言称为第二代语言，又称汇编语言。汇编语言可借助人们所熟悉的符号表示指令中的操作码和地址码，而不再使用难以辨认的二进制编码。这是一种对机器语言的改革，有了汇编语言后，程序编写就方便多了。

汇编语言由一些基本语句组成，它与机器语言中的指令一一对应，亦即一条指令对应一条汇编语句。图 4-10 所示为用汇编语言编写的程序：d=a×b+c。

在该程序中指令操作码分别表示成为：

load——取数据；

save——存数据；

mul——乘法运算；

add——加法运算。

指令码	地址 1	地址 2	注　解
load	0	A	将 A 的数据装入寄存器 0
load	1	B	将 B 的数据装入寄存器 1
mul	0	1	将寄存器 0 与寄存器 1 中数据相乘，积在寄存器 0 中
load	1	C	将 C 的数据装入寄存器 1
add	0	1	将寄存器 0 与寄存器 1 中数据相加，和在寄存器 0 中
save	0	D	将寄存器 0 的数据存入 D

图 4-10　汇编语言的程序示例

后面的两个地址码分别用符号表示，其中四个单元地址分别用 A、B、C、D 表示；而两个寄存器则用 0、1 表示。

2．高级语言

虽然汇编语言比机器语言前进了一大步，但是它离人们表达思路的习惯与方式还相差甚远，因此须继续改造，使之能有一种符合人类思维和表达问题求解方式，并与人类自然语言及数学表示方式类似的语言，这种语言称为高级语言。

最早的高级语言是出现于 1954 年的 FORTRAN，它宣告了程序设计语言新时代的开始。目前广为使用高级语言有 C、C++、Java、C#、Python 等。

有了高级语言后，编写程序就变得很容易了。人们可以按照习惯使用的自然语言及数学语言方式编写，且仅使用其中少量语句。这样，程序设计的问题从根本上得到解决。图 4-10 所示的程序在高级语言中仅需一行简单代码：

$$d=a\times b+c$$

(1) 过程性语言

高级语言一般是一种面向过程的语言，即编写程序是求解问题的过程的描述，这种高级语言称为过程性语言。它是第二代汇编语言的发展，因此也称第3代语言。C、Java等均属过程性语言。

(2) 非过程性语言

过程性语言的进一步发展是非过程性语言，即用该语言编写程序时不需要告诉计算机“怎么做”，亦即不需告诉计算机求解问题的过程与步骤，而只需告诉计算机“做什么”，即仅需告诉计算机求解问题的最终目标，这种非过程性语言是过程性语言的又一个发展，因此可称为第四代语言。1974年所出现的数据库中的SQL及人工智能中的PROLOG均属第四代语言，也可称为说明性语言。

程序设计语言的四个发展阶段具有一定的依赖关系，它们可用图4-11表示。它表示了由计算机硬件所组成的指令系统（即机器语言）的一个逐步改造的过程，使之能适应人们需要。

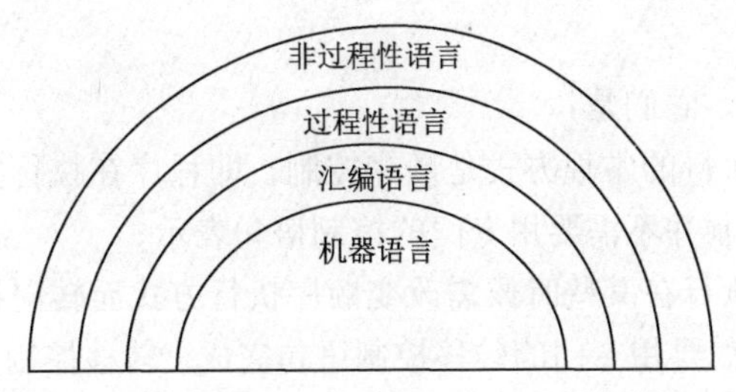

图4-11 程序设计语言发展四个阶段的关系图

4.3.3 程序设计语言的基本组成

一个程序设计语言一般由数据部分与处理部分两部分组成。此外，还有组织程序的结构规则。

1. 程序设计语言中的数据部分

程序的处理对象是数据，因此在程序设计语言中必有数据描述。一般的数据表示可有3种基本类型：

① 数值型：包括整数型、实数型等。

② 字符型：变长字符串、定长字符串等。

③ 布尔型：仅由true及false两个值组成。

此外，还有基本型的扩充结构形式，如数组、记录等。

有关数据部分我们在后面还将会作进一步介绍。

2. 程序设计语言中的处理部分

处理部分是程序设计语言的主要组成部分。我们知道，一个程序一般由一些基本操作、表达式以及控制操作的流程两部分组成，它们都以语句形式表示。

（1）基本操作

程序设计中所有基本操作都是基于数据的。数据有常量与变量两种形式。如：常量 a 和变量 x。

基本操作一般有：

① 数值操作：针对数值型数据的一些操作，如算术运算、比较运算等操作。

② 字符操作：针对字符型数据的一些操作，如字符、字符串中的比较操作，字符串拼接、删减等操作。

③ 逻辑操作：针对布尔型数据的一些操作，如逻辑运算、逻辑比较等操作。

④ 传送操作：数据的传输，包括内部的赋值操作及外部的输入/输出操作等。

例如，赋值操作：x=a；输入/输出操作：print(x)。

（2）表达式

基于上述操作可以组成若干种表达式：

① 算术表达式：如（a + b）*（c – d ）。

② 逻辑表达式：如（a<b）&&（b<c）。

③ 带赋值表达式：如 y=（a－b）＋c。

（3）流程控制

流程控制一般有 3 种，它们是：

① 顺序控制。程序执行的常规方式是顺序控制，即程序在执行完一条语句后，接着顺序执行下一条语句。顺序控制并不需要用专门的控制语句表示。

② 转移控制。程序执行在某些时候需改变顺序执行方式而转向执行另外的语句，称为转移控制。转移控制的实现需要用专门的转移控制语句完成。转移控制一般有两种：一种是无条件转移，另一种是条件转移。条件转移预设有一个条件，当条件满足时，程序转向执行指定的语句；否则顺序执行。无条件转移则不预先设定任何条件，不管发生何种情况，程序总是转向执行某指定语句。

例如，C 语言中可用 if 语句、switch 语句等表示条件转移，在 if 语句中可用：

```
if(p)A;
else B;
```

表示为预设条件 P 满足时程序执行 A；否则执行 B。

又如，C 语言中可用 goto 语句、return 语句等表示无条件转移。在 goto 语句中可用：

```
goto A
```

其中 A 是语句的标识符。此语句表示程序转向执行标识符为 A 的语句。

③ 循环控制。在程序中经常会出现反复执行某段程序，直到某条件不满足为止，称为循环控制。循环控制实现需用专门语句完成，称为循环控制语句。

例如，C 语言中可用 while 语句、for 语句等表示循环控制语句。在 while 语句中可用：

```
while(p)A;
```

表示若条件 p 满足则重复执行操作 A，直到 p 不满足为止。

图 4-12 所示为三种流程控制的示意图。

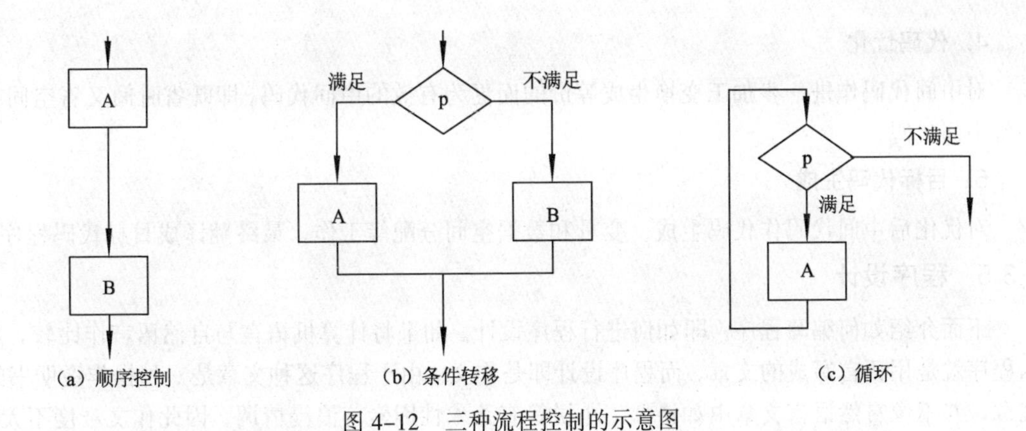

图 4-12 三种流程控制的示意图

3. 程序设计中的程序结构规则

程序是有结构的，不同的语言其程序结构是不同的。程序结构是指如何构造程序，它需要按语言所给予的规则构造，包括程序框架、程序间关系的结构、程序与数据间关系结构等。如 C 语言中的函数结构，在该结构中，程序按函数组织，在程序中有一个主函数，其他函数都由主函数通过调用进行连接，而数据则通过函数返回值进行连接。

4.3.4 语言处理系统

接下来介绍由程序设计语言翻译成机器语言的过程，这种翻译过程一般由特定的程序实现，称为语言处理系统，又称翻译程序。我们知道，任何语言只有翻译成机器语言后才能在计算机中运行，因此语言处理系统对任何语言都是必需的。

在语言处理系统中把一种语言的程序翻译成机器语言的程序，在其中被翻译的语言与程序分别称为源语言（source language）与源程序（source program），而翻译生成的机器语言与程序分别称为目标语言（object language）与目标程序（object program）。一般可按不同源语言及不同性质将语言处理系统分为三种，从汇编语言到机器语言的翻译程序称为汇编程序（assembler）；由高级语言中的程序到机器语言中的程序且一次生成的翻译程序称为编译程序（compiler）；而由高级语言程序按语句逐条翻译成机器指令并立即执行的翻译程序称为解释程序（interpreter）。

下面以编译程序为例介绍语言的翻译过程。一般地，一个由高级语言到机器语言的编译过程可以分为下面几个步骤。

1. 词法分析

首先，编译程序以源程序为对象进行分析，逐个分离出其中的所有单词，为语法分析做准备。

2. 语法分析

根据语法规则对词法分析所获得的单词序列进行分析，判别出各语法单位（如表达式、赋值语句等），并进行查错，最终确定整个单词序列是否构成一个语法上正确的程序。

3. 语义分析和中间代码生成

根据上下文分析出每个单词在指定句子中的确切意义（及词义），再根据各语法单位和其中各单词词义推导出各语法成分的语义表达式。它们一般是一种中间代码。

4. 代码优化

对中间代码作进一步加工变换生成等价的而更为有效的中间代码，即既省时间又省空间的等价中间代码。

5. 目标代码生成

对优化后中间代码作代码生成、变量和数据空间分配等工作，最终翻译成目标代码程序。

4.3.5 程序设计

下面介绍如何编写程序，即如何进行程序设计。如果将计算机语言与自然语言作比较，那么程序就是用语言写成的文章，而程序设计即是作文。由于程序这种文章是一种操作说明书的文章，并不像自然语言文章中如诗歌、小说等有艺术性因素与浪漫情调，因此作文难度不大。但是，它的写作也须遵循一定的规则，否则也会出现“文理不通”的现象。

一般的程序设计须遵从如下规则。

1. 结构化程序设计

为便于程序设计，我们一般往往将一个复杂问题的编程分解成若干问题，再将小问题分解成小问题的编程，逐步细化直到分解成若干简单的问题为止，而这些简单问题的编程就会变得很容易了，它所编成的程序称为模块。这是一种化繁为简的方法。接着，可以将若干模块逐一组装，最终构造成一个大的程序，它就是原先复杂问题的一种程序表示。

除了结构化程序设计外，目前常用的尚有面向对象程序设计。

2. 程序设计质量要求

程序设计是有质量要求的，其主要包括以下几方面：

① 正确性要求：正确性是程序设计的最基本要求，即是所编程序能满足设计的要求。

② 易读性要求：程序代码不仅是为了运行，还要便于阅读，为后续测试、维护及修改提供方便。

③ 易修改性要求：程序代码是经常需要修改的，因此易修改性是程序编码重要要求之一。

④ 健壮性要求：所编程序能经受外界的干扰与影响。

3. 程序设计风格

程序不但要能运行，还要供人阅读，因此要像文章一样注重文风，这就是程序设计风格，也就是编程时所应遵守的规范。它一般包括：

① 源程序文档化：在编程时程序要加注释，要注意视觉效果，须有空格、空行。

② 语法结构要简单化，尽量不使用goto语句，坚持一行一语句等原则。

③ 输入/输出语句要尽量方便用户使用。

4.3.6 常用的程序设计语言

本节介绍目前常用的五种程序设计语言

1. C语言

C语言是目前使用的语言中历史最为悠久的一种语言。由于它的基本结构成分简洁实用，通用性好，著名的UNIX就是用它编写的。下面的四种语言的基本结构成分也是以它为基础的。它采用结构化设计方式，但网络功能不是。

2．C++

它采用 C 语言的基本结构，但使用面向对象的设计方式，网络功能不足。

3．Java

它采用 C 的基本结构，使用面向对象设计方式，有强大网络功能，是 Java EE 平台的基础。

4．C#

它采用 C 的基本结构，使用面向对象设计方式，有强大网络功能，是微软.NET 的重要组成部分。

5．Python

它是一个 C 结构的简洁型的脚本语言，用 C 语言编写。使用面向对象兼有面向过程的设计方式，它的特点是兼容性好、开源。其最大的特色是具有强大、丰富的支持库。其中包含有大量的机器学习与深度学习算法内容，因此也称人工智能语言。

4.4　数据及数据库管理系统

计算机软件的主体是程序与数据。在上一节中我们介绍了程序，在本节中我们介绍数据。当然在程序中也有数据，但那不是数据的全部，而仅是数据的一小部分，同时在程序中我们介绍的重点也并不是数据。在本节中重点介绍数据并介绍目前数据的主要部分——数据库管理系统。

4.4.1　数据基础

本节对计算机中的数据进行一个基本介绍。

1．数据的概念

当今社会“数据”这个名词非常流行，使用频率极高，如“数码照相机”“数字电视”“数据中心”“数据链”“信息港”等，它们都是数据的不同表示形式。一般而言，数据是客观世界中事物在计算机中的抽象表示。所谓“事物”，泛指客观世界中的一切事物；所谓“抽象表示”，是指事物在数据中均表示为一些抽象符号。这样做的目的是简化表示，便于计算机处理。而“计算机中抽象表示”意指可用有限个二进制代码串形式表示。

在客观世界的各个领域中，数据反映了领域中的研究与讨论的对象。计算机能应用于某一领域的前提是该领域的研究对象必能抽象化为数据。例如，在传统电视中其基本操作对象是模拟电信号，它无法用数据表示，因此无法用计算机处理。数字电视将模拟电信号转换或为数字信号——数据，从而使计算机能应用于该领域，极大提高了电视的功能。

2．数据的分类

在计算机中数据的基本表示形式是有限二进制代码形式，它是计算机硬件中的表示形式。但是，这种表示方式不适应于人类的需要，因此须作必要的改造以满足人们需求，同时还要继续不断地扩展，以满足应用的不断需要。目前在计算机中数据的种类很多，一般大致可以分下面三种：

（1）数据的基础部分

数据的基础部分包括下面两部分：

① 基本数据类型。它分为数据的最原始、最基本的类型。在前节中已有所介绍，它分为数值型、字符型及布尔型三种。例如，实数、整数等均为数值型；西文字母、汉字以及字符串等均为字符型；二值符号均是布尔型。

② 基本数据结构。在计算机中的数据往往是有内在关联的。例如，表示时间的数据：年、月、日、时、分、秒，这六个基本数据紧密相关构成一个完整的线性状时间描述。又如，公司网站结构构成一个树状的结构描述。因此，我们说数据往往是有结构的，它们由基本数据类型通过一定结构组成一个数据，这种新的数据是基本数据类型的一种扩展，它可以表达更为复杂与深刻的数据，称为扩展数据类型，又称基本数据结构。上面的两个例子即是具有线性结构与树状结构的扩展数据类型，如图 4-13 所示。

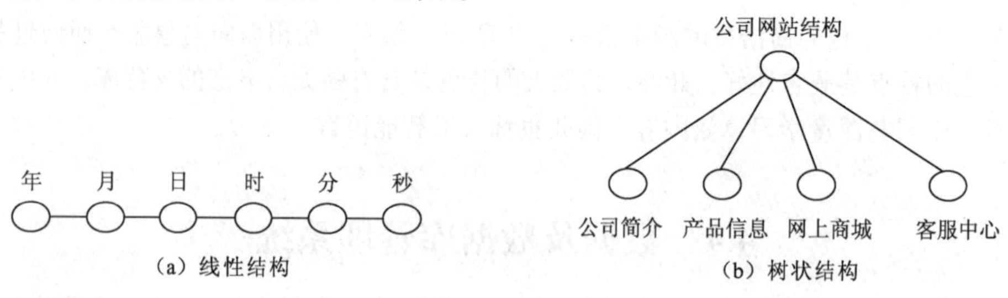

图 4-13　数据结构示例图

在程序设计语言中一般均包含有基本数据类型和部分基本数据结构。其特点是程序可直接使用它们，但是不能作持久保留且存储量少。

（2）数据文件

在计算机中的数据从存储的时间看有两种。一种是存储于 RAM 中的数据，它们只能作短期的保存；另一种是以存储于磁盘为代表的数据，它是能作长期保存的数据，且数据量大，这两种数据分别称为挥发性（transient）数据与持久性（persistent）数据。持久性数据按一定结构、批量组织所构造而成的数据集合称为数据文件，简称文件。

程序可以使用文件中数据，一般在语言中须设置有读、写文件专用语句，通过它们来使用文件。

（3）数据库

一般的数据是为特定应用（即程序）服务的，如气象数据是为计算天气预报（应用）服务的，军事地理数据是为军事专用服务的。但是，随着计算机应用的发展，数据由私有（private）应用转向共享（share）应用，而且随着计算机网络的发展，共享数据已成当今趋势。数据的共享性要求数据脱离程序依赖，建立独立的数据组织，以便于为众多应用服务。这种以共享为目的的数据组织称为数据库（database），如在校园网信息系统中，学生数据及教师数据均是各应用的共享数据，它组成一个数据库。

数据库是由持久性数据按一定结构组织成一个数据集合，它存储的数据量大，称为超大规模数据或海量数据。数据库一般建立在磁盘之上，从这点看它与文件一样，所不同的是数据库中数据具有高度共享性，而文件数据则强调私用性，其共享性不足。

数据库中数据目前一般采用“表”形式结构，或称“关系”结构，这种结构的数据库称为关系数据库（relational database）。程序可以使用数据库中的数据，但由于程序与数据库是两个独立组织，因此须有专门接口。

(4) Web数据组织

这是一种建立在因特网上的具有超共享能力的数据组织。常用的结构是HTML。

(5) 大数据组织

这也是建立在因特网上不仅有超共享能力且有巨大数据量的数据组织，这种数据称大数据。它主要用于数据分析领域，目前在人工智能中应用广泛。它一种采用的结构标准是NOSQL。

一般计算机中的数据大致分为上述五种，由于数据库内容丰富，使用者众多，因此在本节的后面将重点介绍数据库。

4.4.2 数据库介绍

上面已经介绍了数据库的概念，在这里我们对数据库的结构、管理与操作进行介绍。

数据库是一种共享的数据组织，在数据库中，多个应用可以共享使用数据库中数据，它构成了图4-14所示的形式。为达到数据共享目标，须有一个机构管理，这个机构称为数据库管理系统（database management system,DBMS）。DBMS对内实现对数据的组织与管理，对外为多种应用提供使用数据的服务。

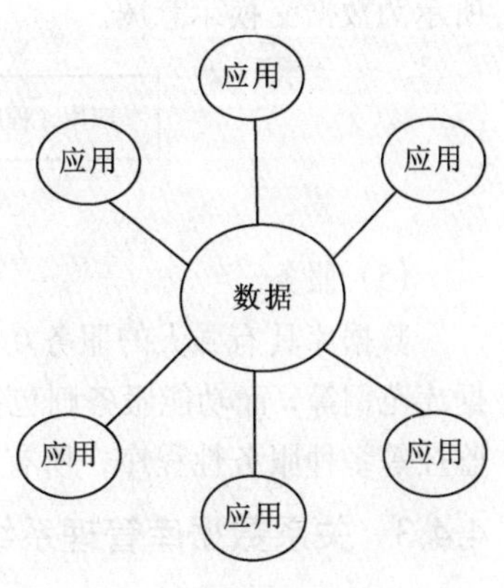

图4-14 数据库的共享示意图

DBMS是一个软件，它具体管理如下几个工作。

(1) 数据模式

为便于数据管理，必须对数据库的数据进行有序的组织，使其能存储于统一的数据结构中，这种数据结构称为数据模式（data schema）。常用的数据模式很多，而目前最为流行的是关系模式（relational schema）。

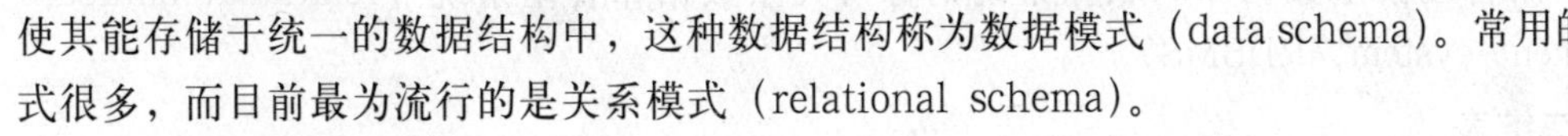

(2) 数据查找与增、删、改

在浩如烟海的数据中快速查找到所需的数据是数据管理的重要任务，这种查找难度可用“大海捞针”来形容，而查找的关键是数据的定位，即找到数据的位置。此外，还有数据的增、删、改的工作。

(3) 数据的保护

数据是一种资源，其中大量的是不可再生资源，因此需对它作保护以防止丢失与破坏。在网络发达的今天，数据保护尤为重要。数据保护一般包括如下内容：

① 数据语法与语义的正确性保护。数据是受语法与语义约束的。例如，某单位职工年龄为18～60岁之间。任何违反约束的数据必是不正确数据，因此必须保护这种语法与语义的正确性，又称完整性保护或称完整性控制（integrity control）。

② 数据访问的正确性保护。数据库中的数据是一种共享的数据，而共享是受限制的，过分的共享会产生安全上的诸多弊病。例如，职工工资数据仅供职工查阅，但职工无权修改其工资数据；又如，在人们可以查找、修改自己账户中的数据，但是它无权查找与修改他人的账户数据。因此，在数据库中对用户的正确访问是受保护的，而对不正确的访问是受到限制的，又称数据安全性保护或称安全控制（security control）。

③ 数据动态正确性保护之一——并发控制（concurrency control）。在多个用户同时访问一个数据源时，特别是作增、删、改操作时会产生相互干扰，从而造成数据访问的不正确，为防止此种现象的产生，须对数据作一定的保护，称为数据的并发控制。

④ 数据动态正确性保护之二——故障恢复（fault recovery）。在执行数据操作时受外界破坏而产生故障的一种保护，如断电保护、系统故障保护等，称为数据的故障恢复。

所有以上的四种保护都可称为控制。

(4) 数据的交换

数据库是一种独立的组织，任何应用（程序）访问数据库均须建立一定的接口，才能进行数据的交互，这种交互即称为数据交换（data exchange）。目前的数据交换方式很多。图 4-15 所示为数据交换示意图。

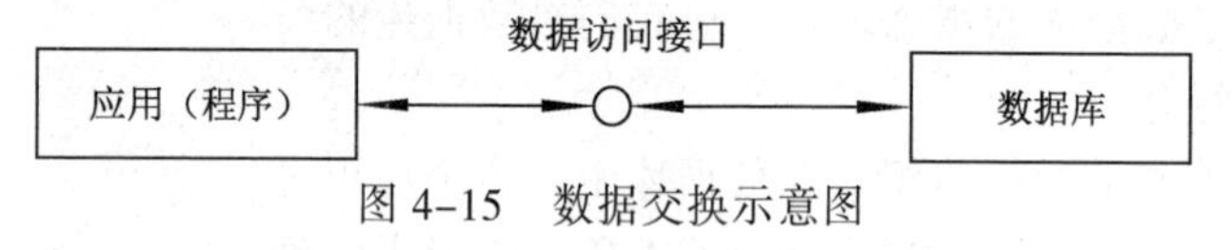

图 4-15 数据交换示意图

(5) 服务

数据库具有强大的服务功能，包括数据服务与功能服务，其中数据服务包括数据字典、数据库范例等，而功能服务则包括数据库提供的服务性工具、系统过程等，如复制、维护、测试、监控等多种服务性程序，所有这一切均称为数据库中的服务（service）。

4.4.3 关系数据库管理系统

关系（relation）是一种数据结构，以它为模式（称关系模式）所组成的数据库称为关系数据库，而管理关系数据库的软件系统则称为关系数据库管理系统（relational database management system，RDBMS）。

1. 二维表

关系这种数据结构实际上是一种二维表形式的结构，它可简称为表（table）。大家知道，表格方式在日常应用中广泛使用，如常用的财务账本、单据、凭证等无不以表格形式作为数据框架，所以，用表格作数据结构有着广泛的应用基础。因此，在数据库中采用这种表格形式作为数据模式以规范数据库中的数据组织。

二维表由二维表框架与表元组两部分组成。

(1) 表框架

表框架（frame）是一种结构，它由 n 个命名的属性（attribute）组成，属性表示数据性质，n 称为表框架的属性元数（arity），它表示数据由 n 个性质表示。每个属性有一个取值范围，称为值域（domain）。

(2) 表元组

表框架是一种结构，用它可存放数据。数据在表框架中按行存放，每行数据称为元组（tuple）。元组由 n 个元组分量组成，它是表中数据的最基本单元。这样，一个 n 元表框架及存放于该表框架内的 m 个元组构成了一个二维表。为使用方便起见，每个表都可以赋予唯一的名称，称为表名。表名、表框架及 m 个元组组成了一个完整的、可以使用的二维表。

表 4-1 所示为二维表的一个例子。

表 4-1 二维表例——student

sno	sn	sd	sa
20001	丁一明	cs	18
20002	王爱国	cs	18
20003	贾曼英	cs	21
20004	沈　杰	cs	19
20005	张利民	ma	17

在这个例子中给出了一个表，该表的表名为 student（学生）；表框架由四个属性组成，它们分别是 sno（学号）、sn（学生姓名）、sd（系别）及 sa（学生年龄）；元组共有五个，它们构成了一个有关学生的二维表。

2. 键

键（key）是表中的一个重要概念，它具有标识元组、建立表间联系的重要作用。

在一个表中有很多属性，但有的属性特别重要，它具有能唯一标识表中元组的作用。如表 4-1 中学号即具有此种作用。即学号一经确定，整个元组也随之确定。如学号 sno=20003，此时元组即能确定为(20003,贾曼英,cs,21)。但是，在表中的其他属性就没有这种作用。如学生年龄 sa，当 sa=18 时，它所对应的元组有两个，因此它不具有唯一标识性作用。除此之外，关键字的这种标志还具有最小性。如表 4-1 中除学号 sno 外，(sno,sn)，(sno,sd)，(sno,sa)及(sno,sn,sd)等均有唯一标识作用，但是，它们不具有最小性，而只有 sno 是最小的。因此，表中属性（或属性集）具有能唯一并最小标志表中元组作用的称为该表的键。

由前面的定义可以看出，键是元组的代表，一个元组可以由很多分量组成，对它们作全面讨论往往比较困难，此时可用元组中的键分量为代表参与讨论。如在表 4-1 中可用学号为代表参与学生二维表中的讨论就会变得很方便。

还须探讨几个有关键的问题：

① 一个表可以有多个键，此时可以选取一个作为日常使用的键，这种键称为主键(primary key)。一般我们所指的键即是主键。

② 那么，是否每个表都有键呢？是的，每个表都有键。因为如果找不到合适的键，那么表框架中全体属性所组成的集合必是键。

③ 最后，有一种特殊的键称为外键（foreign key），它起着两表间的关联作用。若表 A 中的某些属性集是另一表 B 中的键，则这种属性集即称为表 A 的外键。一般而言，表中如有外键，则它必可与它表建立关联，避免了表中出现信息孤岛的现象。

3. 关系数据库

由于二维表的数学理论称为关系理论，因此二维表又称关系。由若干语义相关的关系所构成数据集合称为关系数据库。表 4-1～表 4-3 所示为一个关系数据库，它是一个学生成绩的数据库。在该数据库中共有三个关系，它们是 student（学生）关系、course（课程）关系及 study（修读）关系。这三个关系间是语义上紧密关联的，其具体体现是，通过外键将三者紧密捆绑于一起，它们构成一个关系数据库可命名为：RDB-STUDENT（学生关系数据库）。

表4-2 关系例——course

cno	cn	pcno
C01	DB	C03
C02	OS	C03
C03	C	C00

表4-3 关系例——study

sno	cno	g
20001	C02	85
20001	C03	80
20002	C02	90
20002	C01	98
20002	C03	70
20003	C03	78
20004	C01	62
20005	C02	89

在这个关系数据库中，course 共有三个属性：cno（课程号）、cn（课程名）及 pcno（预修课号），它有三个元组，分别表示三门课（其中 pcno=C00 表无预修课号）；study（修读）共有三个属性：sno、cno 及 g（成绩）。这两个关系的键分别为 cno 与（sno,cno）。在 study 中有两个外键，它们是 sno 与 cno，通过它们将三个关系紧密关联在一起。

4．关系数据库中的数据操纵

在关系数据库之上可以作操作（operation），而其所有操作的总称称为操纵(manipulation)。操作分数据查询(data query)及数据增(insert)、删(delete)、改(update)。

(1) 查询操作

查询操作分为两个步骤，第一步骤为定位，第二步骤为读取。先介绍单张表查询。

① 单张表查询第一步：此类查询的基本单位是元组分量，为获取元组分量，须给出三个参数：关系数据库中的表名（表定位）、表内属性名（列定位）及表内元组条件（行定位），给出上述参数后即能对查询做出明确定位。查询操作的关键步骤是定位。

② 单张表查询第二步：在定位后即可取出定位所指出的数据，从而完成整个查询。

接着，介绍多张表的查询，它也分为两步，即定位与读取。

① 多张表查询第一步：首先将多张表合并成一张表，接下来就可以按单张表查询的第一步进行，即也须给出三个参数：关系数据库中多个表的表名、新表中的属性名以及元组条件。

② 多张表查询第二步：与单张表查询第二步同，即为读取操作。

下面通过两个例子进行说明。

【例4-1】查询关系数据库 RDB-STUDENT 中的数据：

① student 中的年龄为21的学生姓名。

② student 中的年龄为18的学生姓名与系别。

解

① 该查询中的三个参数分别为：

表定位：student

列定位：sn

行定位：sa=21

在行定位中往往用逻辑条件定位组。

有了这三个参数后即可定位并取得数据为：贾曼英。

② 该查询中的三个参数分别为：

表定位：student

列定位：sn,sd

行定位：sa=18

有了这三个参数后即可定位并取得数据为：沈杰、贾曼英。

【例 4-2】查询关系数据库 RDB-STUDENT 中的下列数据：

学生丁一明修读课程的成绩。

解 该查询为两张表的查询，为此须先合并两张表，其方法是用外关键字将两表组成一表，并用 student.sno=study.sno 组成新表，如表 4-4 所示。

表 4-4 表 4-1 与表 4-2 合并后的新表

sno	sn	sd	sa	cno	g
20001	丁一明	cs	18	C02	85
20001	丁一明	cs	18	C03	80
20002	王爱国	cs	18	C02	90
20002	王爱国	cs	18	C01	98
20002	王爱国	cs	18	C03	70
20003	贾曼英	cs	21	C03	78
20004	沈　杰	cs	19	C01	62
20005	张利民	ma	17	C02	89

接下来给出查询新表的三个参数。

表定位：student,study

列定位：g

行定位：sn="丁一明"

此后，执行读取即可获得数据为：85,80。

(2) 增加操作

增加操作分两个步骤，第一步骤为定位，第二步骤为增加元组。此操作仅对单表，操作的基本单位是元组。

① 第一步骤：此步骤为定位，只需给出一个参数：表名（表定位）。

② 第二步骤：根据定位的表名，在表中插入若干元组，此时须给出元组值。

【例 4-3】在 student 中插入元组(20006,李世英,ma,22)。

解 该操作为增加操作，它的参数为：

参数：表名 study

在定位后，执行插入操作，其插入元组：(20006,李世英,ma,22)。

在操作执行后，表 student 中由原有五个元组增加为六个元组。

(3) 删除操作

删除操作也分两个步骤，第一步骤为定位，第二步骤为删除元组。此操作也仅对单表，操作的基本单位是元组。

① 第一步骤：此步骤为定位，须给出两个参数，关系数据库中的表名（表定位）及表内元组（行定位）。

② 第二步骤：根据定位将指定的数据删除。

【例 4-4】 在 student 中王爱国因病退，请予删除。

解 该操作为删除操作，它的参数为：

表定位：student

行定位：sn="王爱国"

在执行删除操作后，二维表 student 中由原有五个元组删减成为四个元组。

(4) 修改操作

修改操作也分两个步骤，第一步骤为定位，第二步骤为修改。此操作也仅对单表，操作的基本单是元组分量，亦即修改表中数据可达到元组分量级。

① 第一步骤：此步骤为定位，须给出三个参数：关系数据库中表名（表定位）、表内属性（列定位）及表内元组（行定位）。

② 第二步骤：根据定位，执行修改操作，此时须给出修改值。

【例 4-5】 在 student 中将张利民的年龄改为 19 岁。

解 该操作为修改操作，它的参数为：

表定位：student

列定位：sa

行定位：sn="张利民"

在定位后，执行修改操作，其修改值为：sa=19。

在操作执行后，表 student 中元组：(20005,张利民,ma,17)，修改成为：(20005,张利民,ma,19)，其他元组不变。

5. 关系数据库中的数据保护

关系数据库中的数据保护包括：数据完整性保护、安全性保护、并发控制及故障恢复等，它的功能与一般数据库类似，这里就不作介绍了。

6. 关系数据库中的数据交换

关系数据库中的数据交换目前常用的有五种方式，它们是：

① 人机交互方式。即人与关系数据库直接交互，它通过命令行与可视化两种方式建立操作员与关系数据库间的数据交换。这种方式自数据库出现至今，一直是常用的数据交换方式。

② 自含式方式。在数据库管理系统中除了数据库自身的操作语句之外还将传统程序设计语言也包括在里面，从而使得数据库具有数据库语言与程序设计语言两者的功能，它们组成了一种新的语言，称为自含式语言，用它编写的程序称为数据库程序，存储于数据库内供用户调用称为存储过程。这种方式称为自含式方式。在这种方式下，其接口已成为数据库内部接口。

③ 调用层接口方式。在 20 世纪 90 年代末，网络应用成为计算机应用的主要环境，在此环境中往往网络中的服务器存储数据，而网络中的客户机设置应用程序。此时，数据库语言与程序设计语言分属网络中的不同节点，因此需建立程序设计语言与数据库语言间的合作，就须有网络上的专门接口软件，它通过程序设计语言中的调用方式实现与数据接口，因此此种方式

称为调用层接口方式。目前此种方式在网络应用中特别流行。

④ Web 方式。自互联网出现后，数据库面临着在 Web 上的应用，此时的数据交换主要困难是须建立起 HTML（或 XML）与关系数据库间的数据交换通路，其主要方式也是在互联网上须有专门的接口，这种接口方式称为 Web 方式。

7. 服务

关系数据库管理系统的服务功能在近年来随着应用扩展而越显其重要，但是，由于没有可遵守的统一规范，不同系统有不同功能，其间差距甚大。

一般的关系数据库管理系统都有以上的七大功能，目前常用的关系数据库管理系统产品有：

- 大型数据库管理系统产品，如 Oracle、DB2 等。
- 中／小型数据库管理系统产品，如 SQL Server 等。
- 桌面式数据库管理系统产品，如 Access 等。

*4.4.4　数据库语言 SQL

关系数据库管理系统为用户使用数据库提供了有效的基本平台，但是真正使用尚须有相应语言作工具，这种语言称为数据库语言。目前的标准语言称为结构化查询语言（structured query language，SQL）。当前国际上几乎所有的关系数据库管理系统都采用 SQL。

与关系数据库管理系统类似，SQL 一般有数据定义、数据操纵、数据控制以及数据交换等功能。下面重点介绍前两部分的功能。

1. 数据定义功能

可以用 SQL 中的数据定义语句定义关系数据库的数据表及数据模式等。

首先，定义数据模式，即关系数据库的整个结构，一般数据模式由若干表组成，一个模式由模式名及创建该模式的用户名两个参数。

关系模式定义有两个 SQL 语句，它们是创建模式（CREATE SCHEMA）及删除模式（DROP SCHEMA），其语句形式为：

```
CREATE SCHEMA <模式名> AUTHORIEATION <用户名>
DROP SCHEMA <模式名>
```

【例 4-6】 建立模式名为 rdb-student，用户名为 nanjing university 的关系数据库模式。

它可用创建模式语句建立之：

```
CREATE SCHEMA rdb-student AUTHORIEATION nanjing university
```

其次，在建立模式的基础上可以建立表框架，它也有 SQL 语句，它们是创建表（CREATE TABLE）及删除表（DROP TABLE），其语句形式为：

```
CREATE TABLE <表名> (<列定义> [<列定义>]…)
DROP TABLE <表名>
```

其中创建表的列定义有如下形式：

```
<列名> <数据类型> [NOT NULL]
```

在语句中的数据类型可以有整型（int）、短整型（small int）、实型（real）、浮点型（float）、字符串（char）、变长字符串（varchar）及位串（bit）等。

NOT NULL 表示不能为空值。该项为可选项，用[NOT NULL]表示。

【例 4-7】建立关系数据库 rdb-student 中的三个表。

解　这个关系数据库的三个表可以用创建表定义如下：

```
CREATE TABLE student(sno CHAR(5),NOTNULL
                     sn VARCHAR(20),
                     sd CHAR(2),
                     sa SMALLINT;)
CREATE TABLE course  (cno CHAR(3),NOTNULL
                      cn VARCHAR(30),
                      pcno CHAR(3);)
CREATE TABLE study   (sno CHAR(5),NOT NULL
                      cno CHAR(3),NOT NULL
                      g SMALLINT;)
```

2. 数据查询功能

在 SQL 中，数据查询可由三个子句组成，由 SELECT 子句给出列定位，FROM 子句给出表定位，而 WHERE 子句则给出行定位：

```
SELECT <属性名>
FROM   <表名>
WHERE  <满足行的条件>
```

这 3 个子句的组合可以确切地给出数据定位并将数据取出。

【例 4-8】将例 4-1 中的查询用 SQL 语句表示。

它们可用下面的两个 SQL 语句表示：

(1)

```
SELECT sn
FROM student
WHERE sa=21
```

(2)

```
SELECT sn, sd
FROM student
WHERE sa>18
```

这是一个单表的例子。类似地，对多表也可进行查询，此时仅须对多表作表间关联后，形成一张新表，然后对新表进行查询。

【例 4-9】将例 4-2 中的多表查询用 SQL 语句表示。

它可用 SQL 语句表示如下：

```
SELECT study.g
FROM student,study
WHERE student.sn="丁一明" AND student.sno=study.sno
```

在此语句中须说明两点：

- 由于是多表查询，因此在每个属性名前必须附加表名。
- 为将两张表组合成一张表，必须建立表间联系，在此例中的表间关联是：student.sno=study.sno，它作为行必须满足的条件故放于 WHERE 子句中，并与其他条件一起用 AND 相连。

3. 数据增、删、改功能

在 SQL 中可用下面的三个子句组成数据的插入操作（即数据增加操作）。

```
INSERT
INTO <表名>
VALUES <元组数据>
```

【例 4-10】增加一个新的学生记录：(20007,吴明山,CS，21)到 student 并用 SQL 语句表示。

这是插入操作，它可用 SQL 插入语句表示如下：

```
INSERT
INTO student
VALUES (20007,吴明山,CS,21)
```

在 SQL 中可用下面的三个子句组成数据的删除操作。

```
DELETE
FROM <表名>
WHERE <满足行的条件>
```

【例 4-11】删除学生张利民的记录并用 SQL 语句表示。

这是删除操作，它可用 SQL 的删除语句表示如下：

```
DELETE
FROM student
WHERE sn="张利民"
```

在 SQL 中可用下面的三个子句组成数据的修改操作。

```
UPDATE<表名>
SET<属性名>=<值>[,<属性名>=<值>],…
WHERE<满足行的条件>
```

【例 4-12】在 student 中将张利民的年龄改为 19 岁。

这是修改操作，它可用 SQL 的修改语句表示如下：

```
UPDATE student
SET sa=19
WHERE sn="张利民"
```

4. 数据控制功能

关于 SQL 的数据控制功能我们仅介绍某些数据语义约束，即是表中的主键及外键，它们分别可以表示如下：

```
PRIMARY KEY<属性名>
FOREIGN KEY<属性名>
```

它们一般可以放在 CREATE TABLE 的后面。

【例 4-13】在例 4-6 的三个表框架定义中加入它们的主键及外键。

可在 3 张表的 CREATE TABLE 后用 PRIMARY KEY 及 FOREIGN KEY 子句表示。

```
CREATE TABLE student (sno CHAR(5),NOT NULL,
                      sn VARCHAR(20),
                      sd CNAR(2),
                      sa SMALLINT,
                      PRIMARY KEY(sno);)
CREATE TABLE course  (cno CHAR(3),NOT NULL,
                      cn VARCHAR(30),
                      pcno CHAR(3),
                      PRIMARY KEY (cno);)
CREATE TABLE  study (sno CHAR(5),NOT NULL,
```

```
cnoCHAR(3),NOT NULL,
g SMALLINT,
PRIMARY KEY (sno,cno),
FREIGN KEY (sno,cno);)
```

这三张表框架的定义是一个带有语义约束的定义，它才是一个完整的表框架定义。

5. 数据交换功能

在数据交换功能中SQL一般具有如下的方式：

① 人机交换方式：SQL一般提供命令行及可视化图形两种用户直接交互方式。

② 自含式方式：SQL中有自含式语言，如SQL Server中的T–SQL、Oracle中的PL–SQL等。

③ 调用层接口方式：SQL提供专用的接口软件，如ODBC、JDBC、ADO等。

④ Web方式：SQL提供专门的Web接口软件，如ASP、JSP、PHP等。

有关这几部分内容由于比较复杂，在这里我们就不作介绍了。

SQL是一种国际标准语言，但各公司所生产的数据库产品中，所使用的都是SQL的一种方言，它与国际标准有少量的语法、语义差别，请大家在使用时注意。

4.5 支撑软件

支撑软件（support software）是近年来发展起来的一种软件系统，在其发展初期主要用于支撑软件的开发、维护与运行，因此称为支撑软件。随着软件系统的发展，支撑软件还包括了系统间的接口软件，近年来中间件（middleware）的出现与发展使得支撑软件的地位与作用大为提升，从而形成了有别于系统软件与应用软件的独立软件系统。

目前，支撑软件大致可分为三类：

1. 支撑软件开发、维护与运行的软件

此类软件主要在软件工程中辅助软件的开发；在软件运行中监督、管理软件的正常运行；在出现故障时用于测试、诊断以及协助恢复软件正常运行等软件。此类软件目前已扩展成为一种常用的软件工具，因此又称工具软件。

2. 接口软件

随着软件的发展，往往在一个系统中会有多个软件出现，它们间需要有接口连接，这就出现了接口软件。如程序设计语言与数据库SQL间的接口软件就是一种典型的接口软件。此外，有时还须作硬件与软件间的连接，如网络接口软件等。

3. 中间件

中间件是近年来出现的一种独立软件。从宏观看，中间件是在系统软件与应用软件间所建立的一个统一的应用平台。目前，在网络中的大型应用软件运行时均需要有中间件的支撑。

目前，常用的中间件有Java EE、.NET及CORBA等中间件及其产品。

4.6 应用软件

4.6.1 应用软件概述

在计算机软件中除了系统软件及支撑软件外，就是应用软件，它是在系统软件及支撑软件

协助下直接面向应用、专门用于解决各类应用问题的软件。应用软件是目前计算机软件中最大量使用的软件，它涉及面广、量大，是计算机应用的主要体现。

应用软件直接面向应用，为应用服务，它可以涉及多个应用领域，可以取代或部分取代繁重脑力劳动，有的还可以取代人类所不能胜任的工作。

应用软件一般可以分为两类：一类是通用应用软件；另一类是定制应用软件。

(1) 通用应用软件

通用应用软件是可以在多个行业、多个领域共同使用的软件，如汉字处理软件、排版软件、绘图软件、电子表格软件等。它们具有跨部门应用的特点，因此使用面广，目前为众多人员所使用，如 Word 文字处理软件、Excel 软件、PowerPoint 软件等。

(2) 定制应用软件

定制应用软件是根据不同应用的要求而专门设计、开发，并为不同应用服务的软件，一般仅适用于限定的领域而不具备通用性，如学校的教务管理软件、商场的商品销售软件以及图书管理软件等。

近年来，定制软件还出现了一定的通用化趋势，对不同的特定应用只要作适当的二次开发即能为具体的应用服务。如具有一定通用价值的教务管理软件，对特定的学校教务管理只要对它做二次开发即能实现。

4.6.2　应用软件组成

应用软件一般由三部分组成，它们是：

(1) 基础软件

为支撑应用软件，需要有相应的系统软件（如操作系统、语言处理系统及数据库管理系统等）及支撑软件，它在这里起基础作用，因此又称基础软件。

(2) 应用软件主体

应用软件须有相应的应用程序，它反映该应用业务逻辑需求。应用程序由基础软件支撑，它使用基础软件所提供的语言编写程序，由基础软件所提供的操作系统在硬件环境中运行。

应用软件还须使用计算机中的数据资源，它由基础软件中的数据库管理系统提供共享数据，由操作系统中的文件系统提供私有数据。

应用软件中的应用程序与相关数据的结合组成了应用软件的主体。

(3) 界面

应用软件是面向用户的，因此它必须与用户有一个直接的接口，这种接口称为界面。界面是应用软件必不可少的一部分。

应用软件的上述三部分构成了一个完整的整体，如图 4–16 所示。

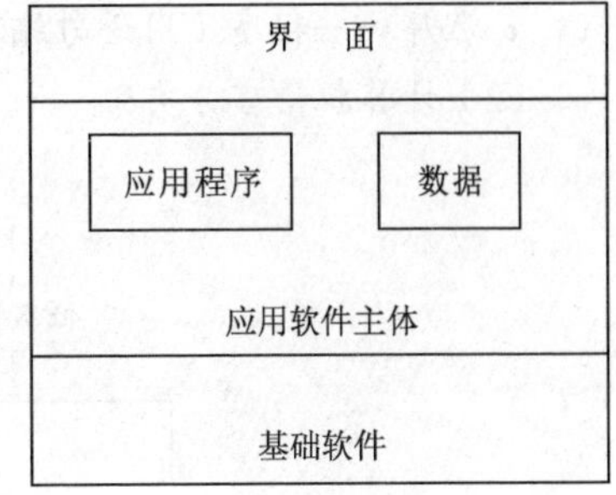

图 4–16　应用软件组成示意图

小结

1. 计算机软件概念

(1) 计算机软件的三大组成部分——程序、数据与文档。

（2）（计算机）软件系统及其分类：

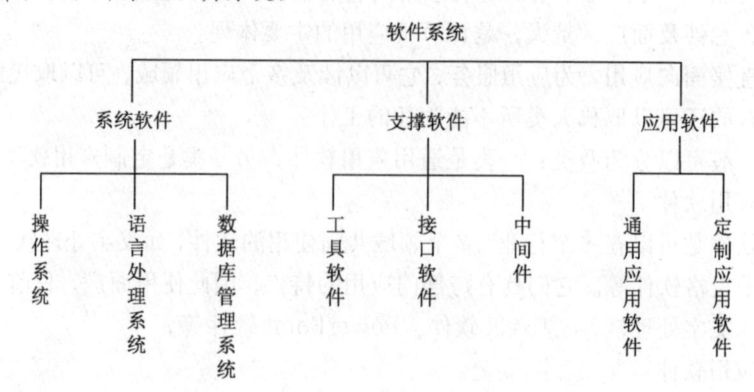

（3）计算机软件与计算机硬件：

- 计算机软件与硬件间的两大接口——指令与二进制数据。
- 硬件是软件的物理基础，软件是硬件与用户的接口。

2. 操作系统

（1）操作系统的四大作用：

- 控制程序运行——用进程／线程作模型。
- 资源管理——CPU管理、内存管理、设备管理及文件管理。
- 用户服务——用户接口、服务性程序。
- 软硬件接口——宏观功能。

（2）操作系统结构——分层内核式结构。

（3）硬件+操作系统——面向用户使用的基础。

3. 语言及其处理系统

（1）计算机语言：

- 指令——语句。
- 指令系统——语言。
- 程序——程序（用语句编写）。

（2）计算机语言分类：

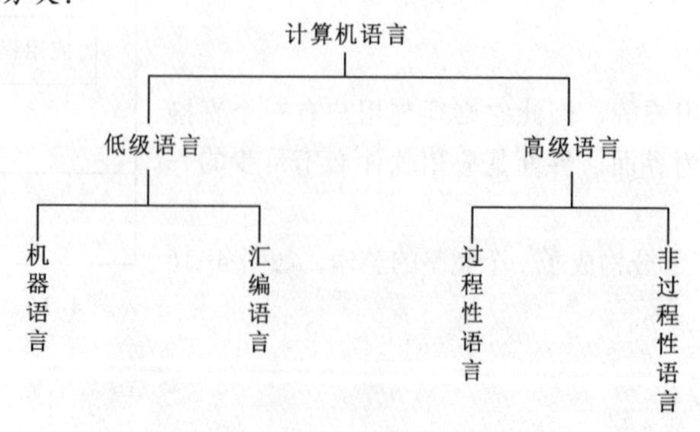

（3）语言处理系统——将语言翻译成机器指令的软件系统。

（4）程序设计——编写程序的过程。

4. 数据及数据库管理系统

（1）数据：

- 数据是计算机系统的加工处理的对象与结果。
- 数据包括二进制数、基本数据类型、数据结构、文件数据、数据库数据。

（2）数据库——一种共享的数据组织。

（3）（关系）数据库管理系统——管理数据库的软件。

- 统一的数据组织——数据模式、表结构。
- 数据的查询及增、删、改——数据操纵。
- 数据保护——完整性、安全性、并发控制及故障恢复。
- 数据交换——人机交互、嵌入式、调用层接口及 Web 方式。

（4）数据库语言 SQL。

5. 支撑软件

- 工具软件。
- 接口软件。
- 中间软件。

6. 应用软件

- 基础软件。
- 应用软件主体——数据及应用程序。
- 应用界面。

习题

一、选择题

1. 在计算机系统中"裸机"是指（　　）。

   A. 硬件　　B. 软件　　C. 硬件+软件

2. 从宏观讲，操作系统是（　　）。

   A. 管理资源的机构　　B. 控制程序运行的机构　　C. 软硬件接口

3. 计算机软件是指（　　）。

   A. 程序　　B. 程序+数据　　C. 程序+数据+文档

4. SQL 是（　　）。

   A. 程序设计语言　　B. 非过程性语言　　C. 过程性语言

5. 在校园网系统中有关学生数据都用（　　）表示。

   A. 文件　　B. 数据库　　C. 树结构数据

6. 我们常用的排版软件是（　　）。

   A. 系统软件　　B. 支撑软件　　C. 应用软件

二、简答题

1. 什么叫软件？它由哪几部分组成？
2. 简述软件系统的分类。
3. 简述软件与硬件间的关系。

4. 简述操作系统的四大作用。
5. 为什么说在操作系统中控制程序运行的任务是由进程实现的？
6. 操作系统中的资源有哪些？操作系统是如何管理资源的？
7. 简述存储管理的三大功能。
8. 什么叫设备控制？给出它的含义与实现方式。
9. 简述文件管理的主要任务。
10. 为什么说操作系统的宏观任务是软硬件接口？
11. 简述目前常用的五种操作系统，并说明它们各自的特色。
12. 简述三种操作系统的附加功能。
13. 简述语言的分类。
14. 简述程序设计语言中的主要成分。
15. 什么叫语言处理系统？
16. 什么叫数据？
17. 简述数据的三种类型。
18. 什么叫数据库？
19. 数据库管理系统有哪些功能？
20. 什么叫关系数据库管理系统？
21. SQL有哪些功能？
22. 支撑软件的作用是什么？

三、思考题

1. 请说明进程与线程的异同。
2. 是不是所有计算机语言都是程序设计语言？请说明之，并举两个非程序设计语言的例子。
3. 在软件中有三种不同类型的数据，这是为什么？请考虑并说明之。

四、应用题

1. 用SQL查询关系数据库rdb-student中数据。

（1）给出student中的所有计算机科学系（CS）的学生姓名。

（2）给出修读课程名为OS的学生姓名。

（3）给出修读database的成绩高于90分的所有学生姓名。

2. 学生丁一民因病退学，请用SQL语句删除在RDB-STUDENT中的有关该生的信息。

【实验】（下面实验的详细操作步骤可参照本书的实验教材）

- 实验一：Windows 7操作系统基本操作。
- 实验二：Windows 7操作系统文件管理。
- 实验三：Windows 7操作系统高级操作。
- 实验四：Word 2010文档基本操作。
- 实验五：Word 2010文档高级操作。
- 实验六：Excel 2010基本操作。
- 实验七：Excel 2010高级操作。
- 实验八：学生成绩汇总统计。
- 实验九：使用PowerPoint 2010制作演示文稿。

第5章 计算机网络

本章导读

自计算机诞生至20世纪80年代前，它都是以单机为单位独立运行。它们虽然功能强大，应用领域很多，但毕竟资源受限，又受地域限制，因此很难进一步扩大功能与应用。自80年代以后，计算机与通信网络相结合，形成了一种新的技术，称为计算机网络。计算机网络突破了地域界线，实现了计算机资源最大规模的共享，从而使计算机技术进入了一个新的时代。90年代后，计算机网络又有了新的发展，出现了覆盖全球的互联网技术，目前世界已进入互联网时代。本章主要介绍计算机网络与互联网技术。

内容要点：

- 计算机网络概念。
- 互联网技术特点。

学习目标：

对计算机网络及互联网的基本结构及工作原理有基本了解。具体包括：

- 计算机网络及互联网的基本组成。
- 计算机网络及互联网的结构体系。
- 计算机网络及互联网的基本工作原理。

通过本章学习，学生能掌握计算机网络及互联网的基本工作原理。

5.1 计算机网络概述

什么是计算机网络呢？荷兰皇家科学院院士 Tanenbaum 给出了它的定义：“计算机网络是一组自治计算机系统互连的集合。”所谓“自治”是指计算机能独立进行处理，所谓“互连”是指计算机间可按一定规则通过通信网络连接。因此我们说计算机网络是由多个独立计算机通过通信网络按照一定的协议规定所组成的系统。

1. 计算机网络的实际组成

(1) 计算机

计算机网络中有多台计算机，它们的型号、品种、规格、功能、规模可以不同，它们可处于不同地理位置，拥有不同资源。

（2）通信网络

在计算机网络中除了计算机以外还须有可用于计算机间进行数据传输的通信网络。这种网络可以允许有不同结构与不同组织方式。

（3）协议

计算机网络中涉及多种不同计算机以及多个不同通信网络，它们的操作复杂、过程烦琐，是一个极为复杂的系统，为保证系统内设备协调一致工作，它们必须遵循统一的规范，这种规范就称为协议。

2．计算机网络的实施目的

（1）实现计算机间的数据传输

计算机网络能进行数据传输，打破了过去单个计算机的信息孤岛现象，实现了网上的数据大交流、大流通，并实现了跨地域、跨平台的数据互通格局。

（2）实现计算机网络上的资源共享

单个计算机的资源有限，限制了计算机应用的发展。在计算机网络出现后，网上计算机可以网络为平台统一使用网上资源，从而使计算机应用有了更多的资源支撑，特别是数据资源的支撑。

（3）实现多机协作

在实际应用中单个计算机往往难以完成复杂的应用，但是可以通过计算机网络中的多机协作实现。

计算机网络的出现带来了巨大的应用发展，推进了全球的技术革命。但是，世界上任何技术的发展有利必有弊，计算机网络也是一样。随着计算机网络的发展，资源共享规模的扩大，引发了安全上的隐患，目前网络上黑客猖獗，病毒流行，这已成为世界性的弊病。因此，在发展计算机网络的同时还须建立网络上的信息安全体系，以保障计算机网络所产生的利益造福于全人类，造福于全社会。

5.2 计算机网络组成

下面对计算机网络中的三大组成内容作介绍。

5.2.1 主机

计算机网络中的计算机一般称为主机（host），主机可以以二进制编码形式发送与接收数据。每个主机都有一定资源，可以在网上与其他主机共享资源。主机与通信网络有接口，实现接口的设备称为网卡，它一般接在主机的总线中。

5.2.2 通信网络

通信（communication）从传统意义上泛指信息的传递，但在现代，通信是指用电波（或光波）传递信息，因此又称电信（telecommunication），如电报、电话等。

1．基本通信系统

通信的基本任务是传递信息，它一般由三部分组成，它们是：

① 信源，即信息的发送者。

② 信宿，即信息的接收者。

③ 信道，即信息的传输媒介。

这三部分构成了一个基本的通信系统。

通信一般是双向的，因此在一个实际的通信系统中信源与信宿往往是同一个设备。

例如，在典型的电话通信中，电话机既是信源又是信宿，而电话线路即是信道，它传输的信息是语音。

图 5-1 所示为通信系统示意图。

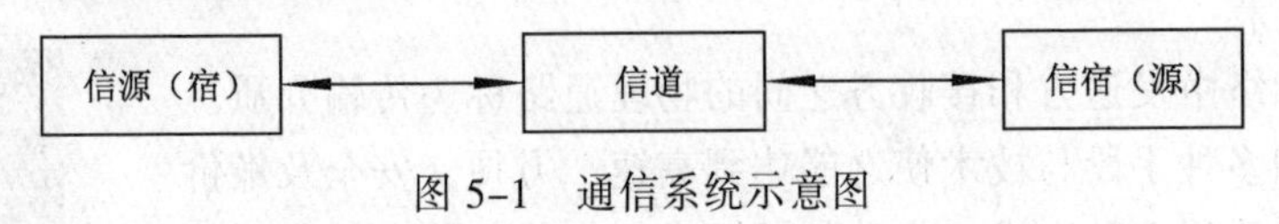

图 5-1　通信系统示意图

2．通信网络

由若干信源（信宿）通过多条线路连接在一起，使各信源（信宿）间均能传递信息的系统称为通信网络。典型的通信网络即是电话网。

3．数据通信

现代通信是从 19 世纪的电报通信发展起来的。20 世纪，电话通信发展并得到普及，但那时通信的传输方式是用模拟的方式传播，如用电波信号的强弱模仿声音大小以作传播，这种方式称为模拟传播，早期的通信均属此类传播，如电话、广播等。但是，模拟方式所能表示的能力有限，因此，20 世纪后期出现了数字方式传播，即用二进制编码方式传播信息，称为数据通信。此后，通信网络的能力大为加强，不仅能传播数字信息、还能传播文字信息、多媒体信息等。目前的计算机网络中，信源（信宿）都是计算机，它们用二进制编码形式表示信息，计算机间的信息传递用的就是数据通信。在数据通信中一般用高电平与低电平分别表示二进位信息，并用它作传输信号，这在距离较短（如≤2 km）的情况下是允许的，当传输距离较远时，由于导线的电阻会使信号逐渐减弱，从而导致信号失真，甚至无法识别。研究证明，正弦波之类的持续振荡的信号能在长距离通信中保持不变，因此在远距离传输中不直接用高/低电平传输，而用正弦波作为传输信息的载体，称为“载波”。用正弦波中的不同幅度（频率或相位）分别表示 1 与 0，它们分别称为调幅（调频或调相）；凡是将二进制编码信号转换成为正弦波的不同幅度（频率或相位）的过程统一称为调制；而相反的过程，即将正弦波的不同幅度（频率或相位）转换成为二进制编码信号的过程统一称为解调。用于作调制解调的设备称为调制解调器（modem）。图 5-2 给出了 modem 外形图。

图 5-2　modem 外形图

因此，在远距离数据通信的终端设备处均要加 modem，分别用于做调制与解调之用。图 5-3 所示为一个基本的数据通信系统示意图。在该系统中，信源与信宿都用二进制编码表示信息，信源将二进制编码信息发送出去，经 modem 转换成正弦波传递，在到达信宿后，再经 modem 转换成二进制编码信息，然后转交给信宿。

图 5-3 基本的数据通信系统示意图

由若干信源（信宿）通过多条数据通信线路将它们连接起来，使各信源（信宿）间均能传输数据信息的系统称为数据通信网络或数据通信电路。

在数据通信网络中须采取一些技术。

（1）传输技术

数据通信网络中发送方和接收方之间的物理通路称为传输介质。传输介质应采用多种手段与技术使之能达到高速、方便、安全及廉价的目的。目前它采用多种方式，大致包括两类：有线传输介质与无线传输介质方式。

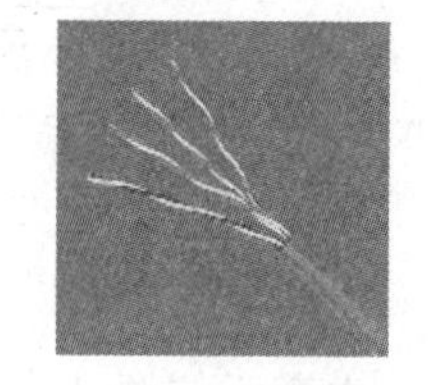

图 5-4 双绞线

① 有线传输介质包括双绞线、同轴电缆、光纤等。图 5-4～图 5-6 给出了它们的外形图。

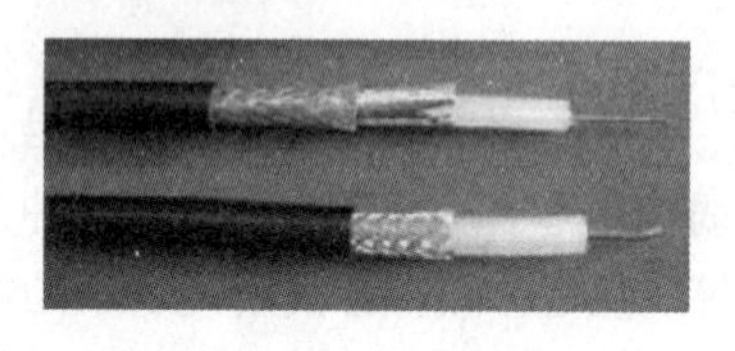

图 5-5 同轴电缆

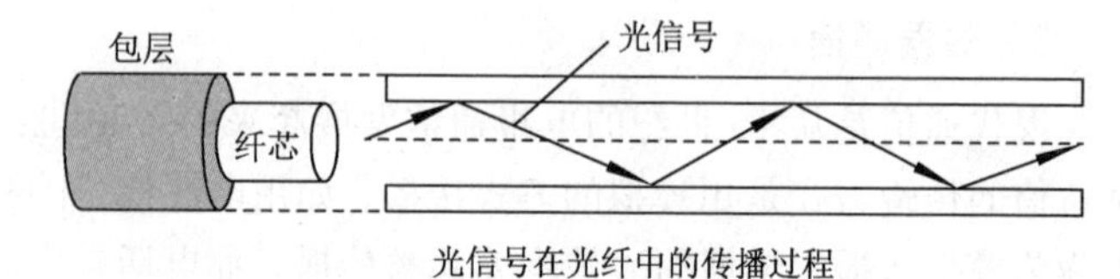

图 5-6 光纤和光缆

②无线传输介质包括无线传输、微波传输、红外传输、激光传输介质方式。近年来流行移动传输介质方式。它主要用于无线移动通信领域，使用蜂窝网络结构，目前多用于智能手机的数据传输中。图 5-7 给出了通过卫星作微波传输的示意图。

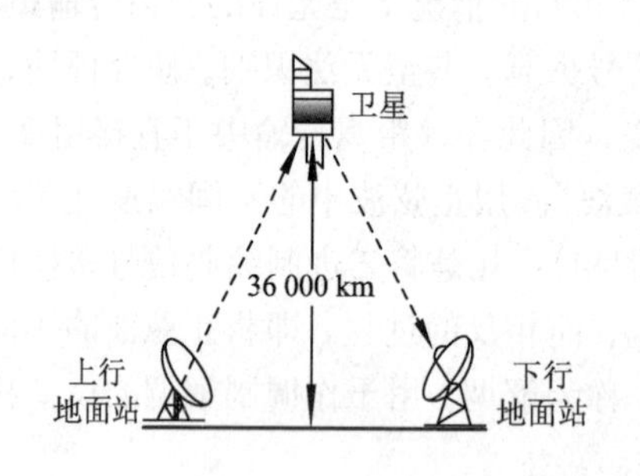

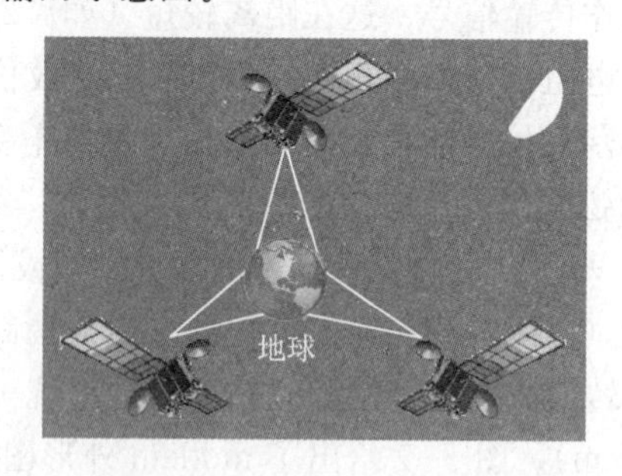

图 5-7 通过卫星作微波传输

（2）交换技术

在通信网络中任两终端设备间均能作信息传递，但是这并不表示它们间均须有专线相连，而只要在网络中增加一个交换设备，称交换机（switching），它的作用是在网络中统一分配线路资源。当网络中两个终端需作信息传递时，交换机将接通两者线路并保证其信息传递畅通，而当信息传递结束后，则拆除线路，拆除后线路即可为其他终端传输服务。图 5-8 所示为交换设备作用示意图。图 5-9 所示为交换机外形图。

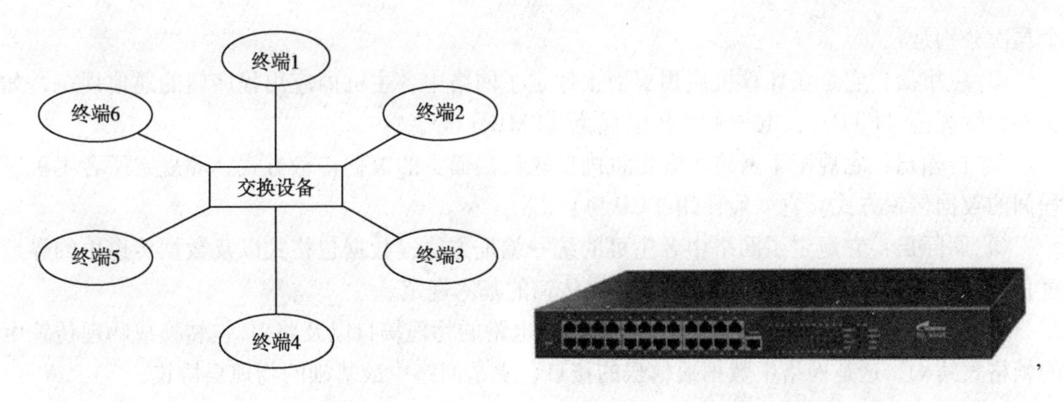

图 5-8　交换设备作用示意图　　　　图 5-9　交换机外形图

（3）分组交换技术

在数据通信网络中，为保证数据传递均等、快速，往往采用一种分组交换的方式。有时网上数据传递业务繁忙，两个终端长时间占有线路资源会影响整个网络的畅通，为此，在数据传递时整个传递数据分组打包，每个组有固定长度的二进制数字，如 128 位、256 位等。这样将一个完整的数据可分解成若干固定长度的包，在网络中，数据传递以包为单位进行传递，而数据交换也以包为单位进行，这种交换方式称为分组交换。实现分组交换的设备称为分组交换机。

在分组交换中数据传递过程可以分为下面的三个步骤：

① 在发送端：将发送数据按固定长度分解成若干包。

② 以包为单位在网络中传递，交换机也以包为单位分配线路。如此不断发送包，直至包发送完毕。在接收端不断接收包，同样直至接收完毕。

③ 接收端将所有接收到的包作还原组装，最终还原成原发送数据。

5.2.3　协议

计算机网络是一种计算机间进行数据交换的系统。为有条不紊地交换数据，必须统一制定交换的规则与约定，它就是网络协议。

计算机网络中数据交换是一个复杂的过程，从横向内容看它分为三部分；从纵向次层看它分为四个层面，因此网络协议也可分解成下面两个方面。

1. 网络协议包括的内容

① 语法规范：它规定传递数据及控制信息的结构与格式。

② 语义规范：它规定控制信息的意义，完成控制的动作及响应。

③ 时序规范：它规定数据传递的操作顺序。

2. 网络协议包括的纵向层次

由于计算机网络的复杂性，很难用一个单一协议完全规范通信中的所有规则，因此采用分而治之方法，即将庞大、复杂的规范分解成若干层次，每个层次规范一个简单的内容，从而将复杂问题简单化。目前网络协议很多，但被采用的有两种，它们是由国际标准化组织 ISO 所制定的“开放系统互连参考模型”OSI/RM 以及美国制定的 TCP/IP 参考模型。而目前实际应用中以 TCP/IP 模型为主，因此在这里我们介绍此种模型。TCP/IP 共有多个协议，分属四个不同层次，其中以 TCP 协议与 IP 协议最为重要，因此整个标准称为 TCP/IP 标准。该标准的四个层次分别是：

① 应用层：它是在计算机应用层面上规定了网络中各主机内应用程序间的通信规范，如文件传输规范（FTP）、电子邮件传输规范（SMIP）等。

② 传输层：它规范了网络中各主机内部软件层面上的数据传输方式，即规定了各主机进程间的数据传输方式。它一般使用 TCP 协议。

③ 网际层：它规定了网络中各主机的统一编址方法、数据包格式以及数据传递中的寻址过程，它一般采用 IP 协议。它给出了网络传输的基本规范。

④ 网络接口层：它规定了网络与数字传输电路的物理接口以及将 IP 包转换成物理传输中的帧格式结构。这是网络中数据通信层的接口，它是网络中最基础的物理层协议。

5.3 计算机网络结构体系

前面一节对网络的总体概念作了介绍，本节主要介绍网络的结构体系。计算机网络的结构可从拓扑结构与传输结构两个方面讨论。

1. 计算机网络的拓扑结构

计算机网络从几何外形上可以构成不同的结构，称为拓扑结构。目前常用的有四种：

① 星状结构：该结构是以中心主机为核心，周边主机为配角所组成的网络结构。在该结构中每台主机只与其中心主机相连接，其结构形式如图 5–10（a）所示。

② 总线结构：该结构是一种线性结构，其中每台主机在网内都具有相同地位，所有主机连接一条共同的数据通道，数据在网中通道呈线性流动，其结构如图 5–10（b）所示。

③ 环状结构：该结构是一种环结构，其中每台主机都与其相邻的两台主机相连。网中主机均具相同地位，数据在网中呈环状流动，其结构形式如图 5–10（c）所示。

④ 层次结构：该结构是星状结构的一种扩充，它也可称为树状结构。在该结构中是以树中的根为中心，并以每层子树的根为分中心，而以叶为配角所组成的网络结构，其结构如图 5–10（d）所示。

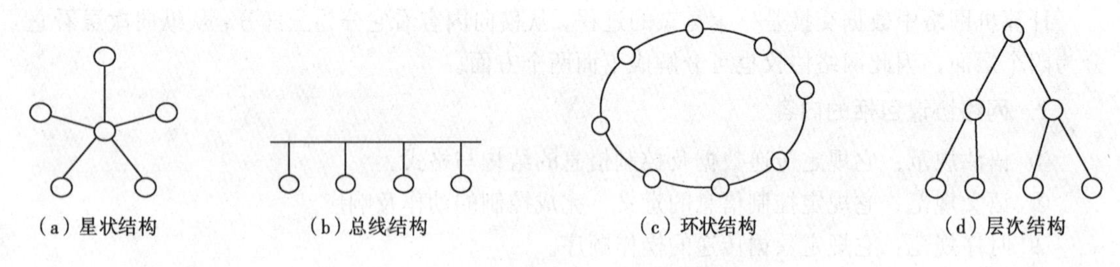

图 5–10 计算机网络拓扑结构示意图

2. 计算机网络的传输结构

计算机网络从传输方式上可以分为广播式网络与点对点网络。

(1) 广播式网络

在网络中由信源发送的数据可以被网络中所有信宿所接收，在收到数据后，信宿即可检查接收地址，如与其相符即表明所发数据已到达接收点，此时接收该数据，否则不接收。广播式网络一般适用于距离短、结构简单（如总线结构）的网络中。

（2）点对点网络

点对点网络与广播式网络完全不同。在网络的多个节点中，由信源发送数据到信宿间要建立一条数据传输信道，而信道要经过若干中间节点，它们一个点接着一个点地通过路径算法逐步到达接收目的地。这种通过建立数据通道的方法实现节点间的数据传输方式称为点对点网络。点对点网络适用于距离长、结构复杂的网络中。

5.4 计算机网络的分类

计算机网络有多种分类方法，常用的是按规模分类。计算机按规模可分为三类。

1. 局域网

局域网（local area network，LAN）是地域上局限于较小范围的一种网络，它的作用范围仅数千米左右。它一般限于一幢楼房、一个小区或一个单位之内，这种网络由于距离近，网络结构简单，因此所采用的技术也较为简单。

2. 广域网

广域网（wide area network，WAN）是一种涉及地区广泛的网络，它的作用范围可以从数十千米至数千千米，它把范围广泛的众多局域网及计算机用户连接在一起构成一个覆盖面很广的网络。此种网络距离远，网络结构复杂，因此所采用的技术也较为复杂。

3. 互联网

互联网（internet）是一种覆盖全球的网络，它将全球所有局域网、广域网以及所有用户连接在一起构成一个统一的网络。

一般地，这三种网络都称计算机网络。但由于互联网的重要性，因此在称呼上往往将其与计算机网络分离。

下面我们将对这三种网络作详细介绍。

5.4.1 局域网

计算机局域网是一种规模小、传输范围有限、传输速率高（10 Mbit/s~1 Gbit/s）、可靠性好、通信延迟时间低的一种网络。目前，它遍布各机关、企业、事业及学校等单位。在局域网中有若干台计算机，而使用此计算机的用户称为网络用户。局域网中还有为网上计算机服务的计算机，称为网络服务器，如打印机服务器、文件服务器及应用服务器等。此外，还有为网络管理服务的网管服务器等。

局域网中的计算机及服务器统称为网络节点，每个节点都有一块网络接口卡，简称为网卡，通过网卡将节点与网络连接起来。网卡负责将计算机中需发送的数据传送到网上，同时将需接收的数据从网络传送到节点。

在局域网中常用的访问控制方法有以太网、FDDI 网以及令牌网等多种，而以以太网为多见。下面我们介绍这种方法。

① 以太网采用总线结构，网内节点通过以太网卡连接到一条总线上，即多个节点共享一条线路，其结构图如图 5-11 所示。

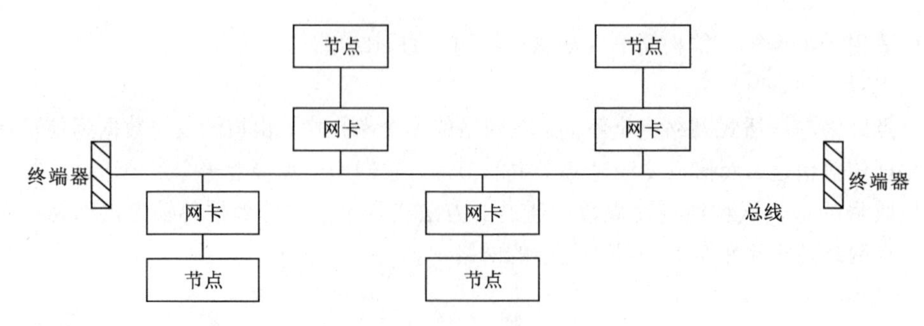

图 5-11　以太网结构示意图

② 以太网的数据传输方式采用广播式传输，而不采用点对点方式，因此不需要使用交换器。

③ 以太网内传输距离短，因此采用直接传输方式，而不需用 modem。

④ 以太网中采用帧传播方式，将发送的数据报文可拆分成帧，以帧为单位进行传输，最后在目标节点处将帧还原成报文。

传统的以太网的传输速率为 10 Mbit/s 左右；后来出现了快速以太网，其传输速率为 100 Mbit/s 左右；近几年来出现的千兆位以太网，它的传输速率可达 1 Gbit/s 以上。

以太网以结构简单、传输速率高为其特色，因此特别适用于局域网中。目前，局域网中大都采用以太网，因此以太网是局域网中的基本访问控制方法。

5.4.2　广域网

局域网由于受技术及应用的影响，使它的节点数量、传输距离受到限制，而广域网则克服了局域网的局限，在规模与距离上具有很大优势，因此特别适合更广泛的地域与更多节点连接的应用。

广域网在结构的复杂性上，在传输方式上都与局域网不同，其所采用的技术也与局域网有重大的区别。它的技术有如下几个特点。

1. 远程数字通信线路

广域网传播距离长，覆盖面积广，因此它的传输线路不可能由使用单位独立构建，也没有必要这样做。它一般作为公共资源由专门单位使用专线方式构建（我国为电信部门）供全体用户使用，这种线路称为公用数字通信线路。由于这种线路传送距离较远，因此又称远程数字通信线路，或称公用数据网。

目前的远程数字通信线路有两种方式：一种是应用当前的电话线路作适当改造而成的数字电话线路；另一种是建造专用的高速光纤传输线路，作为广域网的主干线路，称为光纤高速传输干线。

目前，在我国有若干公用数据网，如低速的 X.25 网、中速的帧中继网以及高速的 ATM 网。下面我们对它们作介绍：

(1) X.25 网

X.25 网是使用最早的广域网，它以电话网为基础，用分组交换方式进行数据传输，传输的包大小以 128 B 为准。由于电话网的质量较差，所以 X.25 网的传输速率低，安全性能差以及差错率高。X.25 网适用于传输量不大的数据业务。

（2）帧中继网

帧中继网是 X.25 网的改进，它使用光纤作传输介质，因此传输速率高，可靠性高以及差错率低。此外，帧中继网所传送的包（称为帧）的长度比 X.25 大很多，它最多可达 8 KB。帧中继网能适应广域网中的一般业务要求。

（3）ATM 网

ATM 网也采用光纤作传输介质，它具有传输速度高、差错率低的特点，能提供图像、语音及数据服务。它的最大特点是具有固定大小字节（53 B），称为信元（cell）。这种模式的传输大小合适，且在网络传输中数据单位相同，从而实现了广域网与局域网间的无缝连接，并且提高了传输速度。

2. 点对点网络

广域网是一种点对点网络，在广域网的数据传输中需要建立起一条数据链路以便于点对点数据通信，而这条数据链路的建立主要是通过分组交换机实现的，因此在广域网中有若干分组交换机以实现点对点以包为单位进行传输的网络。

5.4.3　互联网

互联网将全球的网络连接成一个大的网络，是世界是上最大的网络。它起源于美国，在 20 世纪 70 年代由美国国防部所实施的 ARPANET 计划为开始，后来与美国众多大学及研究机构的计算机连接在一起，构成了一个广域网，70 年代到 80 年代初开始形成了互联网，80 年代传入我国，90 年代开始在我国传播，而到了 21 世纪已普及应用，目前已成为人们日常工作与生活不可缺少的工具与手段。

互联网采用 TCP/IP 协议，将众多局域网（包括以太网、FDDI 网等）与广域网（包括 X.25、帧中继及 ATM 网等）连接在一起，构成了一个网间网、网中网以及网套网的复杂结构的网络系统。为实现在互联网中传输数据，主要采用的技术是 IP 地址、路由器、数据报以及接入技术等。

1. IP 地址

在互联网中每个节点都有一个统一编码的地址，这些地址给出了节点所在网络的位置，它在网络中是唯一的。这个地址是 TCP/IP 中的网际层 IP 协议的地址，因此称 IP 地址。IP 地址用四个字节表示，共有 32 个二进制数字。IP 地址中由两部分组成，它们是网络号与主机号，前者指明节点所在的网络编号，后者给出节点所在网络内的编号，IP 地址反映了 TCP/IP 中网际层中的地址。

但是，在实际应用中，IP 地址并不适合用户记忆与使用。为方便用户使用一般采用域名系统（DNS）表示 IP 地址。这是一种用字母串形式表示的地址，它将网上的地址名用若干域（domain）表示，域有域名，域间用标点符“.”隔开，而域中最后一个域名有国际认可的约定，以区别节点所属组织机构或地区的性质，如 edu 表示教育机构，com 表示商业机构、gov 表示政府机构；又如 cn 表示中国、jp 表示日本，等等，域名系统反映了 TCP/IP 中应用层的地址。

顺便还要说明，IP 地址不是真正的物理地址（即网卡地址），因此在 TCP/IP 网络接口层的物理实现时尚须将 IP 地址转换成网卡地址。

2．路由器

在互联网中数据传输是用路由器（router）根据 IP 地址指引而实现的，因此路由器在数据传输中起到关键性的作用。

路由器实际上是一种指引数据传输的专用计算机，它起到了网与网间的转接作用，即在不同物理网间转发数据的作用。

路由器在网络中是作为一个网络节点而存在的，因此路由器也有 IP 地址。由于它所起的转发作用，因此它往往与网络中的若干子网相连，故而路由器往往有多个 IP 地址。例如，当节点 01 由子网 A 向节点 02 发送数据时，首先检查 01 与 02 是否在同一网内，如在同一网内就由 01 直接发送给 02，如不在同一网内则节点 01 将数据发送给该网内路由器 α，此时路由器 α 开始工作。由于路由器跨接若干子网，由路由器选定数据传送到下一个子网 B，接着检查节点 2 是否在子网 B 内，若是，则直接将数据发送之，若不是则将数据传送给 B 中的另一个路由器 β，……，如此不断直到找到节点 2 所在子网为止。图 5–12 所示为三个子网的路由器接引原理示意图。图 5–13 所示为常用路由器外形图。

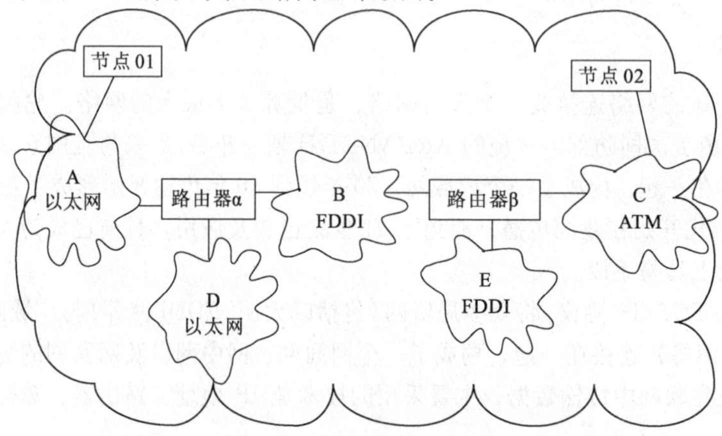

图 5–12　路由器原理示意图

图 5–13　路由器

3．IP 数据报

由于互联网内各物理网的数据包格式各不相同，因此它影响到网内数据传递，为此须建立一个互联网内的统一数据格式，它就是 IP 数据报（IP digram）。这是 TCP/IP 中网际层中 IP 协议中所规范的格式，所有数据包在互联网内进行数据传输时都须转换成 IP 数据报格式。

IP 数据报由两部分组成，它们是头部区与数据区。其中，头部区主要给出网络中数据传输的路由；数据区则是传输的数据。

IP 数据报在 TCP/IP 中是由传输层中的 TCP 数据报转换而成的，而在底层的网络接口层中它封装成为以太网中的帧格式及 ATM 信元格式。

4．互联网接入技术

当一台主机须接入互联网前，必须首先要插入一块网卡以建立计算机与数据通信电路间的连接，这种卡可因传输介质而有所不同。图 5-14 所示为网卡外形图。

为了节省与减少接入的接口，可采用集线器（hub）方式。它将多个节点主机集成于一起共享一条线路。在作数据传输时，它协调多个节点的关系，使之在同一时间段只能有一个节点能进行传输。因此，集线器是一种线路的共享设备，使用它可以达到减少线路的目的。图 5-15 所示为集线器功能示意图。在图中 A、B、C、D 为节点计算机，通过集线器可以共享网络中的线路 L。

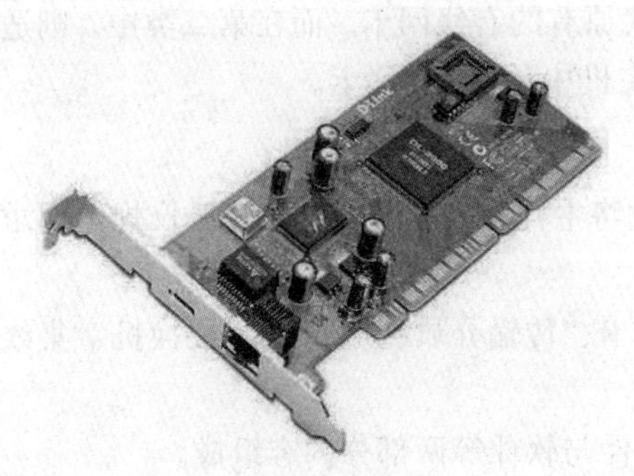

图 5-14　网卡

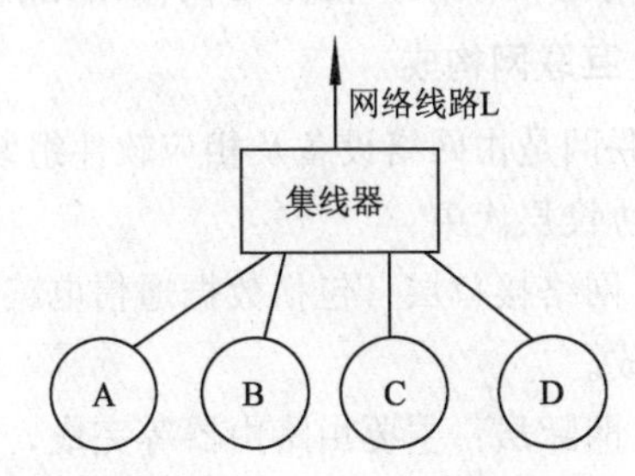

图 5-15　集线器功能示意图

图 5-16 所示为集线器的外形。

图 5-16　集线器

接着，我们讨论常用的几种接入方式：

① 电话拨号接入，即使用本地电话网，再加上一个 modem 进行转换，通过电话拨号与电话网相连，再由电话网接入数字通信线路。其中，modem 的作用是实现计算机二进制数字信号与互联网上远距离传输信号间的转换。

② 非对称数字用户环路（ADSL）接入。ADSL 是一种适应接收远大于发送的用户的接入方式。它适合于一般用户浏览多、发送少的特点，是一种普通电话线路实现三个信息信道的接入方式，其中一个是电话信道，一个是高速的上行接收通道，一个是低速下行发送通道。ADSL 的实现并不需改变本地电话线路，只需线路两端安装 ADSL 专用接口设备——ADSL modem 以及一个分频器。其中，分频器实现在电话线上将语音信号与数字信号分开的作用；而 ADSL modem 则实现数字信号传输中上行高速接收及下行低速发送的作用，在此方式中，一个信道

能同时实现电话语音传输以及计算机网络上、下行不同速度的数字传输。

③ 有线电视网接入。现在每个家庭都有有线电视，因此可以通过有线电视上网。它只要中间接入一个电缆调制解调器（cable modem），使用它可以实现电视信号与数字信号间的转换，从而进入互联网。

④ 光纤接入。近年来所发展的是一种专用接入网，而不是电话网改造而成，这就是光纤接入网。在电话网交换机中将电信号转换成光纤信号，然后用光纤传递光信号，在到达用户节点前用光网络单元（ONU）将光信号复原成电信号。光纤接入网传输速率高，一般在1 000 Mbit/s左右，它为宽带接入提供了基础。目前我国普遍采用的“光纤到楼，以太网入户”的做法。它用高速的光纤作为广域网干线直达大楼或小区，再通过低速以太网入户。

⑤ 无线接入。无线接入分为两类：一类是通过无线局域网接入；另一类则是通过蜂窝网接入。在第一类中，与有线局域网接入相似，仅只需将原有的“有线”变成为“无线”即可。在无线接入时，主机中须插入无线局域网卡以取代原有的有线网卡。而在第二类中，则适用于无线移动通信领域，使用蜂窝网络结构，此时主机中须插入4G卡。

5. 互联网构成

互联网是由网络设备及相应软件组装而成。它将主机和数据通信电路按协议规范要求而构成。在协议层次中：

① 网络接口层（包括数据通信电路）：由网卡、传输介质、Modem、交换机、集线器等设备组成。

② 网际层：主要由路由器等完成，它包括硬件与软件等两部分内容组成。

③ 传输层：主要由网络计算机中得系统软件扩展而成。如网络操作系统、网络数据库管理系统以及具网络传输功能的语言处理系统等。

④ 应用层：主要由网络主机中的应用软件及支撑软件（特别是中间件）完成。

从这里我们可以看出，一个计算机网络的构成实际上是由网络设备以及相应的软件联合完成。其中网络接口层主要由电子设备完成；网际层则由软硬件联合完成；最后，传输层及应用层则由软件实现。

小结

本章介绍计算机网络，重点介绍互联网。

1. 计算机网络组成

计算机网络是由计算机与通信网络按一定协议所组成的系统。

2. 计算机网络的作用

- 计算机间数据传输。
- 计算机网络上资源共享。
- 实现多机协作。

3. 计算机网络中的计算机

称主机，有接收/发送数据及资源共享功能。

4. 计算机网络中的通信网络

数据通信功能。

5. 计算机网络中的协议

两个常用协议，ISO OSI/RM 模型与 TCP/IP 模型。

6. 计算机网络结构体系

（1）计算机网络结构拓扑结构——星形、总线、环形及层次结构。

（2）计算机网络结构传输结构——广播式、点对点式。

7. 计算机网络分类

（1）局域网：地域范围小的一种网络，技术要求简单，采用的控制方式。

以太网——总线结构、广播式以帧为单位、采用直接传输方式。

（2）广域网：地域范围中等规模的网络，技术要求中等，技术特点：

- 采用公用数据通信线路（公用数据网）——X.25、帧中继及 ATM。
- 采用点对点方式。

（3）互联网：地域范围大——全球范围、技术要求高，技术特点：

- 采用 TCP/IP 协议。
- 采用 IP 统一编址。
- 数据传输采用 IP 指引通过路由器转接实现。
- 数据包括格式采用 IP 数据报。
- 互联网接入——采用电话拨号、ADSL、光纤接入、有线电视网接入及无线接入。
- 互联网构成——由网络设备及相应软件构成。

习题

一、选择题

1. （　　）是局域网中的基本结构网络。

　A. FDDI　　B. 以太网　　C. ATM

2. Modem 是（　　）中的必备设备。

　A. 局域网　　B. 以太网　　C. 广域网

3. 路由器是（　　）中的必备设备。

　A. 互联网　　B. 局域网　　C. 广域网

4. 域名系统 DNS 是 TCP/IP 中的（　　）协议。

　A. 网际层　　B. 应用层　　C. 传输层

二、名词解释

1. 对下面几个名词进行解释：

（1）广播式网络；　　（2）点对点网络；

（3）总线结构；　　（4）环状结构。

2. 对下面名词进行解释：

（1）公用数据网；　　（2）ADSL；

（3）帧中继；　　　　　　　　　（4）ATM。

三、简答题

1. 计算机网络由哪几部分组成？
2. 计算机网络的作用何在？
3. 数据通信的特点是什么？
4. TCP/IP参考模型有几层？每层的内容是什么？
5. 简述局域网的特点。
6. 局域网有哪几种控制方式？
7. 简述以太网的技术特点。
8. 简述广域网的技术特点。
9. 简述互联网的技术特点。
10. 什么叫IP地址？
11. 什么叫路由器？它的作用是什么？
12. 什么叫IP数据报？
13. 简述互联网中常用的接入方式。

四、思考题

计算机网络特别是互联网的出现，引起了计算机应用上的哪些改变？请思考并回答。

第6章 计算机网络软件与应用

本章导读

计算机网络及互联网出现以后，建立在它们之上的软件也迅速出现并蓬勃发展，同时相应的应用软件系统也逐渐替代单机集中式的应用软件系统，目前已成为应用主流。

本章主要介绍计算机网络及互联网软件（以下统称网络软件），包括网络软件的分布式结构，网络软件中的系统软件、支撑软件以及网络软件中的应用软件等。

本章将介绍以互联网应用为代表的网络应用新技术及“互联网+”，它是目前计算机应用的发展主流。

本章还将包括网络软件与应用的几个实验。

内容要点：

- 网络分布式结构。
- Web应用。
- 网络应用新技术及“互联网+”。

学习目标：

对建立在计算机网络上的软件与应用有全面、系统的了解。具体包括：

- 计算机网络软件的基本概念以及它与计算机网络之间的关系。
- 计算机网络软件中的系统软件、支撑软件及应用软件的概念及它们之间的关系。
- 计算机网络软件的基本操作与使用。
- 计算机网络应用新技术与“互联网+”。

通过本章学习，学生能掌握计算机网络软件与应用的基本知识，学会基本操作并了解互联网应用。

6.1 网络软件概述

6.1.1 网络软件的分布式结构

网络软件是建立在计算机网络及互联网上的，它一般按一定结构方式组成，称为分布式结构。目前使用的结构有三种，分别是C/S结构、B/S结构及P2P结构。

1．C/S 结构

C/S 结构是建立在计算机网络上的一种分布式结构，在该结构中由一个服务器（Server）及若干客户机（Client）组成，它们之间由网络按图 6-1（a）所示结构相连。在 C/S 结构中，服务器存放共享数据，而客户机则存放应用程序及用户界面等。目前，尚有一种 C/S 结构的扩充方式，即将服务器分成为数据库服务器及应用服务器两层，其中数据库服务器存放数据，而应用服务器则存放应用程序。

2．B/S 结构

B/S 结构一般是建立在互联网上的一种分布式结构。该结构中有三个层次，分别是数据库服务器、Web 服务以及浏览器，它们之间由网络按图 6-1（b）所示结构相连，其中数据库服务器存储共享数据，Web 服务器存储应用程序、Web 应用、人机界面及 Web 接口，浏览器是用户直接接口部分，它一般可有多个，分别与多个用户相接。同样，也有一种 B/S 结构的扩充，即将 Web 服务器分成应用服务器与 Web 服务器两层，原 Web 服务器中的应用程序改存于应用服务器内，从而构成一个四层的 B/S 结构方式。

3．P2P 结构

P2P（peer to peer）结构是建立在互联网上的另一种分布式结构，在该结构中，计算机既存储数据也运行程序，展示界面且具有 Web 功能，是集多种功能于一体的计算机实体，它们之间可通过网络按一定的拓扑结构相连，实现资源共享。这种结构称为对等式结构，即 P2P 结构方式，其分布式结构示例如图 6-1（c）所示。

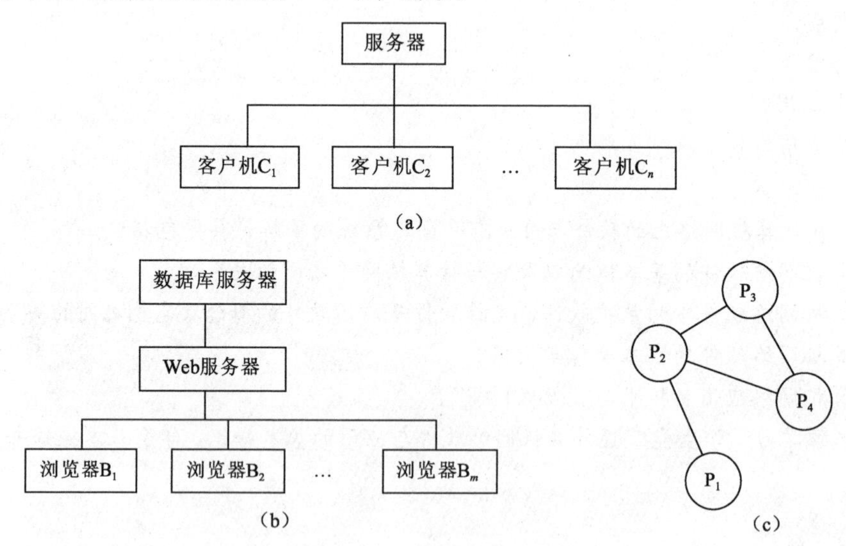

图 6-1　三种网络软件的分布式结构示意图

目前，计算机网络中大都采用 C/S 结构，互联网中则以采用 B/S 结构为主。

网络软件的分布结构为构建网络上的软件系统提供了结构上的基础。

6.1.2　网络软件的分层构造

网络软件是建立在计算机网络及互联网上的软件，这种软件可以分为若干层次。

1. 计算机网络与互联网

计算机网络与互联网由计算机、通信网络及相关协议所组成，在其实现中需要用到软件，特别是协议的实现是以软件为主的，因此，计算机网络与互联网实际上是一种软硬件的结合，而并非是一种纯粹的硬件。

另外，在计算机网络与互联网中，特别是其协议中，明确规范了网络软件所应遵循的一些基本规则与约束。例如，在 TCP/IP 中的应用层有 SMTP 协议，规范了电子邮件使用方法，FTP 协议规范了远程文件存取使用方法；又如，TCP/IP 中的传输层有 TCP 协议，它规范了操作系统进程间通信的方式。

计算机网络及互联网是网络软件的基础层，它不但自身包含软件，还为计算机网络软件提供了指导性的规范。

2. 网络中的系统软件

传统计算机中系统软件是建立在单机环境下的，但是在网络中的计算机则是建立在网络环境下的，为适应此种环境，必须对系统软件进行一定的改造，这就是网络软件中的系统软件，它包括如下的一些内容：

① 网络操作系统：一种为在计算机网络上运行服务的操作系统。

② 网络环境上的数据库管理系统：能在网络环境 C/S 及 B/S 结构上运行的数据库管理系统。

③ 网络程序设计语言：能在网络环境上运行的程序设计语言，如 Java、C#等。

④ Web 软件开发工具：用于开发 Web 应用的软件工具。

网络中系统软件构成了网络软件中的第二个层次。

3. 网络中的支撑软件

网络中的支撑软件主要包括网络中的众多工具软件、接口软件以及中间件。

在计算机网络与互联网中，为方便开发网络中的应用软件所提供的集中、统一的软件平台称为中间件。由于这种平台是在网络系统软件之上、在网络应用软件之下的一种中间层次软件，因此称之为中间件。

支撑软件构成了网络软件中的第三个层次。

4. 网络应用软件

网络应用软件是网络软件中的最上层软件，它构成了网络软件中第四个层次。它是直接面向用户应用的软件。

网络软件的四个层次互相关联，其整体结构如图 6-2 所示。

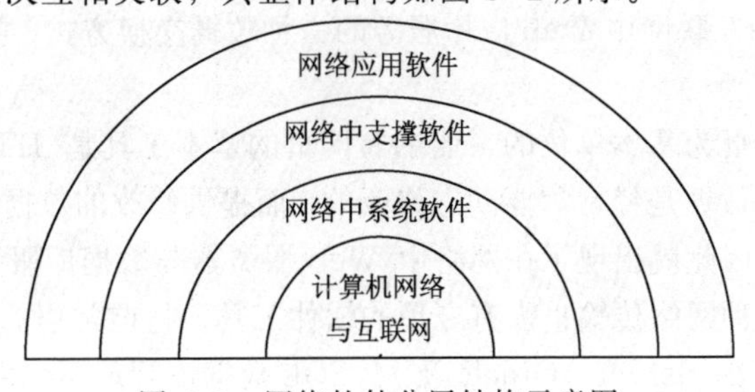

图 6-2　网络软件分层结构示意图

下面对第二、三、四层作详细的介绍。

6.2 网络中的系统软件

6.2.1 网络操作系统

传统操作系统是建立在单机环境上的，因此很难为网络环境中的计算机服务。在网络环境中不同节点计算机间的数据通信在传输层必须遵循网络协议的要求，这是一种计算机操作系统间进程级的数据通信要求，它必须遵循 TCP 协议。因此，必须在传统操作系统中加上按 TCP 协议规则要求编制的进程通信软件，才能在网络中运行并在节点间作进程级数据传递，这种操作系统就称为网络操作系统。

目前，在传统的三大操作系统中，即 Windows、UNIX 及 Linux 中，均实现有按 TCP/IP 协议中的规范所编制的进程通信软件，因此它们都是网络操作系统。

6.2.2 基于网络环境的数据库管理系统

传统数据库管理系统是建立在集中式单机环境下的，此时的数据交换方式是单机内用户与数据库间的自含式方式及单机内 / 外人机交互方式。在网络环境下就须要有满足 C/S 与 B/S 方式的数据通信要求，这就是调用层接口方式与 Web 方式。

1．调用层接口方式

调用层接口方式主要是为 C/S 结构而设置的数据交换方式。在该结构中，共享数据存储于服务器中，而多个应用程序则分布于不同的客户机中，它们可以共享服务器中的数据，而 C/S 结构中的服务器及多个客户机均分布于网络的不同节点，因而某个客户机节点中的应用程序需访问数据时，必须通过网络与服务器节点建立起数据传输通路，然后才能作数据交换（即数据访问），在数据交换结束后还要撤销该条数据通路。因此，此种数据交换与传统方式大不一样，且操作复杂、过程烦琐，需要有一种专用的工具软件实现，这是一种接口程序。应用程序在使用此接口程序时是通过语言中的调用方式实现的，因此称为调用层接口方式。

目前，常用的接口工具有 ODBC、JDBC 及 ADO 等。其中，ODBC 接口应用范围最广，适合于用 C、C++书写的应用程序；JDBC 则适合于用 Java 书写的应用程序；ADO 是微软公司在 ODBC 上开发的一种控件，功能强且使用方便。

调用层接口方式除适用于 C/S 结构方式外，也适用于 B/S 结构方式。

2．Web 方式

Web 方式主要是为互联网中 Web 应用服务的一种数据交换方式，它能满足 B/S 结构中的 Web 应用的数据交换。

在 Web 中是以网页为基本单位的，而书写网页的基本工具是 HTML，网页一般存储于 Web 服务器中。但网页数据是经常需要动态修改的，而提供修改的数据源是数据库。但数据存储于数据库服务器中，因此就出现了在网络中 Web 服务器与数据库服务器这两个节点间数据传输的问题。为实现此种网络传输也需有专用的软件工具，目前常用的有 ASP、JSP 及 PHP 等，它们分别适用于 SQL Server、Oracle 及 MySQL 数据库管理系统中。

基于以上两种接口方式所实现的数据库管理系统可称为基于网络环境的数据库管理系统。

目前，常用的大、中型数据库管理系统产品均具有这两种接口方式，因此都是基于网络环境的数据库管理系统。

6.2.3 网络程序设计语言

传统的程序设计语言如 C、C++等都是建立在单机环境上的，它们无法在网络环境下运行。若要能在网络上运行，一般须满足两个条件：

① 能在网络上传递数据，因此必须有按协议进行数据通信的能力，这是网络程序设计语言的基本条件。

② 所编写的程序能在网络中的任一个节点运行，即具有跨网络、跨平台的运行能力。网络中具有不同的子网、不同的节点计算机，因此有不同平台、不同网络，而一个用网络程序设计语言所编写的程序应能在不同子网、不同计算机上运行才能真正体现网络程序设计语言的威力。

一般而言，具备第一个条件的程序设计语言可称为基本网络程序设计语言；只有同时具有两个条件的程序设计语言，才能称得上是真正的网络程序设计语言。

目前 Java、C#等可称为真正的网络程序设计语言，而像 C、C++中增加一些有关满足协议的数据传输的库函数（或类）以后，它们就可称为基本的网络程序设计语言，而传统的 C、C++则不是网络程序设计语言。

下面以 Java 为例，对真正的网络程序设计语言作介绍。

① Java 是一种面向对象程序设计语言，它有丰富的类库，在类库中提供了实现网络中数据通信的相关协议（TCP/IP）的功能。

② Java 具有能在网上不同节点上移植的能力，其主要实现方法是在 Java 编译时首先建立一个 Java 的虚拟机（JVM），Java 的编译针对 JVM，经编译后所生成的基于 JVM 的 Java 程序是一种中间代码，而每个网络节点自身带有一个解释器，接着，就可以用 JVM 的程序与每个机器间的解释器完成最后的编译。图 6-3 所示为整个编译的全过程。这种编译方式使得 Java 在网上的移植能力很强，可以做到“Java 在手，到处可用”的效果。

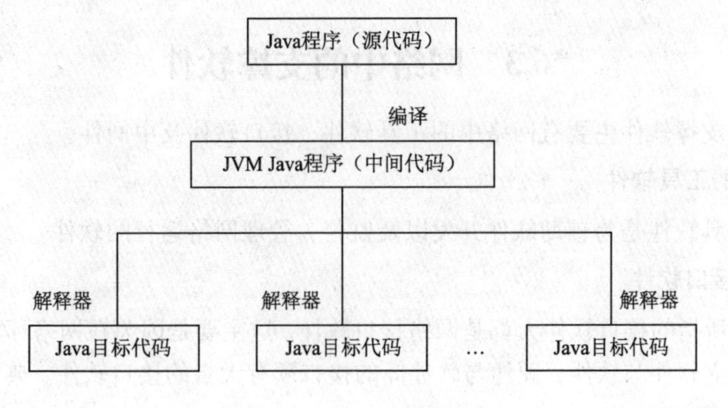

图 6-3 Java 编译示意图

③ Java 的类库还具有依据 Web 中 URL 的地址在网络上访问数据的能力；具有与其他节点网络上协同工作的能力等。

因此，Java 是一种真正的网络程序设计语言。

6.2.4 Web软件开发工具

Web是互联网上的一种最大的应用软件，为开发这种软件须有一些专用开发工具，这就是Web软件开发工具。它主要有下面三种：

1．HTML

Web上的主要开发工具是HTML，可用它编写网页。

2．脚本语言

HTML并不是一种程序设计语言，因此它不能编程；在网页编制中经常需要编程，因此需要有一种能直接嵌入HTML中的编程语言，这种语言称为脚本语言。HTML与脚本语言有效结合使得Web开发中与用户对话成为可能。

目前，常用的脚本语言有JavaScript及VBScript等。

脚本语言一般具有表示简单、使用方便的特点，并且与平台无关，它们一般可以在HTML中混合编程。

3．服务器页面

服务器页面是一种互联网上的技术框架，主要用于处理动态页面和Web数据库的开发，其主要特色是将HTML、脚本语言以及一些组件等有机组合于一起用于建立动态与交互的Web服务器应用程序。

传统的HTML所编制的网页是固定不变的静态网页，但实际上很多情况下网页是需要可变的即动态页面，为解决此问题须用服务器页面，它具有能使页面成为动态的可能，同时通过它能直接访问数据库及使用无限扩充的组件。

目前，常用的服务器页面有ASP、JSP及PHP等。其中，ASP主要用于Windows中的Web开发；JSP主要用于Java应用的Web开发；而PHP则主要应用于LINUX中的Web开发。

上面介绍的HTML、脚本语言及服务器页面等为在互联网上的Web应用开发提供了基本的开发工具，三者的有机结合使得网页的编制既能实现对话又能实现动态网页。

*6.3 网络中的支撑软件

在网络中的支撑软件主要有网络中的工具软件、接口软件及中间件。

1．网络中的工具软件

网络中的工具软件是为辅助软件开发以及监督、管理网络运行的软件。

2．网络的接口软件

目前，一般所指的接口软件大都是网络接口软件。这主要是因为在网络环境中硬件设备与软件众多，为建立软件与软件、硬件与软件间的接口须有大量的接口软件。典型的接口软件如ADO、网卡软件等。

3．中间件

自从计算机网络出现后，网络中有众多不同的子网、众多不同计算机，更重要的是有众多不同的软件，这些异构的软件使得网上的应用软件开发以及网上软硬件资源的共享非常困难，因此需要建立一个公共的（软件）平台，为网上的应用软件开发、部署、运行及管理提供支撑，它就是中间件。只有加上中间件后，应用软件开发才成为可能。在网络中开发应用软件一般均须中间件支撑。

中间件的作用一般有：

① 中间件的最重要作用是提供一种统一的规范。它屏蔽了网络中异构的硬件与软件，使得用户开发软件不必关心烦琐、复杂的异构环境，而只需在中间件所规范的统一平台下开发。

② 中间件提供一组公共的共享软件资源为用户开发服务。它是一些为应用开发服务的接口程序，以及为应用开发服务的基本工具，如接口定义工具、应用部署工具等。

目前流行的中间件很多，常用的有 CORBA、Java EE 以及.NET 等三种。其中，CORBA 是由对象管理组织 OMG 所制定的国际标准，Java EE 是一种基于 Java 的中间件标准；.NET 是由微软公司所开发的一种中间件软件产品，近年来以后两种应用最多。

6.4　网络应用软件

目前，网络应用软件已成为计算机应用的主要角色，它们在各应用中起到了主要的作用，其典型的应用有远程医疗、远程教育、电子商务、电子政务、数字图书馆、网上娱乐、网络通信、Web 应用等。下面介绍目前应用比较广泛的网络通信与 Web 应用。

6.4.1　互联网通信

互联网起源于电话网，通信功能是互联网的天然应用，它是电话通信的一种扩充。

互联网的通信服务一般分为两种：一种是异步通信即非实时通信，其代表性应用是电子邮件；另一种是同步通信即实时通信，其代表性应用是 QQ 与微信。

1. 异步通信

参加异步通信的成员不一定须在线（on-line）的通信方式，目前流行的有电子邮件（E-mail）、新闻组（Newsgroup）、博客（Blog）及微博（Microblog）等。

互联网中的异步通信实际上就是网络中的数据传输功能的应用，由于它传输速度快，表现形式丰富多彩，因此目前使用极为普遍。

2. 同步通信

同步通信又称实时通信，参与同步通信的成员必须在线。同步通信是电话通信的扩展，它具有通信速度快、表示形式多等众多优点，目前流行的有即时通信（Instant Messaging）及 IP 电话等。其中，即时通信具有高效、便捷和低成本的优点，它允许多人在网上实时传递文字、声音及视频信息，向手机发送短信、传递文件、收听广播、在线游戏，且具有信息管理功能及保存聊天记录等功能。

即时通信工具的代表是腾讯公司的 QQ，其在国内使用极为普遍，其注册用户数已超过 3 亿。

即时通信的原理与电话通信类似，所不同的是在互联网环境且有计算机支撑，因此具有比电话通信更大的优势。

3. 同步通信的发展

近年来移动通信的出现为即时通信发展提供了更为广阔的空间，其典型的代表是微信(WeChat)。微信是腾讯公司2011年推出的一种移动设备上所使用的即时通信软件，它适合于在智能手机、平板计算机等移动设备间进行即时通信。与传统即时通信工具相比，它具有更灵活、智能、方便及更节省资费等优点。截至2016年，其用户数已达7亿，覆盖范围遍及200多个国家与地区，成为世界上最大用户之一的即时通信软件。

智能手机的出现将计算机与通信工具融合于一起。智能手机既能作为通信工具，又能作为网络移动终端使用。近年来大量植入于智能手机中的App（应用程序）的广泛使用，使得手机已成为目前人们工作、生活中必不可少的工具，包括购物、打车、付款、转账、求医、买票、旅游、娱乐等。真正做到了："一机在手，万事不求"。

6.4.2 Web应用技术

Web是WWW（world wide web）的简称，它也可称3W，在我国译为万维网。Web是建立在互联网上的一种应用技术，因此有时也称Web应用。

Web在互联网上向用户提供多种信息服务，人们可以通过Web查阅资料、观看视频、聆听音乐、了解全球新闻等。

在本节中主要介绍Web组成、网页制作、网页浏览与检索等几部分。

1. Web组成

Web由互联网中的Web服务器以及安装了浏览器软件的浏览器计算机组成。其中，Web服务器中安放着大量的网页（web page）。网页是Web的基本数据存储单位，它们在Web服务器中组成的集合称为网站（web site）。在互联网中存在着数以亿计的网页，而且其数量还在不断上升。在网页之间存在着逻辑的联系，它们通过超链接（hyperlink）互相连接，构成了一个全球性的相互关联的信息共同体。

Web用户可以对Web信息作查询，称为浏览与搜索；Web用户也可创立网页并动态修改网页。Web一般按B/S方式结构组织，在B/S中的Web服务器中存储网页；浏览器中安放浏览器软件，用来浏览网页。

2. 网页与网页制作

网页是Web的基本数据单位，一个网页构成一个文档，称为Web文档，它可由文字、图像、声音、视频等组成。网页一般可由超文本置标语言（HTML）或扩展置标语言（XML）编写，它们组成了超文本文档，同时通过超链接将它们连接起来。

在HTML中还可以嵌入一些小程序（applet），它可用脚本语言编写，也可用Java编写。此外，还可用动态页面方式（ASP、JSP或PHP等）增强网页的对话能力，并可动态修改网页，还可通过它建立与数据库的关联。

在Web中的每个网页都有唯一的地址，称为统一资源定位器(uniform resource locator, URL)，它由三部分组成，分别为：所使用的协议（一般为HTTP协议）、主机域名（网络中提供网页的Web服务器名）、文件路径/文件名(Web服务器的网页所在的文件名或文件路径，它可以省略)，其格式为"http://主机域名/文件路径/文件名"。

3．超文本与超链接

互联网上的网页按超文本方式组织。什么叫超文本方式呢？这里先从传统的文本组成方式谈起。传统文本（如书籍）一般按顺序方式，一页接着一页阅读，从头（首页）到尾（末页）形成一种线性结构。这种结构方式从组织上比较死板，不利于在网上查阅。而超文本方式则是对传统方式的颠覆，它通过超链接，可以作跳转、回溯及导航等操作，实现了对文本内容灵活、自由、随意的访问。

超文本采用网状结构组织方式，即呈有向图结构方式。文本中每个部分按其内容间的关系进行链接，构成了超链接。

图 6-4 所示为超文本的一个结构示意图，图 6-5 所示为它的有向图结构。

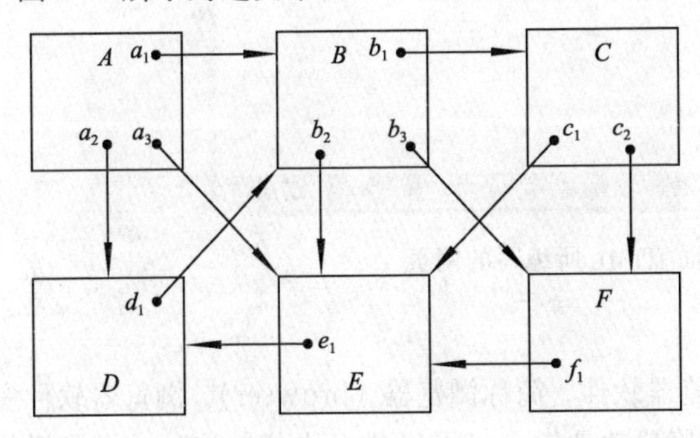

图 6-4　超文本的一个结构示意图

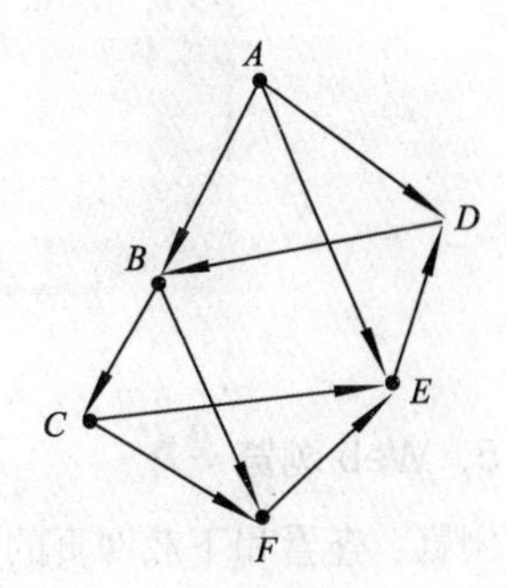

图 6-5　超文本有向图结构

在 Web 中的网页组织是一种超文本结构，而它们的连接关系则可通过 HTML 表示。

4．用 HTML 编写网页

在 Web 中可用 HTML 编写网页。 HTML 的基本组成结构如下：

```
<HTML>
   <HEAD>
      <TITLE>
       My Homepage
      </TITLE>
   </HEAD>
   <BODY>
      <font color=red>
      Hello world!!
      </font>
   </BODY>
</HTML>
```

在 HTML 中主要有标记与标记属性两部分，它们都是成对出现的。

标记<HTML>与</HTML>用以向浏览器说明，包含在该标记中的内容须以网页的形式来显示。

标记<HEAD>与</HEAD>所包含的内容是这个 HTML 文件的文件头，用以说明网页的标题、链接、关键字等信息。

标记<TITLE>与</TITLE>所包含在这个标记中的内容会显示为这个网页的标题，该标记是包含在<HEAD>与</HEAD>标记中的。

标记<BODY>与</BODY>表示这个标记中的内容会显示在浏览器的工作区，也就是浏览网页所看见的内容，包括文字、图片、表格、表单、多媒体等。

标记属性<font>与</font>表示标记的属性，如颜色、大小等。

图 6–6 所示为上面用 HTML 所编写的网页。

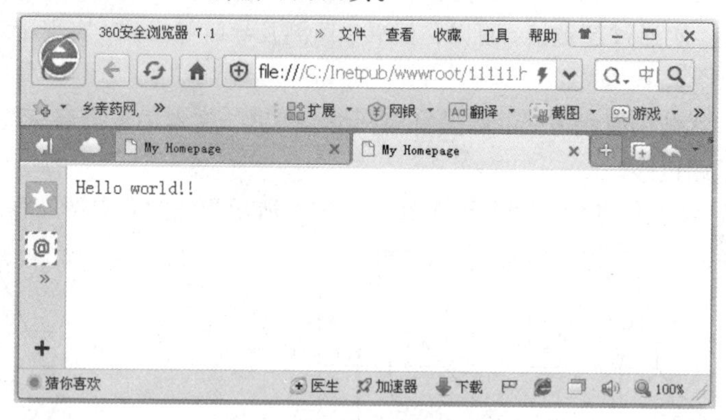

图 6–6　上面 HTML 所编写的网页

5．Web 浏览

浏览、查看和下载网页的软件称为浏览器软件，简称浏览器（browser）。浏览器软件安装于称为浏览器的计算机中，当用户通过浏览器软件输入 URL 或单击超链接时，浏览器执行 HTTP 协议并与 URL 所在的 Web 服务器进行通信，并下载网页。在下载后，即启动 HTML 解释器向用户显示网页。

目前，常用的浏览器软件是微软的 IE（Internet Explorer），它具有使用方便、操作简单等优点。

6．Web 检索

除了用浏览方式查看网页数据外，还可以通过搜索工具以获取所需的数据，这种方式称为 Web 检索。常用的 Web 检索有两种：一种是主题目录；另一种是搜索引擎。

（1）主题目录

主题目录是由网站收集信息后对它作评估、分类并给出简要描述，然后按主题分类并以树状目录结构形式对 Web 信息资源进行组织。主题目录按主题分类排列，通过树状结构从树根开始自顶向下逐层点击超链接以查找相关信息。

（2）搜索引擎

搜索引擎具有庞大的全索引数据库，它适合于查找困难的或模糊的 Web 数据，当用户提出检索要求后，搜索引擎中的检索器从索引数据库中找出相匹配的网页，然后由评估程序计算其相关度后将相关网页的摘要及 URL 发送给用户。

目前在网上有很多搜索工具可供使用，最有名的如中国的百度（www.baidu.com）、美国的谷歌（Google）等。

7．网站

为方便提供信息服务，在互联网上出现了专业的数据服务机构，它们通过专门的 Web 服务器提供服务，这就是互联网上的网站。目前互联网上有许许多多网站，如政府、学校、企业、公司、银行等大都有自己的网站。有些网站提供专门的服务，如提供新闻、娱乐、信息、教育、社交等。此外，个人也可以有自己的网站。

网站大致可以分为如下几种：

① 门户网站：门户网站是提供各类服务的网站，如新闻、体育、天气、地图、股票行情和 E-mail 通信服务等。知名的如新浪等。

② 新闻网站：新闻网站包含有新闻价值的材料。通讯社、报社、电视台、无线电台是维护新闻网站的媒体单位。

③ 信息网站：信息网站提供公共信息，如铁路交通网站提供全国火车时刻表等。

④ 商业网站：商业网站包含宣传、推销、销售产品或服务的内容。目前很多企业都有商业网站提供在线购物服务。此外，还有专门有提供商业网站服务的提供商，他们建立商业网站托管网站，用大的服务器，有足够大的外存空间，向小公司出租，作为小公司的商业网站。

⑤ 博客：有专门的博客网站与微博网站提供用户使用。例如，新浪博客和新浪微博，它们的网址分别是：http://blog.sina.com；http://weibo.com。

⑥ 在线社交网：这种网站提供在线社区成员间交流信息之用。它是一个联系朋友的社交工具，如人人网（www.renren.com）。图 6-7 给出了人人网的一个实例。

图 6-7　人人网实例

⑦ 娱乐网站：娱乐网站提供交互式的娱乐环境如音乐、视频、体育、游戏、聊天室等。目前典型的有：优酷网站，它是一种视频共享网站。

⑧ 教育网站：教育网站为教学提供正规和非正规的在线培训，为优质教学资源提供充分的在线共享机会。目前著名的教育网站有慕课网等。

⑨ 个人网站：个人为了某种原因可以建立个人网站。为他人查阅和获取有关资料提供方便。图 6-8 给出了一个个人网站实例。

图 6-8　个人网站实例

6.5　互联网应用新技术

互联网的出现与应用改变了世界，在应用过程中也出现了诸多新技术，它们对促进互联网应用的发展起到了关键性作用。下面对它们作简单的介绍。

6.5.1　移动互联网

传统互联网由计算机组成，它们包括服务器、客户机等。由于体积与质量的原因，它们都具有固定位置的属性，不能随意移动（特别是客户机）。但是互联网的使用者都是人，他们都随时处于活动状态中，因此在互联网使用中会产生一定的不方便性，从而影响互联网的应用发展。近年来，智能手机及平板计算机等移动产品的出现改变了互联网状态，将这些移动产品取代互联网中的客户端，从而出现了移动互联网。在移动互联网中客户端多是移动终端，它们通过无线方式接入互联网中。

移动互联网的出现大大方便了互联网的使用，从而使互联网得到了更快的发展。目前在互联网应用中使用移动终端的已占 80%以上。

6.5.2　物联网

传统互联网中的客户端都是计算机，称为客户机。随着应用发展的需要，这种客户端不仅需要是“机”，更需要是“物”，这就有了物联网。物联网的出现大大拓展了互联网的应用范围与内容，使互联网既能管机又能管物，同时也将“机”与“物”通过物联网关连于一起。

1．物联网的基本概念

物联网（Internet of Tings，IOT）的概念最早由英国工程师 Kevin Ashton 于 1998 年提出。关于它的定义可以引用国际电信联盟在 2008 年所提出的描述：物联网是一种将各类信息传感设备（如 RFID、红外感应器、传感器、GPS、激光扫描仪等）与互联网结合并可以实现智能化识别与管理的网络。

从这个描述中可以看出，物联网有下面几个特性：

① 物联网的核心是互联网，它是建立在互联网基础上的一种延伸应用网络。

② 物联网也是一种移动互联网的延伸应用网络。因为物联网中各类信息传感设备大都是移动设备并且大都通过无线方式实现与互联网的连接。

③ 物联网中的客户端大都是传感设备。它将互联网中人与人（即客户机对客户机）间的通信扩展到了人与物、物与物间的通信。

2．物联网的基本构成

物联网可由三个部分组成，它们从下到上构成三个层次，分别称为感知层、网络层与应用层，其结构如图 6-9 所示。

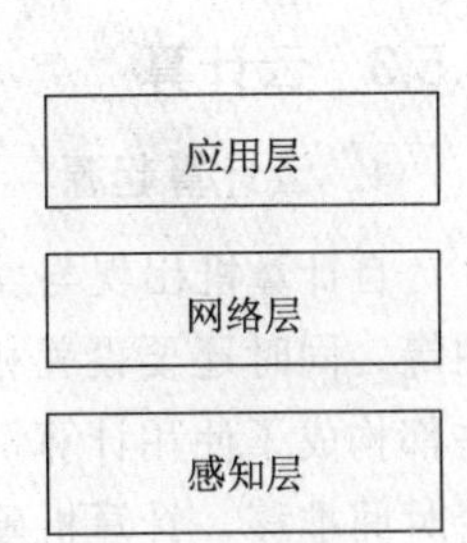

图 6-9　物联网三层结构

（1）感知层

物联网中的“物”是通过感知设备与互联网建立接口的。这种接口是将物中参数（包括物的标识符及所须处理的属性数据）与互联网建立连接。

在感知设备中，条形码与射频识别标记 RFID 可用于物的标识，而传感器则可用于捕捉物中的各类属性，如压力、压强、温度、声音、光照、位移、磁场、电压、电流及核辐射等。此外，GPS 用于获取对物的定位数据，摄像头用于对物的图像数据获取等。

感知层就是建立这种接口的层次。

（2）网络层

网络层即是互联网（也可以是局域网），它是整个物联网中的数据处理中心，包括数据传递、存储、分类、计算等。

（3）应用层

感知层与网络层建立了物联网的基本平台，在此平台上可以开发多种应用。应用的开发大多用计算机软件在互联网专用服务器中实现。

3．物联网的应用

物联网扩大了互联网的应用，很多在互联网上无法实现的应用在物联网中都能很容易地完成。

下面通过两个例子进行说明。

【例 6-1】高速公路自动收费 ETC。

在高速公路收费站 ETC 专用车道上，采用车载电子标签通过 ETC 车道天线之间的微波通信与互联网接口，然后在互联网中通过对电子标签的识别就可以在银行找到相应的账号并进行结算处理，从而实现了车辆 “不停车收费”的目标。

【例 6-2】老人健康安全监管。

在大型老年健康服务中心中居住有众多老年人，他们的健康安全必须实行 24 小时实时监管。为实现此目的，必须设置为老人服务的网络中心，即老人健康监管物联网系统。该系统是一个典型的物联网的应用，该应用是与物联网平台（感知层及网络层）紧密结合的。

感知层：在这个层次中，居住老人手腕必须佩戴一个健康手环，该手环有多个感知器，用于获取老人的标识、体温、心率、血压及位移等数据，通过无线方式与网络连接。而在网络的另一个终端中则是一台 PC，在它的屏幕上可实时显示老人的上述所有数据，值班医生在屏幕前可实时监控老人的健康状况。

网络层：这是一个服务中心的局域网，它可以随时将老人的各项健康指标数据传送到 PC 上。在局域网中还有一个专用服务器，它不断对健康指标进行综合处理与计算，当出现不正常或危险现象时，即会发出不同警示，并在屏幕上显示或发出警告信号（如鸣笛），同时还会显示该老人的住所位置、联络电话及健康履历等。此时，值班医生可即时采取行动，以保证老人能得到及时的救治。

6.5.3 云计算

1. 云计算起源

自计算机出现与发展后，各个单位为了应用需要都购买了计算机，包括硬件、软件及应用等；同时还要设置相应机构，如计算站、信息中心；此外还要配置人员与场地等。所有这些都构成了使用计算机的必要资源，缺一不可。但与此同时也会带来资源的浪费。特别是随着时间推移，计算机硬件、软件须不断升级、改版，应用须不断扩充，人员须不断培训，场地须不断调整，从而带来的是不断的资金投入与老资源的不断淘汰，同时也带来更多的浪费。更有甚者，单位是会变化的，单位的重组、合并与撤销是常有的事，这种改变更造成了计算机资源的严重浪费与损失。为此，人们就想到了计算机资源“租用”的问题，正如人们用水、用电一样，并不需要自挖水井与自购发电机，而只需通过自来水公司安装水管与供电局接入线路即能方便的用水、用电。这是一种新的模式，它可以极大地降低成本、使用方便。随着互联网的出现与发展，移动设备的兴起，这种“计算机租用”的梦想已有可能成为现实。这就是“云计算”出现的应用需求与技术基础。

2. 云计算基本概念

实际上，有关云计算（cloud computing）的思想在 20 世纪 60 年代就已出现。1961 年美国计算机科学家麦卡锡（John McCarthy）提出要像使用水和电资源那样使用计算机资源的思想。而真正出现云计算这种应用技术是始于 2006 年由 Google 公司提出，并搭建了自己的“云”，随后一些 IT 巨头如亚马逊、IBM 公司都构筑了各自的云，用户借浏览器通过互联网都可以使用云中资源和服务。

关于云计算的概念，我们认为它是由下面几部分所组成。

① 云：云是计算机网络的一种书面标志。一般在书面形式中都用云状符号表示计算机网络。在这里云表示网络中的一个计算机集群以及由它组成能提供硬件、软件、数据、应用等资源的集成体。通过云管理的统筹调度，可以为众多用户服务。云一般都与互联网相连，它是互联网的子网，用户可以通过浏览器访问云。云是云计算的平台，它为云计算提供基础性的支撑。

② 端：端又称云端，它是使用云的终端设备，包括固定（有线）设备，如 PC 等，也可以是移动（无线）设备，如平板计算机、智能手机等。用户一般都通过云端访问云。云端是云与用户间的接口。

③ 云计算：这里的计算指的是以云为平台所作的应用处理，它是以云中的计算为用户提供服务。

④ 服务：云计算是以服务形式出现。用户需要服务时向云（计算）提出服务请求，云（计算）提供相应服务并按服务收费。

目前有很多的云（计算），如 Google、微软、雅虎、百度、IBM 等。我国于 2016 年建成了世界上最大的云计算机“紫云 1000”，它将对中国计算机应用发展起到重大作用。

图 6-10 所示为云计算结构示意图。

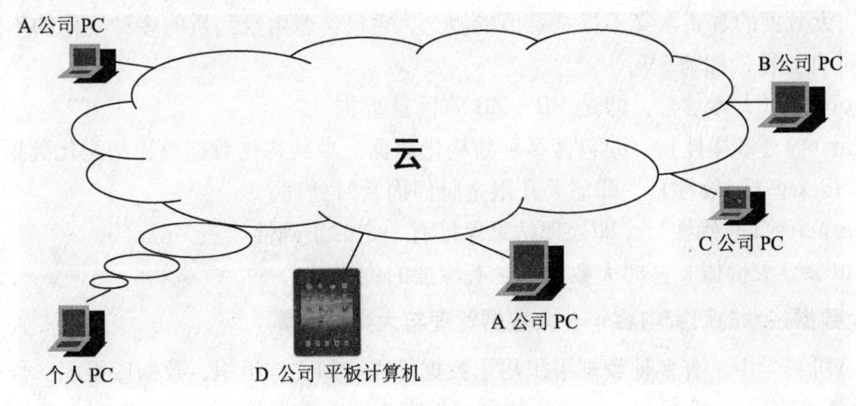

图 6-10 云计算结构示意图

3. 云计算服务

云计算以服务为其特色，它整合计算资源，以“即方式”（像水、电一样度量计费）提供服务。目前常用的有三种服务方式称“即服务”。

① 基础设施即服务（infrastructure as a service，IaaS）。IaaS 是指将硬件资源，包括服务器、存储机构、网络和计算能力等打包服务。目前代表性的产品有 Amazom EC2、IBM BlueCloud 等。

② 平台即服务（platform as a service，PaaS）。PaaS 即是将开发环境及计算环境等平台打包作为一种服务提供的应用模式。典型的代表产品是微软的 Windows Azure。

③ 软件即服务（software as a service，SaaS）。SaaS 是目前最为流行的一种服务方式，它将应用软件统一部署在提供商服务器上，通过互联网为用户提供应用软件服务。代表产品有阿里巴巴的阿里云，用于电商应用服务；苹果公司的 iCloud，用于私人专用服务。

上述三种云计算服务将用户使用观念从“购买产品”转变成“购买服务”。可以想象，在云计算时代用一个简单的终端通过浏览器即可获得每秒 10 万亿次计算能力的服务，这已经不是梦想而已经成为现实。

6.5.4 大数据技术

自 2012 年以来大数据技术在全球迅猛发展，整个世界掀起了大数据的高潮。在本节中主要介绍大数据的基本概念、大数据分析处理的结构以及大数据分析等内容。

1. 大数据的基本概念

自 1945 年计算机出现后即有数据出现。数据的量由小规模、中规模、大规模到超大规模。随着 20 世纪 90 年代后互联网的出现，移动互联网、物联网及云计算相继出现，它们拥有数亿到数十亿的用户，每天不断产生数以亿计的数据，因此数据量又经历了海量数据而到如今的大数据。

大数据实际上是一种“巨量数据”。那么，这种“巨量”量值的具体概念是什么呢？一般认为可以从这几年数据量的增长看出。如近年百度总数据量已超过1000 PB，中国移动一个省的通话记录数每月可达1 PB。而全球网络上数据已由2009年的0.8 ZB到2015的12 ZB。预计今后每年将以45%的速度增长。由此可以说，从量的角度看，大数据一般是PB～ZB的数据量。

但是，大数据的真正含义不仅是量值的概念，它包含着由量到质的多种变化的不同丰富内含。一般讲有五种，称为5V。

① Volume（大体量），即是PB～ZB的巨量数据。

② Variety（多样性），即包含多种结构化数据、半结构化数据及无结构化数据等形式。

③ Velocity（时效性），即需要在限定时间内及时处理。

④ Veracity（准确性），即处理结果保证有一定的正确性。

⑤ Value（大价值），即大数据包含有深度的价值。

2．大数据技术的研究内容——大数据管理与大数据计算

在计算机科学中，有多种数据组织用于数据管理，如文件组织、数据库组织、数据仓库组织及Web组织等，一般而言，不同的数据特性有不同的数据管理组织，而对大数据而言，也应有它自己的数据管理组织。这种数据管理组织是根据它的特性而确定的。

① 由于数据的大体量性，大数据是绝对无法存储于一台计算机中的，因此它必定是分布存储于网络中的数据，这就是大数据管理组织结构上的分布性。

② 由于数据的多样性，大数据必须具有多种的数据形式，这就是大数据管理组织结构上的复杂性。

③ 由于数据的大体量、准确性与时效性，在大数据处理时必须具有高计算能力，为达到此目的，必须采用并行式处理，这就是大数据管理组织并行性。

④ 由于数据的大价值，大数据的价值体现在一般数据所无法达到的水平。目前来说，它可应用于多个领域并发挥多种作用。其主要作用是数据分析与数据统计。

符合上述四种功能特性的大数据管理组织是非SQL型或扩充SQL型的，因此它一般采用NoSQL或NewSQL数据库。

大数据管理组织是为大数据计算服务的。大数据计算即是大数据应用，它在人工智能的机器学习、数据挖掘中，在大型网络知识库应用系统中以及大型数据统计中起着决定性作用。大数据计算建立在网络平台基础上，它还须要有一定计算模式支持，还包括多种软件工具的支持，还须有用户接口界面等。

在大数据技术中主要研究大数据管理与大数据计算中的技术性问题。

3．大数据结构体系的内容

基于上面的介绍，大数据是由一个统一结构体系所组成的，它包括下面四个方面：

① 有一个建立在互联网上的大数据基础平台。

② 有一个建立在基础平台上的大数据软件平台。

③ 建立在上面两个平台上的大数据计算，它即是大数据的应用。

④ 大数据应用的可视化用户接口。

4. 大数据层次结构

大数据的上述四个内容可以组成一个大数据层次结构示意图，如图6-11所示。

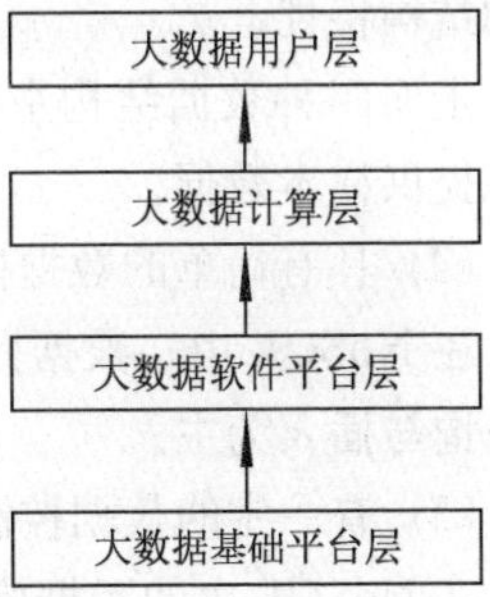

大数据用户层
↑
大数据计算层
↑
大数据软件平台层
↑
大数据基础平台层

图6-11 大数据层次结构示意图

大数据结构分四个层次，它们是：

(1) 大数据基础平台层

这是一种网络平台，主要提供数据分布式存储及数据并行计算的硬件设施及结构。其中硬件设施主要是互联网络中商用服务器集群，也可以是云计算中的IaaS或PaaS结构方式。

(2) 大数据软件平台层

大数据软件平台层主要提供大数据计算的基础性软件。目前最为流行的是Hadoop平台以及包含其中的分布式数据库HBase（NoSQL）等，分布式文件组织HDFS、数据并行计算模式Map Reduce以及基础数据处理工具库Common等。

(3) 大数据计算层

大数据计算层分为三类计算应用：

- 通过网络搜索、数据抽取、数据整合形成规范化、体系化的应用系统，提供高质量的知识库应用系统为客户提供规范的数据服务，如百度百科等。
- 通过大数据的统计计算为大型统计应用（而非传统数据统计）提供服务，如人口普查、固定资产普查等。
- 作为样本数据，为人工智能中的机器学习、数据挖掘计算提供服务。

(4) 大数据用户层

下面重点介绍大数据管理与大数据计算两部分内容。

5. 大数据管理系统——NoSQL

整个大数据的基础管理存储机构是大数据的数据库。它的基础标准则是NoSQL，因此我们对这个标准作介绍。

NoSQL是一种扩充关系式的、分布式结构的、有并行功能的大数据管理系统标准。NoSQL是Not Only SQL的缩写，其意义是“不仅仅是SQL”，即表示仅仅关系数据结构模式是不够的了。因此NoSQL并不是对关系数据库的否定，而是对关系数据库的补充与扩大。

NoSQL的功能特点是：

(1) 支持四种非关系的数据结构形式

① 键值结构：这是一种很简单的数据结构，它由两个数据项组成，其中一个项是键，而另一个则是值，当给出键后即能取得唯一的值。而值的结构具有高度的随意性。它可作为知识图谱中的基本结构及机器学习中样本数据结构。

② 大表格结构，又称面向列的结构。大表格结构是一种结构化数据，每个数据中各数据项都按列存储组成列簇，而其中每个列中都包含有时间戳属性，从而可组成版本。

③ 文档结构：它可以支持复杂结构定义并可转换成统一的结构化文档。对它还可按字段建立索引。

④ 图结构：这种结构中的“图“指的是数学图论中的图。图结构可用$G(V, E)$表示。其中V表示结点集，而E则表示边集。结点与边都可有若干属性。它们组成了一个抽象的图G。

这种结构适合于以图作为基本模型的结构中。在人工智能中，图结构具有知识表示中的知识图谱的结构特性。

上面四种数据结构主要为大数据技术及人工智能中的知识图谱应用以及机器学习模型的训练提供样本数据。

（2）具有简单的数据操纵能力

在 NoSQL 中，数据操纵能力简单，这是人工智能中原始数据的特有要求。这种数据一般以查询与插入为主。

（3）有一定的数据控制能力

在 NoSQL 中的数据控制能力可表现为：

① 并发控制：由于 NoSQL 的并行性，因此并发能力不强。

② 故障恢复能力：NoSQL 故障恢复能力强。

③ 安全性与完整性控制：NoSQL 具有一定的安全性与完整性控制能力。

（4）标准文本

NoSQL 是一种适应大数据管理及人工智能需求的数据管理组织的技术标准，相应的产品有很多，如 Google 的 Big Table、FreeBase，Facebook 的 Cassandra，Amazon 的 Dynamo，维基百科的 WikiData 以及 Apache 的 HBase 等。NoSQL 文本目前已成为大数据及人工智能中知识库的基本标准文本。

由于 NoSQL 存在着数据控制能力不强及数据操纵能力方面的不足，为改进此种功能而出现了 NewBase。NewBase 是一种新型的关系数据库系统，兼有大数据、人工智能中知识管理能力，它扩充了关系数据库的功能，使它在适应传统数据需要时也能适应大数据及知识管理。

6. 大数据计算

计算功能是大数据的主要目标功能。在计算中是建立在 Map Reduce 计算模式上的，它采用 Hadoop 数据组织中的数据以及 Hadoop 数据分析工具库中的程序，将两者结合，在网络平台上启动运行，这种运行是在网络多个节点上并行执行的，最后得到计算结果，通过人机接口传递给用户。

在大数据计算中传统的数据挖掘及机器学习算法都将失效，取代它们的将是各种高效的并行算法。因此，大数据计算并行算法是目前重要的研究方向与研究领域。

大数据计算的具体构筑由网络上的多个节点组成。其中每个节点由数据与程序两部分。数据是并行数据中的数据块，每个节点一块，程序则是大数据分析并行算法程序。在运行时每个节点同时执行相同的并行算法程序，分别对不同数据块作处理，并协同其他节点，最终完成计算处理。

（1）两种不同的计算

计算机计算中一般都需数据与程序，而传统的计算中所用到的数据的量均受到限制，这影响与约束了它的计算范围与领域。在大数据出现后，大量受数据限制的计算得到了进一步的解放，并得到了发展，从而出现了计算中的两种分类：

第一类是传统的受限数据计算，过去的所有计算机计算中（特别是 10 年前的计算）均属此类计算。

第二类是大数据计算，它突破了数据的限制，使过去很多由于数据量受限的计算获得了解放，得到了有效的解决。

传统数据与大数据的计算从表面上看仅是量的不同，但实际上数据的量值由“量变到质变”，而使其计算产生了质的变化。因此大数据计算与传统数据计算是两种不同质的计算。

一般而言，大数据计算是传统数据计算所不能替代的。大数据中蕴藏着深度的财富，通过它可获得多种结果与新的知识，这是一种信息财富。2013 年 Google 通过大数据发现了全球的流行病及其流行区域，而世卫组织在接到通报的五天后，通过人员调查才获得此消息。这种通过大数据所获得的结果是传统数据所无法得到的。

在当今社会中对财富的认识正在发生变化，它正在由仅是一种财富，即物质财富而成为两种财富，即物质财富与信息财富。这种新概念的形成正是大数据时代所带来的改变。

(2) 三种不同的应用

目前的大数据计算中主要有三个方面应用，即统计分析应用、智能分析应用与知识库应用。

① 统计分析应用。

统计分析在大数据出现以前已有大量的应用，因此它并非是大数据的专用。统计分析一般是通过抽样（即抽取少量样本）方法所实现的，其统计结果严重受制于所选取样本数据量的限制，而造成结果失真。而这种情况往往是数据量多少与结果正确度有紧密关联。因此在传统数据时代统计分析只能作为实际使用中的参考，而并不能作为实际使用中的真实依据，故其重要性及所受关注程度均不高。而在大数据时代，由于所选样本数据量可高速增加，有时可达到全选（而不是抽选）的程度，在此情况下的统计分析正确度与实际使用达到高度一致，从而可以正确反应客观世界的真实情况，同时也可预测未来的结果。

因此，传统数据时代统计分析与大数据时代统计分析有着本质上的不同，也有着本质上的不同效果。

② 智能分析应用。

智能分析应用主要应用于人工智能中的数据挖掘与机器学习中与归纳有关的应用。由于与归纳有关的应用中需要大量的数据，而数据的多少直接影响到归纳结果的正确性与可用性。如在 2016 年的围棋人机大战中正是由于 Alpha Go 中搜集了超过千万以上的棋谱与棋局作为基础数据从而使得学习算法获得了足够的知识而取得了胜利。此外，在人脸识别及语音识别中都只有在获得了足够多的数据后才得以提高识别效果获得理想的结果。

人工智能自 20 世纪 50 年代诞生至今已有 60 余年历史，在这漫长的时间中经历多次失败与磨难，终于迎来了春天，它的应用已席卷全球，世界正进入人工智能时代。总结其惨痛的教训与成功的经验不外是两句话：优质算法与巨量数据。就目前而言，优质算法的代表就是深度学习算法；巨量数据的代表就是大数据。因此，大数据＋深度学习算法已成为当今人工智能中最新技术的代表，而大数据的主要应用也正转向人工智能中的应用，即智能分析应用已成为大数据的主要应用方向。

③ 知识库应用。

在当今的网络世界中存在着巨量的数据，它们为用户提供了各种不同方面的知识，是历史上从未有过的巨大知识体系。有人说，目前所需的所有各种知识都可以在此中找到，但问题是这些数据在网络上的存在是混乱、无序的，在查找时如“大海捞针”，而要找到它是“难于上青天”，科学、有序地重组数据，方便、有效地查找数据是大数据的又一个应用。这就是大数据中的第三种应用。

6.6 互 联 网+

“互联网＋”是以互联网技术及互联网应用技术为支撑的一种应用。由于这种应用涉及面广、范围大，是一种对行业进行整体性改造的应用，因此称为“互联网＋”。由于它对国民经济发展的重要性，因此已被写入 2015 年“政府工作报告”，并作为目前改造传统经济与发展新型经济的重要战略内容。

在本节中介绍“互联网＋”中的一些重要概念以及介绍 6 个领域中“互联网＋”的应用。

6.6.1 “互联网＋”中的几个重要概念

在“互联网＋”中有一些重要的概念，下面分别介绍。

1. 互联网性质

为介绍“互联网＋”首先需介绍互联网的特性。“互联网＋”是将互联网特性应用于各行业与领域的一种方法。

互联网具有如下特性：

（1）数据性

互联网是一个存储数据、传递数据、处理加工数据、收集数据及展示数据的场所，因此数据性是互联网的首要特征。任何应用均只有数据化后才能使用互联网。

（2）工具性

建设互联网不是我们的目的，互联网是为应用服务的工具。世界上不存在任何无目标的网络，所有网络都是作为工具为特定应用服务的。

（3）广泛性

世界上众多应用都能数据化，因此都能使用互联网，其范围之广、领域之宽前所未有。

（4）快捷性

由于互联网中数据收集快、传递快、处理加工快以及展示快，因此快捷性成为互联网又一明显的特性。

（5）全球性

互联网跨越全球、连通全球，可以实现全球数据大流通、大融合与大集成。

2.“互联网＋”

“互联网＋”是互联网的一种应用，严格地说，是一种采用互联网及互联网应用新技术方法的应用。它利用互联网的特性，对一些应用行业与领域作整体性改造，使它们具有更高效率、更多功能、更方便的使用。“互联网＋”在改造应用过程中以工具形式出现，通过将应用的数据化以实现与网络的结合，从而将应用的处理转换成为网络上的数据操作。

“互联网＋”是互联网与实体经济的结合，互联网是作为生产要素出现在实体经济中的，它将实体经济中的一切行为数字化，通过数据驱动，将实体经济中的一切工作流程转化为数据流，通过这种数据流有效地将体力劳动与脑力劳动融合于一起。它作为先进生产力的一个部分，对发展国民经济起到了重要作用。

所要注意的是，在将互联网与产业相结合时必然会同时引起生产模式与生产方式的改变，这是一种必然的现象。当然，有关生产模式与生产方式的讨论将会与互联网应用紧密相连。

3. 从 IT 到 DT

人类历史的产业革命经历了三个发展阶段，它们是 18 世纪以瓦特改进蒸汽机为代表的第一次产业革命，它解放了人类的体力劳动；接着是 20 世纪以计算机为代表的第二次产业革命，它解放了人类的脑力劳动；而 21 世纪互联网的出现与发展则引起了又一次新的产业革命，称为第三次产业革命。第二次产业革命是以信息技术 IT（information tecnology）为核心的，而第三次产业革命则是以互联网所引发的数据技术 DT（data tecnology）为核心的。其特点是将脑力劳动与体力劳动通过数据相结合，同时它还超越了人类脑力劳动，使很多人类脑力所无法完成的工作能成为现实。

从技术上看，从 IT 到 DT 是一种新的技术革命，其典型代表则是“互联网＋”。

目前具代表性的有如下 12 个。

① 互联网＋商业。
② 互联网＋制造业。
③ 互联网＋金融业。
④ 互联网＋物流业。
⑤ 互联网＋医疗事业。
⑥ 互联网＋教育事业。
⑦ 互联网＋农业。
⑧ 互联网＋旅游业。
⑨ 互联网＋文化产业。
⑩ 互联网＋国家政务。
⑪ 互联网＋交通运输。
⑫ 互联网＋电信业。

下面一节将对其中六个“互联网＋”作介绍。

6.6.2 “互联网＋”中的六个应用

1. 互联网＋商业

互联网＋商业的典型代表是电子商务。而其典型的活动模式是 O2O（online to online）方式，即通常所说的线上方式或在线方式。

传统的商业活动都是在线下（offline）进行的。对商家而言，它们需要租用费用昂贵的门面与布置豪华的店堂，聘用专业销售人员，还需要派出大量人员采购商品，这是一种既费大量脑力劳动又有大量体力劳动，同时又费大量钱财的工作。对买家而言，他们需要花费大量时间与精力，四处奔波，选购合适、满意的商品。经常是“跑断腿，磨破嘴”，既费脑力劳动又费体力劳动，同时又费大量钱财，而最终所买到的往往是并不十分满意的商品。

而在电子商务中，所有一切商务活动（包括买家与卖家）都在线上进行。所谓“线上”，意指进货、上架、销售、发货等全部活动数据化，并在互联网上以数据驱动方式通过商品的数据流实现全程不下线方式，将其中所有体力劳动与脑力劳动串联融合于一体，从而实现了互联网＋商业的目标。

在这种方式中商家的一切商务活动都在网上操作，它所需要的仅是一个简单的办公室，几台计算机与少量办公人员即可，再通过网上支付并通过互联网＋物流实现商品直接从发货点到收货点的“点对点流通”。对买家而言，只要打开网络在网上浏览就能买到价廉物美的货物。

电子商务近年来在我国飞跃发展。2015 年仅“双 11”一天，阿里巴巴麾下的淘宝与天猫的营业额就达到 507 亿元。

2．互联网+制造业

制造业是国家工业的基础，在制造业中所生产的是产品。生产出高速度、高质量、低价格的产品是制造业企业的主要任务。传统制造业中的管理与生产既有脑力劳动又有体力劳动，从原料采购、入库到加工成半成品，再组装为成品中有若干节点，它们都可以数字化为数据，并在互联网上以数据驱动方式通过生产的数据流实现全程网络操作，将其中所有体力劳动与脑力劳动串联融合于一体，从而实现互联网 + 制造业的目标。

还可以进一步扩充，将生产制造的前端与后端通过互联网全程贯穿于一起，即将客户柔性化需求、合同与订单开始，到制造生产，再到后期产品、销售与客户紧密连接在一起，组成一个更为全面与完整的制造流程。这种流程的典型代表是德国的工业 4.0。

对我国而言，由于我国具有 8 亿多网民且电子商务与物流发达，因此可以对互联网 + 制造业向后端发展，实现互联网 + 制造业 + 商业 + 物流业，从而可以做到原材料—成品—产品—商品—客户手中的物品。

3．互联网+金融业

在金融业中互联网的应用是发展得较早与较为成熟的一个领域。如网上银行、手机银行、网上结算、网络转账、众筹等金融业务都是在网上操作的。虽然如此，但由于该行业内的应用实在是太多与太复杂了，因此至今仍有很多业务有待开发。

从本质上讲，金融业的主要任务是实现资金的方便、迅速与合理的流通，为国民经济发展服务。其具体工作是资金的借与贷。首先，从储户中通过存款方式吸收资金；其次，是通过贷款方式将资金借贷给贷方，这样就实现了资金的流动。在期限到达后则实行资金的反向流动。这种不断、反复的资金正、反向流动，实现了盘活资金，促进经济发展的目的。图 6-12 所示为金融业中资金流通示意图。

从图 6-12 中可以看出，金融业的核心工作是资金流通。资金可数字化为数据，资金流通可通过网络中数据传递实现。在流通过程中可通过数据的计算而实现资金的处理。这样就实现了互联网 + 金融业的目标。

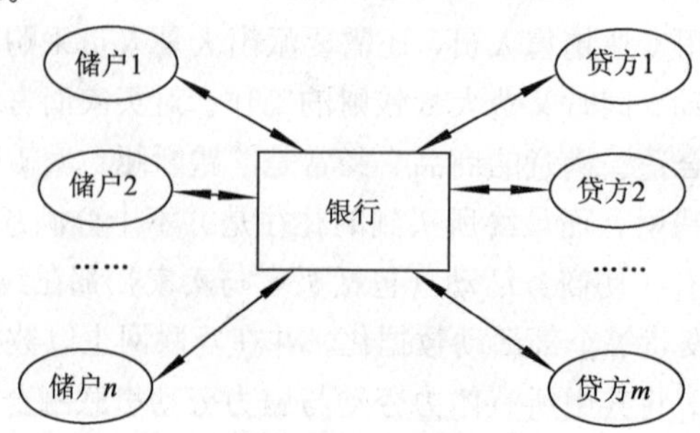

图 6-12　金融业中资金流通示意图

由于金融业务很多，除了上面所述的主要资金流通方式外，还有其他多种流通形式，例如：

（1）行内资金流通

行内资金流通是指一个银行内部支行、分行等分支机构间的资金流通。这种流通与图 6–12 所示的类似，所不同的是流通节点对象不同而已。

（2）行际资金流通

在我国行际资金流通不是采用点对点直接方式实现的，而是通过中国人民银行作为结算中心而间接方式实现的。图 6–13 所示为行际间通过中国人民银行作间接资金流通的示意图。

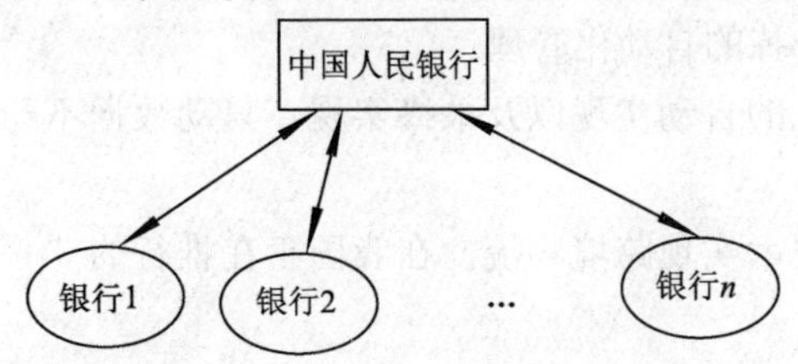

图 6–13　行际间接资金流通示意图

（3）电子商务中的资金流通

电子商务中的资金流通是金融行业中的新问题，第三方支付平台的出现彻底解决了电子商务中的资金流通中支付瓶颈。图 6–14 所示为电子商务中的资金流通示意图。

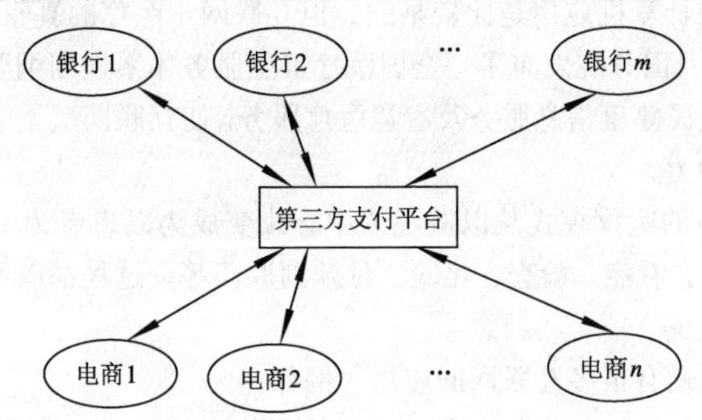

图 6–14　电子商务中的资金流通示意图

图 6–13 与图 6–14 所示的资金流通模型与方式与图 6–12 不同，但它们在“互联网＋”中都有相同的实现手段。

4．互联网＋物流业

物流业是现代社会的重要实体经济，用互联网对它进行改造与更新具有重大的价值。物流业是一个传统产业，经济的发展促进了物流业的发展，特别是以快递业为代表的物流。从 2006 年到 2014 年，我国快递业务以每年平均 37%速度增长，近年来随着电商的发展带动了物流，出现了电商物流。电商物流使物流业呈井喷式发展。2011 年年增长为 50%，2013 年年增长为 62%，此后，电商物流高铁专列的开通标志着物流与现代交通运输业结合的开始，到 2014 年年增长超过 70%。2014 年起我国快递业务量达 140 亿件，已超过美国成为快递业第一大国。快递从业人员从 2005 年的 16.6 万人到 2015 年的 10 年里增加到 120 万人，增长近 8 倍。

互联网在物流中的应用是多方面的。从原则上讲，在物流中，每个流通的物体都可数字化为数据，在它的流通过程中，不断产生数据，从物流收货、发货、送货、到货、分拣到用户签收为止，都有详细的流程记录。因此，通过数据将物流全过程中的体力、脑力、运输、末端递送结合于一起，这些都可用互联网中操作实现。

目前国内最著名的物流系统是顺丰速运 2005 年所开发的 SPS 系统，目前已是 5 代 HHT（手持移动终端）系统了，它具有能采集、上传物流数据外，还能支持机打发票及 POS 支付以及实时查询物流动态等功能。

互联网＋物流的后续研发工作尚很多，例如：

① 开发智能手机中的有关物流 App，打通企业物流管理与移动终端间的信息通路。

② 物流仓储与快递分拣的自动化管理。

③ 物流流通路径优化的自动实现以及最终实现“只动数据不动物体”或“多动数据少动物体”的目标。

④ 充分利用互联网技术实现跨境物流。在我国正在推行的“一带一路”建设中将会起到重要作用。

⑤ 物流业是一个综合性的产业，只有组合电子商务、金融、交通运输等多个行业，以互联网为纽带将它们组织成一体，才能构成一个互联网＋物流业＋电子商务＋金融业＋交通运输的综合系统。

5. 互联网＋医疗事业

在医疗行业中开展计算机应用是比较早的，但互联网＋医疗的真正全面铺开则是从 2015 年开始的。2015 年 3 月国务院发布了“全国医疗卫生服务体系规划纲要”。纲要要求，通过互联网等新技术推动全民健康信息服务及智慧医疗服务。使互联网赋予医疗行业的力量成为中国医疗体制改革的推动力。

在互联网＋医疗中的医疗模式从以医院为中心改变成为以患者为中心。在整个医疗过程中，患者从导医、挂号、看症、检查、化验、付款到取药等全过程都以网络数据为依托，通过网上数据流通与处理实现。

此外，在医疗行业还有很多互联网的应用。例如：

① 通过智能手机实现个人移动终端与求医流程的直接连通，实现“移动智能医院”的目标。

② 建立统一的电子病历库、病人健康档案库以及药品库等重要数据库，在此基础上作大数据分析，可为病人及相关卫生部门领导提供更多服务。

③ 远程会诊与远程医疗的实施。

④ 在互联网＋医疗中还需要与互联网＋金融相结合，实现用支付宝自动支付费用。同时还需用互联网＋电子商务相结合，实现药品、医疗器械采购的电子化。因此，互联网＋医疗＋电子商务＋金融是医疗领域发展的重要方向。

6. 互联网＋教育事业

教育的本质是传播知识，而互联网的职能是传播数据，知识是可以数字化为数据，因此互联网应用与教育有着天然的内在关联。在互联网发展的今日，它在教育中已得到广泛的应用。目前传统教育的组织是以学校为单位，以学生班级为传授知识的基本形式。这种传授知识的模式已不适应教育事业的发展，而互联网数据传播的广泛性与全球化可以有效地使用教学优质资源，因此，改变当前教育模式已成为当务之急。

当前新模式的特点是将“以学生为产品转化成为以课程为产品”，使教师所教授的课程以“班级”为单位解放成为“公开”开放性课程。以这种新模式为基础的教学方式这几年来已如雨后春笋般在互联网平台中出现，如美国的奇点大学、网易公开课及慕课网等。在我国以慕课网最为流行。

慕课网（mass open online courses，MOOC）即大规模公开在线课程。它能够让教师所教授的课程有更多的学生学习。慕课的目标是：“任何人、任何时间、任何地点、学到任何知识”。目前慕课有三大巨头，它们是 edX、Coursera 与 Udacity。在我国也出现了不少慕课平台，如清华大学的“学堂在线”，它的合作伙伴包括北京大学、南京大学及浙江大学等。

小结

本章介绍计算机网络上的软件，称为网络软件，同时介绍网络应用新技术及“互联网 +”。

1. 网络软件的内容

- 分布式结构。
- 网络软件中的系统软件。
- 网络软件中的支撑软件。
- 网络软件中的应用软件。

2. 分布式结构

- C/S 结构。
- B/S 结构。
- P2P 结构。

3. 网络软件中的系统软件

- 网络操作系统——能在网上运行的操作系统，能按协议作进程通信。
- 基于网络环境的数据库管理系统——能在网上运行的数据库管理系统。常用的有调用层接口方式与 Web 方式等两种。
- 网络程序设计语言——能在网上运行的语言，具有按协议进行数据通信的功能以及跨平台运行功能。
- Web 软件开发工具——用于作 Web 应用开发的软件。

4. 网络软件中的支撑软件

- 工具软件。
- 接口软件。
- 中间件——Java EE 与.NET。

5. 网络应用软件

网络应用软件是目前计算机软件的主角，主要介绍：

（1）网络通信：

- 异步通信——E-mail、博客等。

- 同步通信——IP 电话、QQ 等。
- 同步通信的发展——智能手机与微信的出现将计算机与通信工具融合于一起。

（2）Web 应用：

- Web 组成。
- 网页制作。
- 网页浏览。
- Web 检索。
- 网站。

6. 网络软件的层次结构

计算机网络与互联网，网络系统软件，网络支撑软件以及软件应用软件。

7. 互联网应用新技术

- 移动互联网。
- 物联网。
- 云计算。
- 大数据技术。

8. 互联网+

"互联网 +" 是互联网的应用。常用有 12 种，本章重点介绍了 6 种。

- 互联网 + 商业。
- 互联网 + 制造业。
- 互联网 + 金融业。
- 互联网 + 物流业。
- 互联网 + 医疗事业。
- 互联网 + 教育事业。

习题

一、选择题

1. B/S 结构方式一般用于（　　）中。
   A. 局域网　　B. 互联网　　C. 广域网
2. HTML 是一种（　　）。
   A. 网络支撑软件　　B. 网络应用软件　　C. 网络系统软件
3. Java EE 是一种（　　）。
   A. 中间件产品　　B. 支撑软件产品　　C. 中间件标准
4. Java 是一种（　　）。
   A. 基本网络程序设计语言　　B. 真正网络程序设计语言　　C. 非网络程序设计语言
5. .NET 是一种在（　　）上的中间件。
   A. UNIX　　B. Windows　　C. Java
6. 在天猫上购物是一种（　　）应用。

A. 互联网 + 物流　　B. 互联网 + 教育　　C. 互联网 + 商业

7. 像水、电一样使用计算机资源的技术是（　　）。

A. 云计算　　B. 大数据　　C. 物联网

二、名词解释

1. 解释 Web 应用中的下列名词。

（1）网页；　　（2）网站；

（3）超文本；　　（4）超链接；

（5）浏览器；　　（6）URL。

2. 解释互联网应用中的下列名词。

（1）云计算；　　（2）大数据；　　（3）物联网；

（4）移动互联网；　　（5）互联网 +；　　（6）数据技术。

三、简答题

1. 什么叫网络软件？
2. 简述网络软件中的三种分布式结构。
3. 简述网络软件的层次结构。
4. 网络软件中的系统软件包括哪些内容？
5. 简述网络操作系统的特性。
6. 网络软件中的支撑软件包括哪些内容？
7. 什么叫中间件？目前常用的中间件有哪几种？
8. 网络通信目前有哪些？
9. 什么叫 Web 应用？
10. 简述 Web 浏览内容。
11. 简述 Web 检索内容。
12. 什么叫网站？请给出它的分类。
13. 百度网站是什么性质的网站？请给出它的功能。
14. 什么叫互联网 + 商业？
15. 什么叫互联网 + 制造业？
16. 什么叫互联网 + 物流业？
17. 什么叫互联网 + 金融业？
18. 什么叫互联网 + 医疗？
19. 什么叫互联网 + 教育？

四、思考题

1. 网络软件与传统软件有什么本质上的区别？
2. 在网络软件中中间件是一种必要的软件吗？
3. 请阐明网络软件与网络协议的关系，并举若干实例说明。
4. 为什么目前计算机应用以网络软件为主角？请思考并说明理由。
5. 为什么说 DT 是第三次产业革命的核心技术？请思考并说明理由。

【实验】（下面实验的详细操作步骤可参照本书的配套教材）

- 实验十：浏览器的使用
- 实验十一：慕课网的操作。
- 实验十二：网上购物操作。
- 实验十三：二维码的应用。

第7章 信息安全技术

本章导读

现代计算机技术的发展以及计算机网络技术的发展，在带来巨大的社会进步与经济发展的同时，也带来了一些重大困难与隐患，其中最主要的即是信息安全问题。本章主要介绍计算机及计算机网络的信息安全技术，包括信息安全体系、信息安全标准以及相应技术。此外，本章还介绍信息安全的实验。

内容要点：

- 信息安全均衡性原则。
- 信息安全的八种技术。

学习目标：

对信息安全基本内容有所了解，对信息安全在计算机系统中的地位与作用有所认识。具体包括：

- 信息安全的基本概念。
- 信息安全的地位与作用。
- 信息安全的主要技术。

通过本章学习，学生对信息安全的基本内容有所了解，会使用部分信息安全软件。

7.1 信息安全概述

信息安全是指保护在计算机或计算机网络中的数据不受破坏及非法访问。具体地说，数据只能被具有合法身份的用户用合法手段所获取或更改，任何非法用户或通过非法手段取得数据、更改数据从而造成数据破坏的行为都是不允许的。

1．信息安全问题的原因

随着计算机网络的出现和网上信息资源的高度共享，出现了众多安全漏洞，产生了诸多安全弊端，从而使计算机信息安全障碍成为网络的最大敌人。近年来，互联网的迅速发展使得信息安全问题更为突出，其原因也更为复杂。

（1）外界环境影响

自然界或人为的事故所造成的破坏，如天灾、战争、电力故障及人为破坏等。

（2）计算机或计算机网络自身所造成的危险

计算机及计算机网络中的硬件、软件所引发的信息安全障碍。

（3）操作失误所造成的危险

用户或系统管理员操作不当所引发的失误，从而造成信息安全的危险。

（4）人为的恶意攻击

现代的信息安全威胁最大的隐患来自人为的恶意攻击，这种攻击是以破坏信息为目的的。其手段有计算机病毒、特洛伊木马、非授权访问、授权滥用、隐通道、匿名注册、请求拒绝等多种手段。

2．防止信息安全问题的手段

分析上述四个方面原因可以发现，为防止信息安全问题的产生，可以采用的手段有两种。

（1）加强管理

制定管理与操作的规章制度，并严格遵守执行是保证信息安全的重要手段。此外，管理还包括信息安全教育以及法律等手段。上面四个危险因素中的前两个的预防均以加强管理为主要手段，而后两个也以加强管理为其手段之一。

（2）技术措施

除加强管理以外，采取必要的技术措施是加强信息安全的另一个必要手段。在上述四个危险因素中，计算机及计算机网络自身安全以及人为恶意攻击的预防均以采取技术措施为主要手段，而其他两个因素也可用技术手段加以预防。

本章主要介绍采用技术手段保证信息安全的方法，称为信息安全技术。

7.2　信息安全的均衡性原则

信息安全注重结构性与层次性，同时注重完全性与整体性。“千里长堤毁于蚁穴”，一个坚固安全的系统，哪怕只要有一小处疏忽都会造成不可设想的后果。因此，一个系统要非常注重其安全的均衡性，即系统的安全要体现在系统各个层次及各方面并采用多种技术，考虑到多种不同的需求等。这好比一只气球，只要有哪怕像针孔大小的漏洞，即会产生破裂，因此，这种均衡性原则又称气球原理。同样，由长短一致的木板所箍成的木桶可以盛满水，而当木板长短不一时所箍成的木桶，其所能盛水的高度，只能以最短木板为准，这就是木桶原理或称短板效应。而信息安全的均衡性原则告诉我们，一个系统的安全性取决于其最薄弱的那个部位，因此又称木桶原理。

信息的均衡性原则的主要思想是追求整体、全局的安全，而不是部分、局部的安全，其主要内容包括如下几方面：

① 在一个系统中从纵向划分各层次的信息安全应具相同的重要性。

② 在一个系统中从横向划分各个部分的信息安全应具相同的重要性。

③ 从技术措施看，信息安全应包含多种不同技术手段。

④ 从需求看，信息安全应具不同档次的安全需求。

下面我们对这四部分分别作介绍。

7.2.1 信息安全的 4 个层次

对一个系统而言，从纵向角度看可以将信息安全分为四个层次。

1. 实体安全

实体安全指的是系统中单个实体（包括计算机、路由器及交换器等）中的数据安全。实体安全是系统中信息安全的基础，它是信息安全层次中的第一层。

2. 网络安全

网络安全是指数据在网络中传输的安全以及数据进/出网络的安全。这是建立在实体安全基础上的一种信息安全，它是信息安全层次中的第二层次。

3. 应用安全

应用安全是指建立在网络上的应用系统中的数据安全。这是一种系统性的安全，这种系统是指在网络上特定的、具体的系统，它是信息安全中的第三层。

4. 管理安全

管理安全主要是指整个系统全局性的数据安全，它包括各实体、整个网络以及建立在它们之上的所有应用系统的整体数据安全。管理安全虽名为“管理”，但所采用的均为技术性手段。管理安全是信息安全中的第四层，也是整个层次中的最上层。

上述四个层次可用图 7-1 表示。

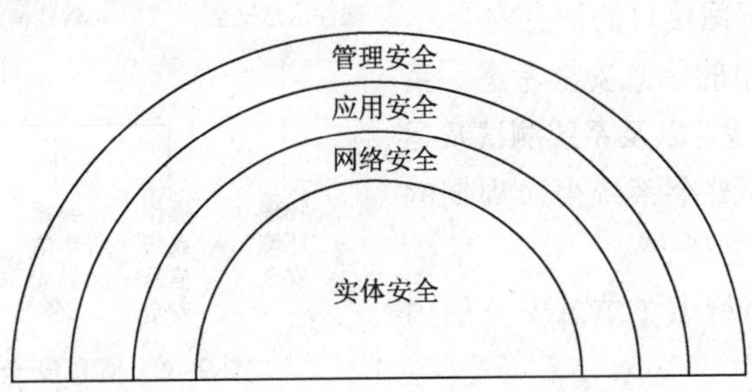

图 7-1 信息安全的四个层次结构图

信息安全的均衡性原则告诉我们，这四个层次在信息安全中具有同等的重要性。

7.2.2 信息安全的六部分内容

对一个系统而言，从横向角度可以将信息安全分为六部分内容。

1. 物理环境安全

物理环境安全包括系统中的所有硬件部分的信息安全，如计算机硬件、网络中各种设备，以及支撑硬件工作的辅助设备（如电源设备、数据复制设备）等。这些硬件设备的安全是保证系统中信息安全的基础，在这些设备中以磁盘设备为最重要，因为它是存储数据的主要载体。

2. 操作系统的信息安全

操作系统直接管理硬件设备、监督程序运行以及控制数据流动，因此操作系统的信息安全具有关键性作用，特别是建立在磁盘之上的文件，更是操作系统信息安全所重点保护的对象。对文件的保护主要包括两个方面：其一是文件存储的安全保护；其二是文件存取的安全保护。

3．数据库系统的信息安全

数据库系统是建立在文件之上的一种数据组织，须对数据库系统内的数据安全作保护；同时还要对数据存取的安全作保护。

4．数据传递的信息安全

数据传递包括局域网、广域网以及互联网中数据的传递，还包括计算机内部数据传递以及网络内外间数据传递和系统内外间数据传递等各种数据传递方式中的信息安全。

5．应用软件的信息安全

应用软件的信息安全包括该软件中的程序和数据间的数据存取信息安全以及相应数据的存储安全，还包括应用作为整体的信息安全等。

6．系统的信息安全

上述的五部分大致可以分为硬件、软件两大类，其中物理环境安全属硬件的信息安全，而其余四部分则属于软件的信息安全，但是除此之外，还须从系统整体角度，跨越系统软硬件与系统内外以及跨越系统生命周期的信息安全，它包括：

① 软硬件接口间的信息安全。

② 系统内部与外部间接口的信息安全。

③ 系统分析设计中的信息安全考虑。系统开发中的信息安全考虑，以及系统测试及运行中的信息安全考虑等整个系统生命周期的信息安全均属考虑范畴之列。

上面六部分从横向给出了信息安全的内容，如图 7-2 所示。

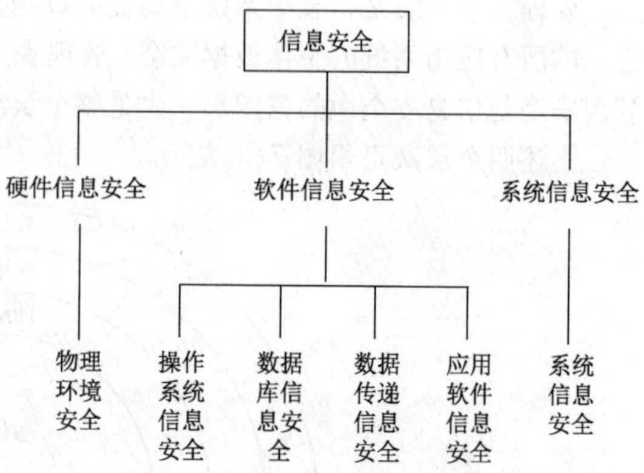

图 7-2　信息安全的六部分示意图

信息安全的均衡性原则告诉我们，这六部分在信息安全中具有同等的重要性。

7.2.3　信息安全的技术手段

信息安全的技术手段很多，具体包括：

① 数据加密：改变数据表示形式，未经授权的用户无法获得数据的真实内容。

② 身份鉴别：对数据访问者的身份的真伪能做出鉴别。

③ 数据完整性：保护数据不被非法修改。

④ 防止抵赖：接收方须发送方确认信息是他所发，而并非冒名发送；发送方也须接收方不否认已收到信息。

⑤ 访问控制技术：用户访问数据的权限制约技术。

⑥ 审计：记录用户操作并监督操作。

⑦ 非法入侵检测：及时检测及发现非法入侵者。

⑧ 防火墙技术：防止外部网络对内部网络非法访问的技术。

⑨ 虚拟专用网络技术：在公用网中建立安全专用网的技术。

⑩ 防治病毒：网络中防止病毒产生，并在产生后清除病毒。

信息安全均衡性原则告诉我们，在信息安全中应包括多种技术手段的采用。

7.2.4 信息安全标准

信息安全是有标准的，信息安全标准规范了信息安全的概念与行为准则。目前信息安全的国际标准最为流行的是美国国防部所颁布的“可信计算机安全评价标准”(Trusted Computer System Evaluation Criteria，TCSEC)，该标准根据用户对系统安全的要求分为四类七级，它们分别是 A、B、C、D 等四类，其中：

- D 类共包括一级：D 级。
- C 类共包括二级：C1 级与 C2 级。
- B 类共包括三级：B1 级、B2 级与 B3 级。
- A 类共包括一级：A 级。

这七个等级对信息安全要求依次增加，分别为：D、C1、C2、B1、B2、B3、A。

下面我们介绍 TCSEC 标准的七级信息安全要求。

(1) D 级标准

D 级标准是最低级别标准级，它表示对系统无任何信息安全的要求。

(2) C1 级标准

C1 级标准的主要特征是：身份鉴别以及自主访问控制，此外还有数据加密的要求，以及数据完整性要求。

(3) C2 级标准

C2 级标准具有 C1 级的所有安全特征，同时增加了审计功能与抗抵赖功能，此外还有网络防病毒以及设备故障恢复要求。

C 类安全级别一般反映了对计算机个体的安全性要求。

(4) B1 级标准

B1 级标准具有 C2 级的所有安全特征，同时增加了强制访问控制功能与网络监督控制功能。

(5) B2 级标准

B2 级标准具有 B1 级的所有安全特征，同时在网络中用户与数据体间有可核查的通道（称为可信路径），不允许出现非法隐蔽的通道。

(6) B3 级标准

B3 级标准具有 B2 级的所有安全特征，同时增加了保障安全的独立的访问监督控制器，用于自主监控网络中的所有访问。

B 类安全级别一般反映了对计算机组成网络后的安全要求。

(7) A 级标准

A 级标准：具有 B3 的所有安全特征，同时增加了安全的形式化要求。

A 类安全级别反映了对系统全局整体的安全性要求，此类安全性要求反映了人类对信息安全最终的美好愿望，从目前技术水平看尚无法实现。

信息安全的均衡性原则告诉我们，信息安全的四类七级标准具有同等的重要性。

我国也颁布有信息安全标准，它是对 TCSEC 标准的一种简化与改进。我国的信息安全标准共分五级，它们是：

① 一级标准：相当于 TESEC 的 C1 级；又称用户自主保护级。

② 二级标准：相当于 TESEC 的 C2 级；又称系统审计保护级。

③ 三级标准：相当于 TESEC 的 B1 级；又称安全标记保护级。

④ 四级标准：相当于 TESEC 的 B2 级；又称结构化保护级。

⑤ 五级标准：相当于 TESEC 的 B3 级；又称访问验证保护级。

考虑到 A 类与 D 类安全性要求的现实情况，因此我国的标准仅选用了 TCSEC 中的 B 与 C 两类就不难理解了。

*7.3 信息安全的技术措施

前面已经简单介绍了多种信息安全技术措施，下面我们对常用的几种技术措施作一些详细的介绍。

7.3.1 身份鉴别

用户访问数据应具有合法性，而检测合法性的第一道关口即是核对进入系统的用户身份，这就是身份鉴别。身份鉴别由两部分组成，它们是身份标识和身份鉴别。

① 身份标识。每个使用系统的用户必须有一个能为系统所识别的标志，它可以是人为设置的口令，这是目前常用的一种方法。此外，常用的还有通行证方式，如 IC 卡、磁卡等。利用人类生理特征的身份标识方法也正逐步使用，如指纹识别、瞳孔识别、手写签名及语音识别等，它们具有较高的安全性能，而这种标识方法一般需要用相应的设备实现。

② 身份鉴别。应用身份标识，通过身份鉴别手段以识别进入系统的用户是否为合法用户，称为身份鉴别。身份鉴别一般用软件方法实现，有时可用专门设备实现，如用指纹识别设备以实现指纹识别等。

身份鉴别可用于应用安全、管理安全层次中，还可以应用于操作系统、数据库系统及应用软件等多方面的安全技术手段中。

7.3.2 访问控制技术

身份鉴别是信息安全的首道防线，在通过这道防线后表示用户具有合法访问的权利。访问权利是有多种的，如查询权（读）、修改权（改）、书写权（写）以及执行权等，合法的用户并不是对所有访问权利都具有的，因此需要用一定的技术对权利作限制，这就是访问控制技术。它是对合法用户权利的一种限制的技术。

目前，常用的访问控制方法有两种：一种是自主访问控制，另一种是强制访问控制。

1. 自主访问控制

自主访问控制（discretionary access control，DAC）是一种基于存取矩阵模型的访问控制技术。该模型有三种元素，它们是用户、数据体及操作，其中用户是允许访问的合法用户，数据体包括文件及数据库中的数据表等，而操作则有读、写、改等多种，这三种元素可以构成一个矩阵（称为存取矩阵）。在该矩阵中，矩阵行表示用户，矩阵列表示数据体，而矩阵中的元素是允许的操作。在此模型中指定用户（行）与数据体（列）后，矩阵中即可得到允许执行的操作。

表 7-1 所示为一个存取矩阵模型，在该模型中如果有用户 A 访问数据体 Y 便可得到允许访问的操作为读与写操作。

表 7-1　一个存取矩阵模型

数据体 / 用户	数据体 X	数据体 Y	数据体 Z
用户 A	读	读/写	改
用户 B	读	读	写/改
用户 C	读/写	写/改	读/写

用存取矩阵模型的方法可以有效地控制用户访问数据的权限，这种方法一般用软件实现。

2. 强制访问控制

强制访问控制（mandatory access control，MAC）是另一种访问控制技术，它的访问控制力度明显大于自主访问控制。它采取了一定程度的强制方式并细化访问控制权限，从而排除了自主访问中的人为主观意愿及访问粒度过大的矩阵。它一般适用于计算机网络，特别是互联网中的访问权限控制。

访问控制技术可应用于纵向的实体、网络安全中，也可应用于横向的操作系统、数据库系统及应用软件等多个方面的信息安全技术手段中。

7.3.3　完整性技术

系统内的数据存在语义关联性。例如，职工的职务数据与其工资数据是相关联的，一般而言，职务高低与工资多少是相对应的。又如，产品的价格与其销售方式有关，一般而言，批发价格必低于零售价格。因此，系统内数据由于其间的关联而构成一个整体、逻辑上的完整性，它们中任一个数据的变动都会影响到其他的数据，“牵一发而动全身”，这就是数据“完整性”。由于完整性是数据间的一种约束，因此又称完整性约束（integrity constraint）或完整性控制(integrity control)。

系统的完整性可以用一组逻辑表达式表示，系统内的数据都应满足这种表达式。

完整性技术可以保护系统内数据不受破坏，即防止非法删除、修改等更改数据的操作，因为一旦发生这种非法的更改时，数据就不满足完整性的逻辑表达式，此时就会发出相应的警告，并提示用户进行处理。

目前，完整性技术一般由软件实现。

完整性技术一般用于纵向的实体安全及网络安全中，还可以应用于横向的操作系统、数据库系统及数据传递等多个方面的信息安全技术手段中。

7.3.4　审计技术

在信息安全中采取有效手段对用户访问数据体作严格检查，如身份鉴别及访问控制等，但这些都是被动性的防止行为，因此尚须有主动检查的手段，即记录用户访问系统内数据，跟踪访问轨迹，这就是审计（audit)。审计记录一般是受严格保护的，它不接受任何的修改性操作，不接受严格的非法授权的查阅。

在审计过程中会产生大量的审计数据，它可以为系统管理员提供分析安全隐患的数据基础，并在发生安全事故时为处理与分析事故提供基本的数据支撑。

审计技术具有多层性与多重性，它可以应用于纵向的实体安全、网络安全及应用安全中，还可以应用于横向的操作系统、数据库系统、应用软件及数据传递等多方面的信息安全技术手段中。

审计技术目前一般用软件实现。

7.3.5 入侵检测技术

另一种全面有效的主动发现非法访问的手段称为入侵检测（intrusion detection）。所谓“入侵”即是非法的访问者，如黑客等，这些入侵者或假冒合法身份或强行闯入或瞒天过海，但不管如何，他们的非法行径都会露出马脚。要从所有访问者中找出非法入侵者的有效办法是记录他们的一切活动，从中找出蛛丝马迹，并最终找出这些入侵者，这就是入侵检测的主要思想。

入侵检测的方法是在系统的若干关键点上监听和收集数据并对其进行分析，从中发现系统中是否出现有违规现象和被攻击的行为。常用的检测方法很多，如特征检测、异常检测、状态检测以及协议分析等。

7.3.6 数据加密技术

数据加密是对数据中的符号改变其排列方式或按某种规律进行替换，加密后的数据只有合法的接收者能读懂它的内容，而其他人员即使获得数据也无法知道数据的内容。

在数据加密中原始的数据称为明文（plaintext），加密后的数据称为密文（ciphertext），而明文与密文间互相转换的算法则称为密码（cipher），将明文转换成密文的过程称为加密，将密文转换成明文的过程称为解密。在密码中有一个或多个关键性的变量称为密钥（key），密钥在数据加密中起着重要作用。密钥一般有两种，当发送方与接收方双方的密钥相同时称为对称密钥加密方法或称为私有密钥。而当发送与接收双方的密钥不相同时则称为非对称密钥加密方法或称为公共密钥。

下面我们介绍这两种数据加密方法。

1. 对称密钥加密方法

对称密钥加密方法是发送与接收数据的双方使用相同的密钥，发送方用密钥 K 对明文加密后作数据传送，而接收方在收到密文后用相同的密钥 K 解密，从而得到明文。下面举例说明。

【例 7-1】设有一常规的英文字母排列如下：

abcdefghijklmnopqrstuvwxyz

我们可以用一种方法改变其排列次序，即循环的顺序右移两位，此后即成为：

cdefgijklmnopqrstuvwxyzab

这是一种循环移位算法，是对称密钥加密方法中常用的密码，它的密钥是移位数 k，此处 $k=2$。在有了密码和密钥后即可实施数据加密，其过程如下：

① 发送方对明文加密。

如有数据：“she is my girlfriend”，经加密后所得到的密文为：“ujg ku oa sktnitkgpf”。

② 对密文作传输，接收方接到密文。

③ 接收方如未获得密钥，则所收到的仍为密文，这是一段无法理解的文字，如接收方获

取密钥，此时他只要将英文字母序列左移两位后，即可解密或成为正确的明文。

此种加密方法目前使用较为普遍，常用的有美国的 DES 加密标准。

但是，这种加密方法存在着明显的不足之处：

① 这种加密方法容易被破解，因此它仅适用于对安全性要求并不严格的系统。

② 这种加密方法存在着密钥管理与分发的问题。我们知道，发送者为使接收者正确接收到数据，他必须将密钥告之接收方。密钥是可以经常变化的，而接收方也是可以改变的，这样就存在着复杂的密钥的管理与分发问题。同时密钥在分发过程中也存在着安全问题。

基于这两种安全隐患，对称密钥加密方法并不是理想的方法。因此，近年来非对称密钥加密方法开始流行，下面介绍这种方法。

2. 公共密钥加密方法

公共密钥加密方法是一种不同于对称密钥的加密方法，在这种方法中每个用户有两个密钥：一个是私有密钥（简称私钥），它是保密的，只有用户本人知道；另一个是公共密钥（简称公钥），它并不保密，可以让其他用户知道。该方法的加密算法是用数学中的数论理论所设计的一种方法，在该算法中用公钥加密的数据只有用相应的私钥才能解密。同样，用私钥加密的数据只有用相应的公钥才能解密。该算法的基本方法是：

① 选择两个较大的素数 p 与 q。

② 由 p 与 q 可以得到 $n=p\times q$，$z=(p-1)\times(q-1)$。

③ 找出一个 e，满足下面条件：

- $e<z$；
- e 与 z 互素（即设有公因子）。

④ 找出一个 d，满足下面条件：

$e\times d-1/z$ 为整数。

⑤ 此时即可得到：

公钥=(n,e)；

私钥=(n,d)。

⑥ 对字母表中第 M 个字母加密的标准为 $C=M^e(\mathrm{mod}\ n)$，C 即为加密后的字母表中的顺序位置，而解密的算法相应即为：$M=C^d(\mathrm{mod}\ n)$。

下面我们用一个例子说明公共密钥加密方法的使用。

【例 7-2】按上面介绍的流程，计算出用户的一个公钥与私钥后用它们对数据加密与解密如下：

① 选择 $p=5$，$q=7$。

② 由计算得到 $n=35$，$z=24$。

③ 找到一个 $e=5$，因为 $e<z$ 且 e 与 z 互素。

④ 找到一个 $d=29$，因为 $e\times d-1=144$ 且 $144/z=6$ 为整数。

⑤ 此时可得到公钥为：(35,5)，私钥为：(35,29)。

⑥ 设有被加密的是第 12 个字母 L，则它的密文 C 是：

$$C=12^5(\mathrm{mod}\ 35)=1\ 524\ 832(\mathrm{mod}\ 35)=17$$

亦即 L 的密文为：Q

反之，被解密的明文为：

$$M=12^{29}(\text{mod } 35)=481\ 968\ 572\ 106\ 750\ 915\ 091\ 411\ 825\ 223\ 071\ 696(\text{mod } 35)=12$$

公共密钥加密方法与对称密钥加密方法有明显不同，发送方只要使用接收方公开的密钥加密数据，那么就只有接收方能解读该数据，从而达到安全目的。

公共密钥加密方法目前常用的称为 RSA 密码，它经常使用于保密要求高的系统中。

公共密钥加密方法有两个明显的优点：

① 破解难度大，因此安全性能高。

欲由公钥(n,e)破解而获得私钥(n,d)是极为困难的，因为这需要首先获得 p 与 q，而 p 与 q 的获得必须从 n 分解而得，这就是大质因子分解问题。这在数论中是一个困难的问题。

② 密钥管理与分发简单。

由于此方法中公钥是公开的，因此管理与分发均很方便，而私钥是私有的，因此不需管理与分发。

这两个优点弥补了对称密钥加密方法中的缺点。由于它的安全性能更高，因此适合于加密关键的核心机密数据。但是它也有不足，主要是它的计算复杂，加/解密过程均需用较多的时间。

目前，将两种方法混合使用是一种合理的选择方案。即在一组数据中将其分为核心部分与非核心部分，前者采用公共密钥加密方法，后者采用对称密钥加密方法。

数据加密方法既可用软件也可用硬件方法实现，但目前为加速加/解密速度，硬件方法实现一般采用加密卡的方法，早前也有采用加密机的方法。

数据加密方法主要用于数据传输中，特别是网络数据的传递。同时，它还可以用于文件数据及数据库数据的存储中。

数据加密技术一般应用于纵向实体安全与网络安全以及横向的操作系统、数据库系统及数据传递等多个方面的信息安全技术手段中。

7.3.7 防火墙技术

防火墙（firewall）是一种信息安全的设施，它在网络中起着重要的作用。防火墙主要在内部网与外部之间的界面上构造一种保护屏障，以保护内部网络不受外部网络中的非法用户的入侵。在防火墙中可以决定哪些内部服务可以被外界哪些用户所访问以及外部哪些服务可以被内部哪些用户所访问。图 7-3 所示为防火墙示意图。

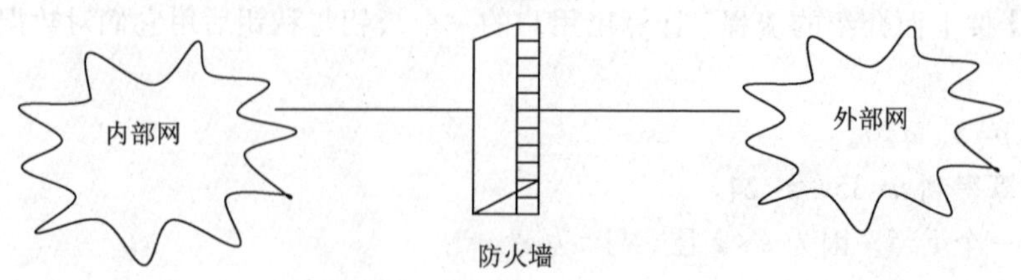

图 7-3　防火墙示意图

从总体看，防火墙主要有五个功能，它们是：

- 过滤进/出内部网络的数据。

- 管理进/出内部网络的访问行为。
- 封堵某些禁止的行为。
- 记录通过防火墙的数据内容和活动。
- 对网络攻击进行检测和报警。

由此可见，防火墙的作用是多方面的，它可以起到全面保护内部网的作用。

防火墙技术一般用于纵向的高层次信息安全中，如应用安全及管理安全中，它还可以应用于横向的系统信息安全等多个方面的信息安全技术手段中。

7.3.8 虚拟专用网技术

在网络发达的今天，很多单位、公司拥有众多地域上分布广泛的分支机构，它们需要构建属于自己的内部网络，但由于物理的分散，因而构建专用网络又有困难，因此都将目标关注于对公用网（如互联网、广域网等）的利用，而这些如互联网之类的公用网络由于用户众多，结构复杂，很难在安全上能为专用网络提供专属的安全服务，因此需要有专门的技术以建立在公共网上的一种专用虚拟网，并保证在此虚拟网上的安全，这种技术就称为虚拟专用网（virtual private network，VPN）技术。

VPN 是建立在公用网络上的一个临时、安全的连接，即是公用网络上的一条安全隧道。之所以称“虚拟”，是因为整个虚拟网上的任何两节点间的连接并没有传统专网建设所需的点到点的物理链路，而是架设在电信运营商所提供的网络平台上的一种临时、安全的通路。由于“虚拟专用网”技术的采用，用户实际上并不存在一个独立专用的网络，用户实际上并不需要建设或租用专线，也不需装备专用的设备，但是且可以得到网络的所有功能与可信的安全连接。

与传统网络相比，VPN 可以有如下功能：

- 数据加密保护。
- 身份鉴别。
- 提供访问控制权限。
- 对网络的管理和控制。

VPN 对虚拟网的安全功能是全面的，它起到了专用网的全面的安全保护作用。

VPN 一般用软件实现。目前，国内如中国电信及中国移动等都提供此方面服务。

VPN 一般应用于纵向高层次信息安全中，如应用层、管理层，它也可以应用于横向的系统信息安全及数据信息安全等多个方面的信息安全技术手段中。

7.4 计算机病毒防治

计算机信息安全中的一个重要问题是近年来出现的计算机病毒问题。由于它的特殊性，我们特专列一节进行介绍。

计算机病毒实际上是寄生于计算机内部的一段程序，它与正常程序在形式上完全一样，但内容与目标则有本质的不同。正常程序是有益于用户或系统的程序，能为用户及系统带来实质性的方便；病毒（程序）则是以蓄意破坏为目标，它可以破坏计算机内的正常程序与数据，造成用户受损，系统受损，严重的可以使系统崩溃。

计算机病毒是一些人恶意编制的程序，它可以寄生于计算机系统内，通过自我复制来传播，它可以在一定条件下被激活，从而造成对计算机系统的破坏。

由于计算机软件自身的脆弱性以及互联网的开放性，特别是互联网的快速发展，使病毒有了更有利发展的环境，它随着网络的发展快速传播而影响到了全世界，给全球的计算机带来了一次又一次灾害。计算机病毒将长期对计算机系统产生影响，因此必须对它作必要的防治，以削弱及减轻对计算机系统的危害。

计算机病毒的防治手段是多种的，主要包括如下几方面。

1．安装、使用专门的杀毒软件

防治病毒的最常用方法是使用杀毒软件，它能检测与消除内存、主板及BIOS和硬盘中的病毒。目前常用的杀毒软件很多，如360安全卫士、瑞星杀毒软件等。

2．预防病毒

除采取主动方法使用杀毒软件外，另一项重要的工作是病毒的预防。预防的方法很多，日常使用的有：

- 不使用来历不明的数据与程序。
- 不轻易打开来历不明的电子邮件。
- 确保系统安装盘及重要数据处于“写”保护状态。
- 经常对系统中的关键数据作备份。
- 插入光盘、U盘及活动硬盘前必须对它们做消毒处理。

3．加强管理

除在技术上采取措施外，还须对计算机及网络的使用采取严格的管理措施以防止病毒进入系统。这是目前病毒防治中所忽视的一个环节，必须加强。

4．加强教育

从根本上来说，病毒是人为产生的，只有从整个社会着眼，加强人们对社会的责任心，消除病毒产生的根源，特别是加强青少年的教育，才是消除病毒最根本的办法。

小结

信息安全是指保护计算机或计算机网络中的数据不受破坏及非法访问。

1．信息安全威胁的来源

- 外界环境影响。
- 计算机网络自身产生。
- 操作失误产生。
- 外界人为攻击。

2．信息安全威胁的预防措施

- 管理。
- 技术。

3．信息安全均衡性原则

- 纵向层次的安全性。

- 横向部分的安全性。
- 不同需求的安全性。
- 多种技术手段。

4. 纵向层次

- 实体安全。
- 网络安全。
- 应用安全。
- 管理安全。

5. 横向部分

- 物理环境安全。
- 操作系统安全。
- 数据库系统安全。
- 数据传递安全。
- 应用软件安全。
- 系统安全。

6. 不同需求的安全——信息安全标准

两种标准:

- TCSEC 标准——四类七级。
- 我国标准——五类标准。

7. 八种技术

- 身份鉴别。
- 访问控制。
- 完整性控制。
- 数据加密。
- 审计。
- 入侵检测。
- 防火墙。
- 虚拟专用网。

习题

一、选择题

1. 审计功能属 TCSEC 中的（　　）标准。
   A. C1 级　　B. D 级　　C. C2 级
2. 强制访问控制适合于（　　）的安全。
   A. 单机上　　B. 计算机网络上　　C. 计算机应用上
3. 加密后的数据称为（　　）。
   A. 密文　　B. 密码　　C. 明文

4. 信息安全主要是指（　　）。
A. 网络安全　　B. 操作系统安全　　C. 多层次方面的安全

二、简答题

1. 什么叫信息安全？
2. 信息安全的威胁来自何处？
3. 解释信息安全的均衡性原则。
4. 信息安全的四个纵向层次是什么？
5. 信息安全的六个横向部分是什么？
6. 比较 TCSEC 标准与我国标准的异同。
7. 比较两种访问控制技术的异同。
8. 说明数据加密技术中的对称密钥与不对称密钥的基本原理。
9. 防火墙技术主要起什么作用？
10. 什么是计算机病毒？如何防治？

三、思考题

信息安全对计算机系统极其重要，请思考之，并说明其理由。

【实验】（下面实验的详细操作步骤可参照本书的配套教材）

- 实验十四：网络安全软件的使用。

第三篇

开发计算机——计算机应用系统

在第二篇中我们已经介绍了计算机系统的组成情况。在一个计算机系统中有一个基本的稳定部分，包括计算机硬件（包括计算机网络）与计算机的系统软件及支撑软件（包括相应网络中的软件），它们可称为计算机的开发平台（platform）；而另一个部分则是以软件为主的计算机应用部分，它是计算机系统中的可变化部分，此部分可以根据不同的开发需求和开发环境，最终，开发出一个符合要求并适应环境的软件，这种软件就是应用软件。

开发平台与应用软件构成了计算机应用系统。计算机应用系统是计算机之所以具有强大生命力的基础。它可以对不同领域、不同需求、不同环境开发出满足要求的系统。这些系统如电子政务、电子商务、企业自动流水线控制系统、人机博弈系统、情报检索系统等，它们能取代或协助相关领域的工作，减轻人的脑力劳动，同时还能积累大量数据资料，创造信息财富。这就是计算机应用系统所带来的好处。

计算机应用系统是整个计算机系统内容的集成，它们各自发挥作用又相互支持，在应用系统中融会贯通构成一个应用实体。

计算机应用系统是需要开发的，其开发的主要部分是应用软件，开发应用软件的指导性技术与理论基础是“软件工程”。因此，在本篇中首先需要介绍软件工程的思想与方法。

其次，计算机应用系统是一个完整的结构，它由计算机中的各个部分有机组成。因此，接下来就介绍计算机应用系统及其组成，同时介绍若干典型的应用系统。

最后，介绍计算机应用系统的开发，它是软件工程中软件开发的一个扩充，同时介绍一个应用开发的实例。

下图所示为本篇所包含的三部分内容。在本篇中共分三章，分别是第 8 章软件工程，介绍应用软件的开发；第 9 章计算机应用系统介绍，包含了计算机应用系统组成、结构、分类及典型系统介绍；第 10 章计算机应用系统开发，介绍计算机应用系统开发步骤，并用一例说明开发过程。

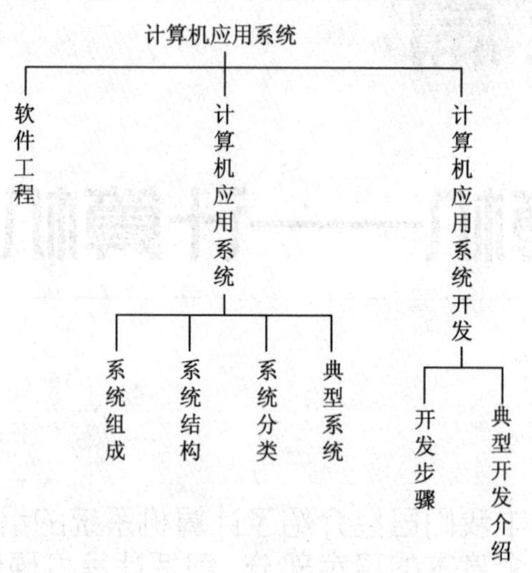

第8章 软件工程

本章导读

本章重点介绍如何开发应用软件。开发软件的方法很多，但从目前看，常用的、行之有效的方法是用工程化方程开发软件，称为软件工程（software engineering）。本章即是介绍用工程化方法开发软件的思想、方法、过程以及步骤等内容。

内容要点：

- 软件工程概念。
- 结构化分析方法与设计方法。

学习目标：

能掌握计算机应用软件的基本开发技术。具体包括：

- 软件开发工程化方法的六个内容。
- 软件开发流程。

通过本章学习，学生能掌握软件开发的基本方法并能进行简单的软件开发设计。

8.1 软件工程概述

8.1.1 软件危机与软件工程

随着计算机的发展，计算机软件在经历了20世纪50年代到60年代的发展后，其规模越来越大、复杂度越来越高，但人们对软件的认识还停留在50年代原始、简单的认识阶段。那时，人们将软件的制作当成一个无拘无束自由发挥才能的场所，而软件产品则被认为是一种天才的结晶，是用代码写成的艺术品。直到60年代中期，IBM公司所开发的360/OS操作系统出现灾难性后果后，人们才惊奇地发现，原来软件并不像人们所想象的那样是可以任意塑造的产品，必须对软件有一个重新的认识。事情的由来是这样的，IBM公司自1963年到1966年共花费三年时间5 000人年工作量，写了近100万行代码，编写成了当时规模最大、也最复杂的软件产品——360/OS。但遗憾的是，此系统一经问世即存在不少编码上的错误，在其版本V1.0中即有近1 000个代码错误，在几经修改后，每次的修正版本中在改正了原有的近1 000个错误的同时又产生了另外1 000个左右的新错误。这种永远改之不去的错误，使人们大为恐慌。该项目的负责人F.D.Brooks当时就惊恐万状地说：“我们正像一只逃亡的野兽陷入泥坑中做垂死的挣扎，越是挣扎陷得越深，最后无法逃脱灭顶之灾。”

IBM 360/OS的教训使当时的人们认为，软件开发已陷入危机之中，这就产生了所谓的“软件危机”说。为解决此问题，人们开始对软件开发进行反思，并做了大量的研究，最后得出了如下的一些基本认识：

① 软件产品不是个人自由发挥的艺术品，软件产品是一个结构严密的逻辑产品。

② 软件开发是有规律的，必须遵循开发规律才能开发出合格的产品。

③ 软件开发有多种方法，而工程化开发方法是一种行之有效的方法。

基于这种认识的基础，出现了软件工程这门学科，它为摆脱软件危机提供了正确的方法。

8.1.2 软件工程的基本概念

软件工程一词出现于1968年北大西洋公约组织NATO的一次会议上，人们试图将工程科学中行之有效的开发方法（如建筑工程、水利工程以及机械工程等）应用到软件开发领域中，并结合软件开发实际加以改造所形成的一整套开发的思想、方法及体系。总而言之，软件工程即是用工程化方法开发软件。

什么是工程化方法呢？工程化方法提供了“如何做”的技术，按照此种做法必定能产生合格的产品，否则，则有可能会产生不合格的产品。

工程化方法包括如下六个内容：

① 软件开发方法：它给出了在软件开发中工程化的思想与方法原则。

② 软件开发过程：它给出了在软件开发中工程化的开发步骤。

③ 软件开发工具：它给出了工程化软件开发中的必要辅助工具，以利于开发的有效进行。

④ 软件开发的文档与标准：它给出了软件开发中所使用的各种标准、规范以及相应文档。

⑤ 软件开发的项目管理：软件开发是需要管理的，它是管理科学在软件开发中的一种应用。只有科学、有效地管理，才能生产出合格的软件产品。

⑥ 软件质量保证：它给出了保证软件产品质量的办法。

软件工程化的目标有三个，它们是：

① 能生产出符合质量要求的软件产品。

② 能提高软件开发效率。

③ 能降低软件开发的成本。

在本章中我们将分两部分介绍软件工程。首先对软件工程作一般性介绍，其次，重点介绍以结构化方法及瀑布模型为代表的软件开发过程。

8.2 软件工程介绍

在本节中我们将对软件工程化方法的六个内容作介绍。

8.2.1 软件开发方法

软件开发方法是软件工程的核心内容，它给出了软件开发中的方法、思想与原则。不同的方法可产生出不同的开发过程与开发工具。因此，在软件工程中必须首先讨论软件的开发方法。

目前，软件的开发方法很多，但常用的有三种，它们是结构化开发方法、面向对象开发方法以及近期出现的以面向对象方法为基础的 UML 开发方法。

从发展的历史看，最先出现的是结构化方法，它来源于 20 世纪 60 年代的结构化程序设计，于 70 年代形成了结构化的开发方法。这种方法改变了原先软件开发中的无序状态，它用模块结构方式组织软件，将整个软件组织成一种以模块为单位的结构体系，因此称为结构化方法。这种方法流行于 70 年代至 80 年代。以后出现的是面向对象方法，此方法能真实地反映客观世界的实际需求，因此，它流行于 90 年代。在以后的过程中对此种方法进行了不断地改造而形成了一种规范化的、统一表示的且具可视化形式的语言 UML 为工具的开发方法，称为 UML 方法。在 21 世纪初又出现了一种简便的开发方法，称为敏捷开发方法。下面介绍这四种方法。

1. 结构化开发方法

结构化开发方法即是在开发中有组织、有规律地规范软件的结构，使整个软件建立在一个可控制和可理解的基础上。具体来说，结构化开发方法基本原则有以下几个：

(1) 自顶向下的分析方法

将一个复杂的、有待开发的问题从上到下逐层分解成为若干简单的、小规模的个体问题，从而将复杂问题简单化。

(2) 模块化方法

分解结果的基本单位按规范要求组织成模块，以模块为单位进行软件开发。

(3) 由底向上的综合方法

将开发完成的模块由底向上进行组装，最后组建成一个完整的软件系统。

结构化方法的优点是将一个软件按一定的规划构造成一个逻辑实体，以便于开发与理解。但它也存在一些不足，主要是反映客观世界能力较差以及在系统结构中程序与数据的分离。

2. 面向对象开发方法

面向对象方法是 20 世纪 80 年代兴起的。它源于 70 年代的面向对象程序设计，这种方法是能较好地反映客观世界需求，并能通过有效步骤用计算机加以实现。它的主要思想是：

① 从客观世界的事物出发构建软件，这种事物称为对象，它是整个软件系统的最基本的单位。

② 对象有两种特性：一种是静态特性，称为属性，它反映了对象的性质；另一种是对象的动态特性，称为行为（或称方法、操作），它表示了对象的动作。

③ 对象的两种特性一起构成一个独立的实体，并赋予一个特定的标志，它即是对象的唯一名称。对象的这种实体对外屏蔽其内部细节称为封装。

④ 对象的分类：将具相同属性及行为的对象归并成类。类是这些对象的统一、抽象描述体。类中对象称为实例。

⑤ 类与类之间存在着关系，其中最紧密的关系是继承关系，它表示了一般与特殊的关系。

⑥ 类与类之间存在着另一种关系，称为组成关系，它表示了类间的全体与部分关系。

⑦ 类与类之间存在着第三种关系，这是一种松散的通信联络关系，称为消息。

⑧ 以类为单位，通过继承结构关系及组成结构关系（以及“消息”连接），可以构成一个面向对象的结构图。此种图可称为类层次结构图。

按照这种方法开发软件是这样进行的：

① 对象是程序与数据的结合体。其中，属性反映了对象的数据部分，行为则反映了对象的程序部分。它们紧密结合组成一个封装的实体。

② 类是具有相同结构数据与相同程序的软件结合体，在软件开发中往往以类为单位进行开发。

③ 类间存在着继承与组成关系，它表示了类这种软件实体间都存在着数据与程序的共享与重用的关系，从而使整个软件具有简约与优化的能力。

④ 类间的消息反映了类这种软件间的数据传递能力。消息一般用程序表示。

⑤ 类层次结构图反映了一个软件系统的整体结构。

在面向对象方法的基础上，目前已发展出多种开发方法，如 Coad-Yourdon 方法、Booch 方法以及 Jacobson 方法等。目前常用的是 Coad-Yourdon 方法。

3．UML 开发方法

UML 开发方法是在面向对象方法的基础上发展而成的。

面向对象方法在实际应用中也存在着一些不足，如缺少统一表示方法、缺少工具支持等，因此经过相关专家不懈努力，建立了一种用于软件开发的专用语言，称为统一建模语言(unified modeling language，UML)，使用该语言可以有效地进行软件系统的开发。

UML 提供了概念上和表示上统一的标准方法，它统一了内部接口与外部交流，可以较好地表示面向对象中静态特性和动态行为；它既能表示系统的抽象逻辑表示，又能表示需求功能的特性与物理结构特征。UML 的这种统一性与标准性可以为开发软件提供方便。目前已有多种 UML 工具可供使用，其中最著名的是 Rational Rose。

UML 开发方法是目前开发效果较好的一种方法。它特别适合于大型的、复杂系统的开发，它的明显优点是：

① 表示统一、使用简单。

② 能适用于软件开发中的所有阶段。

③ 它统一了软件开发过程中的各个阶段的表示，做到了阶段间的无缝接口。它也统一了外部表示，以便于与外部的交流。

④ 提供了一个统一的工具，可以提高开发效率。

但是，UML 语言复杂，掌握与使用困难，同时它比较适合于某些特定需要的开发，这是它的不足之处。

上述三种方法均各有其优点与缺点，在实际使用可以根据实际需求情况灵活掌握使用。

4．敏捷开发方法

软件工程的开发方法发展至今半个多世纪，为软件的开发和发展立下不朽功绩。这些开发方法都是针对 60 年前的无规则的开发而设置的，强调的是有序、有规则的，它着重于如下特点：

① 软件开发的计划性与正规性。

② 软件开发的专业化分工。

③ 软件开发的文档化。

这些特点将软件开发引入了正规化的道路，但是经过了数十年的实践后发现，过度的正规化与规范化对开发带来了很多副作用与反作用。

① 在强调了开发的计划性与正规性同时忽略了开发的灵活性与可变性。

② 在强调了开发的专业化分工的同时忽略了开发中团队的合作精神。

③ 在强调了开发中文档重要性的同时忽略了向用户提供可工作软件的重要性。

基于这种认识，在传统软件工程开发方法的基础上出现了一种新的开发方法，称为敏捷开发方法。这是对传统方法某些“过分性”的否定。敏捷开发方法出现于 21 世纪初，在 2001 年 2 月由欧洲 IT 各著名的软件工程专家联合宣布的一种新的开发方法。敏捷开发方法的基本观点是：

① 在开发中开发团队合作与交流是至关重要的，它胜过有效的开发工具与开发过程。

② 软件开发目标是向用户提供可以工作的软件，而并不是向用户提交一大堆“分析透彻”的文档。

③ 开发者与客户间的密切合作是开发软件成功的关键。

④ 客户的需求是不断变化的，一个好的开发方法应该能够响应这些变化，而不是拒绝或害怕这些变化。软件开发计划需要有足够的灵活性，并能适应需求的改变。

根据这些基本观点，敏捷开发方法的基本原则是：

① 不断向用户交付可以工作的软件，间隔时间越短越好。

② 要欢迎用户的需求变化。

③ 开发人员与业务人员（即用户）在项目开发的整个过程中必须一起工作。

④ 开发过程中最有效的沟通方式是面对面的交谈。

⑤ 可以工作的软件是度量进度的主要标准。

⑥ 追求卓越的技术和优良的设计。

⑦ 最好的架构、需求和设计来自于团队的内部。

总体来说，敏捷开发方法是一种灵活、动态可变、简便的开发方法，它是对传统开发方法的一种补充与拓展。

8.2.2　软件开发过程

在软件工程中软件开发过程称为软件的生存周期（life cycle)，它一般可分为软件生存周期阶段及软件生存周期模型等两部分。

1. 软件生存周期阶段

软件生存周期可分为六个阶段，它们是：

(1) 计划制订

软件的开发首先需要有一个明确的边界和目标，给出它们的功能、性能的要求，同时要对系统可行性作论证，并制订开发进程、人员安排以及经费筹措等实施计划，最后需写出开发计划书，报上级单位审批。

此阶段是软件开发的初期，其主要工作由开发主管单位负责，参加者有相关管理人员与技术人员，而以管理人员为主。

(2) 需求分析

此阶段的工作是在上阶段所提出的开发计划基础上做出需求调查，并进行分析，通过相关的软件开发方法做出分析模型，最后写出需求分析说明书。

此阶段工作由软件开发人员（系统分析员）负责完成。

（3）软件设计

此阶段的工作是在需求分析基础上，将分析模型转换成系统结构模型，为编码提供基础。最后，写出软件设计说明书。

此阶段工作由软件开发人员（系统分析员）负责完成。

（4）编码

此阶段的工作是将软件设计的系统结构模型转换成计算机所能接受的程序代码。它一般用计算机语言编写，其最终提交形式是源代码清单。

此阶段工作由程序员负责完成。

（5）测试

测试是为了保证编写代码的正确性。测试内容包括单元测试、组装测试以及最终的确认测试。测试需编写测试文档，按测试文档进行测试，

此阶段工作由软件开发人员（测试人员）负责完成。

（6）运行与维护

经过测试的软件即能投入运行。在运行过程中尚须不断地对软件进行更改、调整，这就是运行与维护。运行与维护需及时记录运行状况及维护内容。

运行与维护由系统管理人员及系统维护人员共同负责。

2. 软件生存周期模型

软件生存周期给出了软件开发过程的全部阶段，但是，这些阶段如何组织、衔接与构作尚有若干种方式，它们称为生存周期模型。目前常用的有五种模型。

（1）瀑布模型

瀑布模型（water falling model）是目前最为常用的一种模型，此模型的构造特点是各阶段按顺序自上而下呈线性表示，它们互相衔接、逐级下落，像瀑布一样，因此称瀑布模型。

瀑布模型反映了正常状态下软件开发过程的规律，即由计划制订开始，顺序按需求分析、软件设计、编码、测试，最后到运行与维护结束。其中每个阶段都是以前个阶段为前提，它们严格按照从上到下的顺序进行，其次序不允许逆转。这是瀑布模型的最大特点。图 8-1 所示为瀑布模型示意图。

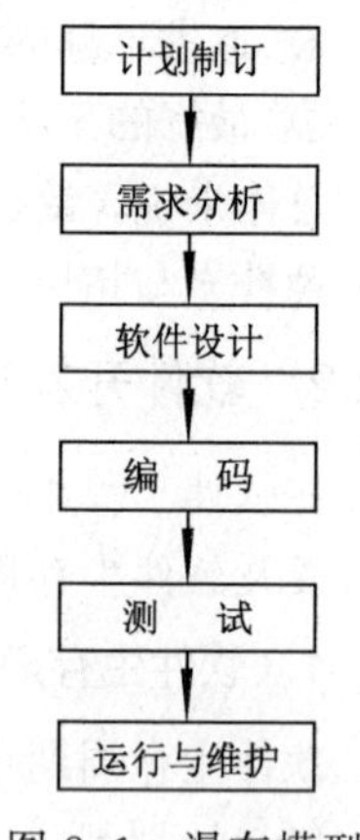

图 8-1　瀑布模型

瀑布模型适合于需求较为稳定的领域，在开发过程中以及运行后需求改变可能性较小。如工业控制领域以及成熟的企业管理领域等。

（2）快速原型模型

在软件开发中有时需求经常是模糊的或经常会发生变化的，在此情况下，需要有新的模型适应此种需求，它可称为快速原型（fast prototype）模型或快速原型方法。

快速原型方法的思想是：

① 在需求分析中选取其中相对稳定与不变的部分（称为基本需求），构造一个基本需求的软件，称为原型系统。

② 试用原型系统，在使用过程中不断积累经验，进一步探索需求，并进行不断地修改与补充。

③ 经过不断地修改与扩充，最终可定型成一个实用的软件系统，

基于这种思想，快速原型模型的开发方法是不断的、反复的应用生命周期，由“初始原型”经“修正原型”，最终到“实用模型”的过程。

(3) 螺旋模型

螺旋模型（spiral model）是另一种非正常模型，其开发的背景为需求明确，但有风险因素。亦即是说，它有需求的明确性与风险的模糊性。它适合大型、复杂的、有一定风险的软件开发过程。

在螺旋模型中软件开发是沿着螺旋形上升的方式。它的开发过程分为四部分：

① 计划制订：制订软件计划书。

② 风险分析：分析计划书的风险性以及消除风险的方法。

③ 工程实施：进行软件开发（包括从需求分析、软件设计、编码、测试到运行等五个阶段）。

④ 评估：评估软件开发，提出风险性改进意见。

接着，根据评估结论，重新开始新的开发过程，直到风险性最小为止。

(4) RUP 模型

RUP 模型（rational unified process model），又称 rational 统一过程模型，它是与 UML 开发方法相匹配的一种模型。RUP 的认识论依据是：人对客观需求的认识是一个逐步与渐进的过程，不可能是仅通过一次观察就能对需求有完全认识。基于这种认识，在 RUP 中对一个软件的完成是一种不断使用迭代与递增的过程。所谓迭代即是反复，即在开发的每个阶段或多个阶段都可以反复、不断地进行，对模型进行修改。所谓递增，即表示功能的增加，即在开发的过程中不断地进行功能的扩充与增加。

RUP 模型的开发可分为四个阶段：

① 初始阶段，即提供需求的阶段。

② 细化阶段，即构造系统架构的阶段。

③ 构造阶段，即开发初始软件产品的阶段。

④ 过渡阶段，即将软件产品经过不断修改、扩充而形成正式产品的阶段。

在 RUP 中将生命周期与四个阶段相结合，并充分应用迭代与递增，可以构成完整的 RUP 开发模型。

RUP 模型适合于大型、复杂的软件开发。

上述四种模型均有其特点，在实际的软件开发中根据需求可选择其中之一作为开发模型。目前以瀑布模型应用居多。

(5) 极限编程

极限编程是敏捷开发方法的一种具体实现的过程。它由 K.Beck 提出，并在近年来兴起。所谓“极限”编程，是指它能将好的开发实践运用到极致。

极限编程的核心思想是：交流、简单、反馈、勇气。

① 交流：极限编程中的交流包含丰富的含义，包括人员间的多种形式交流以及多种方式交流。

- 程序员间的交流。
- 程序员与客户间的交流。

它还包括交流形式：

- 文档交流。
- 面对面口头交流。

② 简单：简单是贯穿于极限编程各阶段的基本要求，它包括需求简单明了、设计简便。

③ 反馈：不断的反馈是最佳的软件开发。在极限编程中需有反复、不断的反馈。反馈的含义也很多，它可以包含：

- 来自用户的功能与需求的反馈。
- 来自开发者的设计与代码的反馈。

④ 勇气：面对不断变化的需求、面对用户的苛刻要求，面对不断发展的技术，开发者充分利用极限编程手段，及时有勇气地做出抉择，开发出符合要求的软件。

极限编程开发过程的大致思路：

① 规划的需求：首先须对开发有一个规划。而规划的基础是项目的需求。在极限编程中，需求是由用户以故事的形式告知开发人员，称为“用户故事”，同时由开发者与现场用户不断面对面对话以充实、丰富故事内容，最终形成一个系统的全局视图（称为隐喻）。同时，在隐喻的指导下，将系统开发分解成若干版本，并提示不同版本的交付计划，同时要注意的是，需求是随时进行的，它由宏观到微观不断细化，通过与现场用户交流来实现。

② 简单设计：在极限编程中设计不作为一个单独的开发阶段，它贯穿于整个开发过程中，因需求动态变化而不断进行持续而简单的设计。

③ 编程：在极限编程中往往采用结对编程、代码共享及编码标准等方法。所谓结对编程，是要求在编程时两个程序员结对一起共同编程；所谓代码共享，是表示任何代码均为集体所有，不专属于某个人，每个人都有权对其进行修改、更新与重构；编码标准则表示由于代码共享，必须有一种团体内每个程序员能应共同守的编码标准，以利于阅读、讨论及共同修改代码。

④ 测试：在极限编程中，测试须随时进行，即在开发中每编写一段程序须立即进行相应测试以确保程序代码质量，它称为测试驱动开发。

⑤ 迭代：在极限编程中必须不断地进行迭代，即反复的需求变化、反复的设计、编程以及反复不断地测试等。

⑥ 小版本：经过若干迭代过程，不断发布小版本供用户使用，并从用户处获得反馈并不断吸取意见，总结得失，进一步开发下一个版本。在极限编程中，一个系统的实现是由若干个不断发布的小版本组成。

极限编程的整体开发过程。极限编程的整体开发过程可用图 8-2 所示的流程图表示，大致可分如下几个步骤：

① 用户提示用户故事，开发者与他交流，在此基础上提出系统全局视图，即隐喻。

② 在隐喻的指导下提出系统交付计划。

③ 进入版本的迭代计划,开始迭代过程(要反复迭代若干次)。

④ 交流讨论，讨论本次迭代的故事编排，在此基础上制定本次迭代工作计划。

⑤ 结对编程，并产生一个新版本。

⑥ 新版本经测试并经用户认可后发布一个小版本,若用户不认同则进入新的迭代。

极限编程开发流程图如图 8-2 所示。

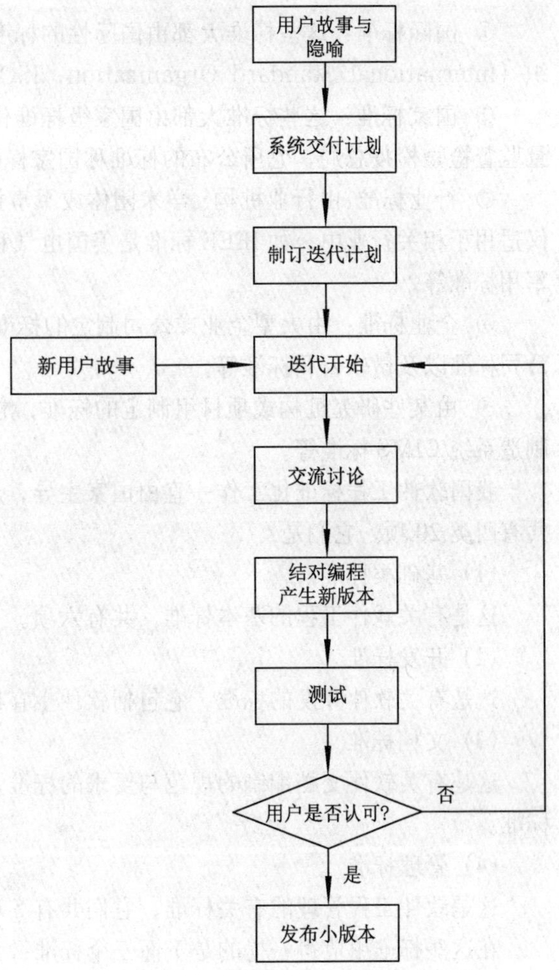

图 8-2　极限编程开发流程图

8.2.3　软件开发工具

软件工程中的一个重要内容是工具的利用。俗语说“工欲善其事，必先利其器”。在软件开发中充分使用开发工具，可以达到事半功倍的作用。

在传统的软件开发中主要是在编码阶段应用程序设计语言,将软件设计模型变成为程序代码,从而成为能在计算机中运行的程序。

但是，实际上在软件开发的整个过程的所有阶段都是可以借助于工具实现的。它们包括：

① 需求分析阶段:可用分析工具以实现需求分析模型。

② 软件设计阶段:可用设计工具以实现软件设计模型。

③ 测试阶段：可用测试工具以实现测试。

④ 文档生成工具：可用文档生成工具以制作需求分析说明书、软件设计说明书等文档。

⑤ 版本控制工具：可用版本控制工具以实现软件开发中的复杂的版本管理。

软件开发中不同的开发方法与过程模型可以有不同的工具，因此开发工具种类繁多，著名的有面向对象方法的 Rational 公司的 Purify 开发工具，微软的 Virtual Studio 开发工具以及基于 UML 的 Rational Rose 等。

8.2.4　软件产品的标准与文档

1. 标准

软件工程是一种复杂的系统工程，需要有多个阶段及多种人员参加，为保证软件开发顺利进行，需要有统一的协调、统一行动与统一交流，因此要有一个统一遵守的约束与规定，这就是标准。在软件工程中所有活动均需按标准进行，这就是软件工程的标准化。

软件工程的标准一般有五级：

① 国际标准：这些标准大都由国际性的标准化组织制定。最著名的组织是国际标准化组织（International Standard Organization，ISO)。

② 国家标准：这些标准大都由国家级标准化机构制定，我国的最高标准化机构是国家质量监督检验检疫总局，它所公布的标准称国家标准，并冠以 GB 字样。

③ 行业标准：由行业机构、学术团体或军事机构等相关部门所制定的标准称行业标准。它仅适用于相关行业中，如 IEEE 标准是美国电气和电子工程师协会标准；GJB 标准是我国国家军用标准等。

④ 企业标准：由大型企业或公司制定的标准称为企业标准，它适用于企业内部。如 IBM 公司标准以及微软公司标准等。

⑤ 由某些研究机构或项目组制定的标准，它适用于相应机构与项目。如我国计算机集成制造系统 CIMS 标准等。

我国软件工程标准化工作一直由国家主导，从 1983 年至今已陆续制定与发布的国家标准共有四类 20 项。它们是：

（1）基础类标准

这是有关软件工程的基本标准，共有六项。

（2）开发标准

这是有关软件开发的标准，它包括软件生存期标准、开发规范等共 5 项标准。

（3）文档标准

这是有关软件文档编制的规范与要求的标准，它包括软件开发文档以及文档管理等共 4 项标准。

（4）管理标准

这是软件工程管理的有关标准，它们共有 5 项标准。

在这些标准中值得一提的是下面三个标准：

（1）计算机软件产品开发文件编制指南

该标准给出了软件开发过程中六个阶段的文档编写要求，如开发计划书、需求分析说明书、软件设计说明书等，它是软件开发中的重要文档，由于它的重要性，这些文档均称为每个阶段的“里程碑”，其地位可见一斑。在下一节中我们还将对它们作介绍。

（2）CMM 标准

CMM 标准是评估企业软件开发能力与成熟度的标准。这是一种国际上软件企业质量管理的标准。该标准认为，软件质量保证不仅是技术原因，而更重要的是管理原因，因此必须从管理角度控制软件的开发过程来保证软件质量。

CMM 定义了软件过程成熟度的五个级别：

① 初始级：最原始的级别，它反映了软件企业在管理上无所要求。

② 可重复级：已建立基本的项目管理规范。

③ 已定义级：在工程和管理两个方面均已标准化与文档化。

④ 已管理级：软件开发过程及产品质量已达量化控制。

⑤ 优化级：已管理级的进一步改进。

在 CMM 中通过对软件企业的五个级别的认证，以标识企业开发软件的管理能力。目前，

CMM 标准的认证已在我国软件企业中普遍推广。

(3) ISO 9000-3

这个标准是关于软件产品质量保证的标准。该标准认为，软件产品质量存在于供方（生产者）与需方（消费方）两个方面，同时存在于软件开发的每个阶段。因此，标准对供、需双方及开发各阶段均有严格的监督与检查的规定。

目前，ISO 9000-3 标准的认证已在我国软件企业普遍推广。

2. 文档

软件产品是一种抽象产品，因此在开发、管理及使用中都需要作文字描述以利于指导、说明及协助开发、管理与使用，这就是软件文档。它是软件三大组成部分之一，其重要性不言而喻。

为保证文档质量，编写文档必须规范化，即编写文档必须按一定标准书写。目前有关编写文档的标准有若干个，最主要的是计算机软件产品开发文件编制指南，它已在前面作过简单介绍。

软件文档一般分为开发文档、使用文档及管理文档等三类。目前常用的文档有 14 种，它们是：

① 可行性研究报告：计划制订阶段文档。

② 项目开发计划：计划制订阶段文档。

③ 软件需求说明书：需求分析阶段文档。

④ 数据需求说明书：需求分析阶段文档。

⑤ 概要设计说明书：设计阶段文档。

⑥ 详细设计说明书：设计阶段文档。

⑦ 数据库设计说明书：设计阶段文档。

⑧ 模块开发卷宗：编码阶段文档。

⑨ 测试计划：测试阶段文档。

⑩ 测试分析报告：测试阶段文档。

以上是开发类文档。

⑪ 用户手册：面向用户的操作文档。

⑫ 操作手册：面向系统管理员的操作文档。

以上是使用类文档。

⑬ 开发进度月报：项目管理的文档。

⑭ 项目开发总结报告：项目管理的文档。

以上是管理类文档。

8.2.5　软件项目管理

在软件工程中除了技术上的措施外，还需从管理上加强对软件开发的控制，这就是软件项目管理。

在软件项目管理中将管理科学的思想、方法引入到软件工程中。它一般包括如下内容：

① 软件项目的计划制订与进度安排。

② 软件项目的组织与人员安排。

③ 对项目做成本估算，在产品开发中引入成本控制的概念。因为毕竟软件产品是一种商品，因此必须考虑到作为商品属性的成本与利润。

④ 软件配置管理：在软件开发中不同阶段、不同人员会产生多种不同开发成果，它们称为软件配置项，如何将它们科学合理的组织，构成不同的开发版本，是一个复杂的过程，因此必须对它们作有效的管理，称为软件配置管理。

8.2.6 软件质量保证

软件产品是一种逻辑产品，它的质量问题既不易被发现又影响重大。软件危机的出现就是由软件产品质量而引起的，因此，软件产品质量保证始终是软件工程中的一个重要问题。从整体而言，整个软件工程的所有措施都与保证产品质量有关，但是，直接相关的有如下三个方面。

1．评审

在软件开发的每个阶段结束后对阶段成果作评审，只有通过评审，下阶段开发才能继续进行。这种做法的目的是及早发现问题，不使早期错误产生连环效应，影响到后期开发。

2．标准规范

通过相关的标准以规范软件开发，目前相关的标准很多，而主要的标准是 CMM 与 ISO 9000-3 这两个标准，它们分别规范了软件开发中管理上与质量上的要求。

3．测试

测试是保证软件质量的重要手段，有关测试的介绍可见 8.3.5 节。

8.3 基于结构化开发方法的软件开发过程

在本节中我们以结构化方法以及瀑布模型为代表，介绍软件的开发过程。这也是目前软件开发中最为常用的方法。

8.3.1 结构化开发方法介绍

结构化开发方法是最早使用且目前使用最为普遍的一种方法。结构化方法的主要思想与内容是：

① 软件是一个组织、有结构的逻辑实体。软件开发的首先任务是构造其结构。而这种结构是层次式的。

② 整个开发的软件是以程序为主。

③ 软件结构中的各部分既有独立性又相互关联，它们构成一个为完成共同目标的软件实体。

结构化方法为软件开发提供了方法论基础，它具有如下所示明显的技术特性。

① 抽象性。在结构化方法中大量采用了抽象手段，即在软件开发的每个阶段，仅描述该阶段中的本质内容并将其抽象化成模型。

② 面向过程。软件整体构造有“过程”与“数据”两大部分，在结构化方法中是以过程为主，由过程带动数据，而过程在开发的编码阶段表现为程序。这种方式称为面向过程的开发方式，又称过程驱动（process-driven）方式。

③ 结构化、模块化与层次性。结构化方法的基本思想是“分而治之，由分到合”的过程。首先，将需求中的复杂问题自顶而下分解成若干小型的、易求解的问题，它们称为模块。因此，在结构化方法中模块是其基本结构单位。接着针对模块进行编码，从而组成了基本的程序实体。最终，对模块进行组装，综合成复杂问题的解。

在结构化方法中一般用瀑布模型，如图 8-3 所示。对它们的解释将在接下来的下面几节中介绍。在介绍中将省去与技术关系较小的计划制订部分。

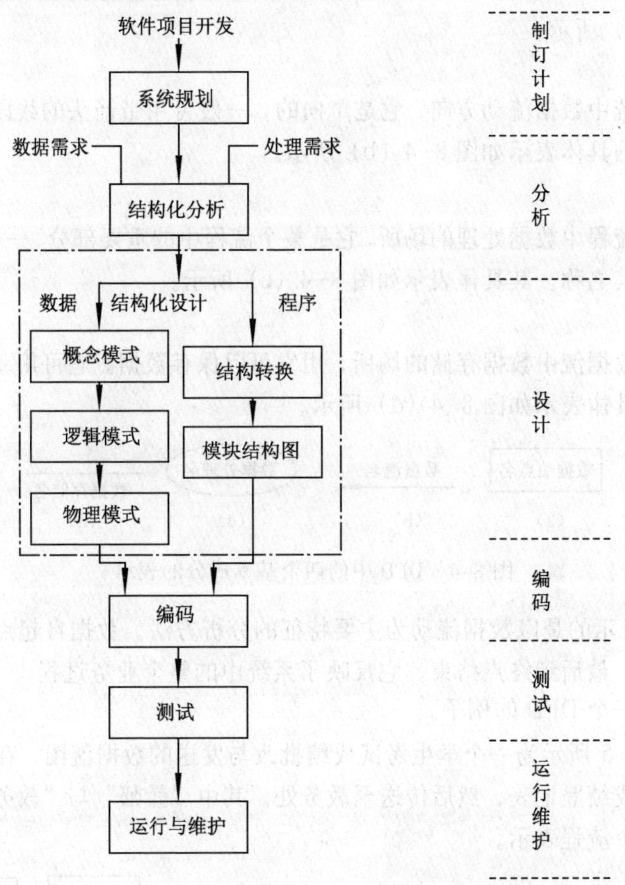

图 8-3　结构化方法生存周期图

8.3.2　结构化分析方法

结构化分析（structured analysis，SA）方法主要用于作需求分析。它采用面向过程方式，从上层入手，自顶而下，逐层分解，最终用抽象的描述来表示过程的处理。

结构化分析方法内容包括：需求调查、数据流程图、数据字典以及需求分析说明书等。

1. 需求调查

为开发应用软件，首先需要对应用对象作全面调查并写成书面报告。这是建设应用软件的一个基础。其内容包括系统的目标、边界以及业务流程等调查。此外，还包括业务自身限制、相互间约束等要求。

2. 数据流图

在需求调查基础上给出一个分析模型，称为数据流图 (data flow diagram，DFD)。这是一种抽象的业务过程流程图，该图有四个基本成分。

(1) 数据端点

数据端点表示系统处理的外部源头。它共有两个：一个是系统处理的起始端点，又称起点；另一个是系统处理的终止端点，又称终点。它们可用矩形表示，并在矩形内标出其名称，其具体表示如图 8-4 (a) 所示。

(2) 数据流

数据流表示系统中数据流动方向，它是单向的，一般可用带箭头的线段表示，在线段边标明其名称。数据流的具体表示如图 8-4 (b) 所示。

(3) 数据处理

数据处理表示流程中数据处理的场所，它是整个流程中的重要部分，一般可用椭圆形表示，并在椭圆形内标出其名称。其具体表示如图 8-4 (c) 所示。

(4) 数据存储

数据存储表示数据流中数据存储的场所，用它可以保存数据。它可用双线段表示，并在其边上标明其名称。具体表示如图 8-4 (d) 所示。

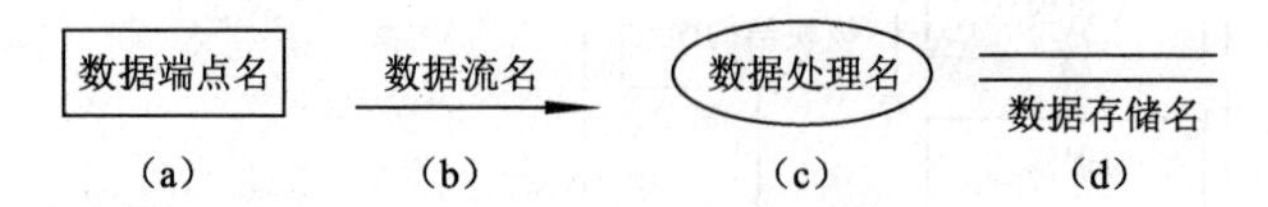

图 8-4　DFD 中的四个基本成分的表示

在 DFD 中所表示的是以数据流动为主要特征的分析方法。数据自起点开始，经数据处理与存储等多个环节，最后到终点结束。它反映了系统中的整个业务过程。

下面我们给出一个 DFD 的例子。

【例 8-1】 图 8-5 所示为一个学生考试成绩批改与发送的数据流图，在图中试卷由教师批改后将成绩登录在成绩登记表，然后传送至教务处。其中“教师”与“教务处”分别为起点与终点，其中间为整个流程表示。

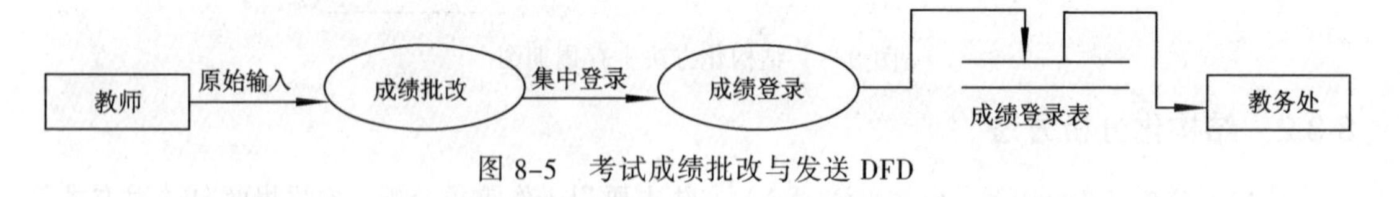

图 8-5　考试成绩批改与发送 DFD

3. 数据字典

在 DFD 基础上可以构造数据字典 (data dictionary，DD)。数据字典将 DFD 作进一步规范描述，使其更为细化与数据化。数据字典是系统过程性描述的另一个更为精细的模型。

数据字典包括五部分，分别是数据项、数据结构、数据流、数据存储和数据处理。

(1) 数据项

数据项是数据的基本单位，它表示了数据的一些性质。如某个物品的名称、质量、体积、颜色、形状等均属数据项。

（2）数据结构

数据结构给出了数据的整体结构。它由数据项组成。它是数据的基本结构单位。如“学生”这个数据是由姓名、年龄、性别、籍贯、系别等若干数据项所组成的数据结构。

（3）数据流

数据流给出了数据结构在系统内的流动路径。包括数据流名、数据流去向、组成（数据结构）及相关说明。

（4）数据存储

数据存储是数据结构保存之处。它包括数据存储名、输入数据及输出数据流、组成的数据结构、数据量以及相关的说明。

（5）数据处理

数据处理给出数据的说明信息。它包括数据处理名、输入数据（数据结构）、结果数据（数据结构）以及处理算法及相关说明。

4. 需求分析说明书

在需求分析结束后编写需求分析说明书，内容包括：需求调查报告、数据流图及数据字典等。它通常须按标准书写，它是结构化分析阶段的最终成果，也称该阶段的里程碑。

8.3.3　结构化设计方法

结构化设计（structure design，SD）方法主要用于构造软件设计，它是在 SA 的基础上构造一个实现软件系统的模型。从宏观上看，系统分析给出了系统“做什么”，而系统设计则给出了系统“怎么做”。

结构化设计分为过程设计与数据设计两部分，其中过程设计最终给出系统模块结构图，而数据设计最终给出数据库的结构模式。

1. 过程设计

（1）模块

过程设计是以模块为基础的，模块按系统功能划分，因此又称功能模块。模块一般由三部分组成，它们是模块功能、输入接口与输出接口。

① 模块功能：模块有独立功能，以功能为核心组成模块。

② 模块输入接口：模块对外有接口可供其他模块调用，称为输入接口。

③ 模块输出接口：模块可调用外部模块称为它的输出接口。

模块用矩形表示，模块名写在矩形内。

（2）模块结构图

以模块为基础、以模块间的调用关系为关联所构成的图称为模块结构图。

① 结构图的纵向是分层的。图中有若干层模块组成，其中上层模块可调用下层模块；而下层则不能调用上层模块。

② 结构图的横向是分块的。图中每层横向都排列有若干模块，它反映了每层中的不同功能。

③ 结构图中上、下层之间可用带箭头的线段表示模块间的调用关系。

按照上述的三种表示可以组成一个模块结构图。这是一种自顶向下呈树状的结构图。图 8-6 所示为一个工资处理系统模块结构图。

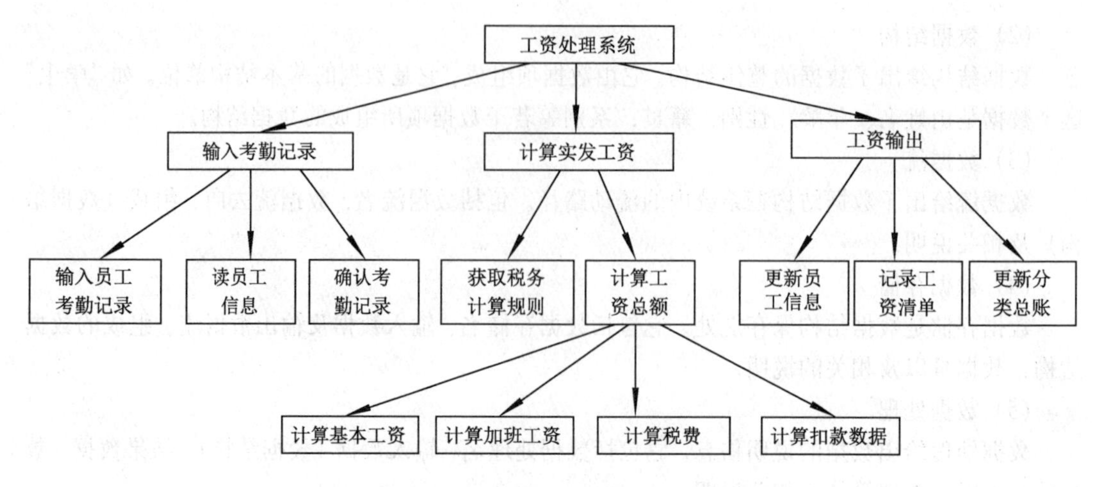

图 8-6　工资处理系统模块结构图

（3）模块描述

在模块结构图基础上，对每个模块作详细的描述，它的内容包括：

① 模块编号：系统中对模块的统一编号。

② 模块名：模块名应能反映模块功能。

③ 模块功能：详细描述模块的功能要求。

④ 模块算法描述：即模块处理、它是模块功能的算法描述。

⑤ 接口：它包括调用及被调用关系，数据传递及控制传递关系的描述。

最后，可用图 8-7 所示的模块描述图表示。

×××系统模块描述图			
模块编号		模块名	
模块功能			
模块算法描述			
模块接口			
附加信息			
编写人员________ 批准人员________		审核人员________ 日　期________	

图 8-7　模块描述图

（4）过程设计的步骤

过程设计是以模块为核心的，最终以模块结构图及相应模块描述为其结果。其具体步骤是：

① 以 DFD 为起始。

② 从需求分析 DFD 向过程设计作转换—分解成逻辑输入、加工及逻辑输出三个过程。

③ 按层划分成若干模块。

④ 决定每个模块功能。

⑤ 建立模块间的调用关系及其他关系。

⑥ 建立模块结构图并给出模块描述。

2．数据设计

结构化设计是以过程设计为主的，但随着应用的发展，数据设计的重要性日渐显现，而数据设计就是关系数据库的设计，其设计流程是：

(1) 数据设计

从 DFD 及数据字典出发作数据设计。

(2) 概念设计

以 DFD 中的数据存储为起点，构造数据的 E-R 图 (entity-relationship diagram)。E-R 图是一种将 DFD 中所有数据存储组织成一个相互关联的数据实体。在 E-R 图中有三个基本成分，它们是：

① 实体 (entity)：现实世界中的事物称为实体。实体是数据中的基本结构单位。而具有相同性质的实体组成的集合称为实体集。如教师、学生、人类、汽车、电视等均是实体集。为方便起见，一般均以实体集为讨论单位。

② 属性 (attribute)：实体具有的性质称为属性。一个实体（集）一般由若干属性，它们刻画与表示该实体（集）。如教师实体集有属性：姓名、性别、年龄、学历、职称、专业等，它们刻画与表示了教师。

③ 联系 (relationship)：实体（集）之间往往存在一些固有的关系，称为联系。如教师与学生之间的“师生关系”、机关内部的“上下级关系”等均属联系。

客观世界中的数据宏观结构即由这三个成分组成。我们用矩形表示实体（集），用椭圆形表示属性，用菱形表示联系，而将它们间的依附关系用线段相连，则可构成图示形式（称为 E-R 图）。图 8-8 所示为一个学生数据库的 E-R 图。

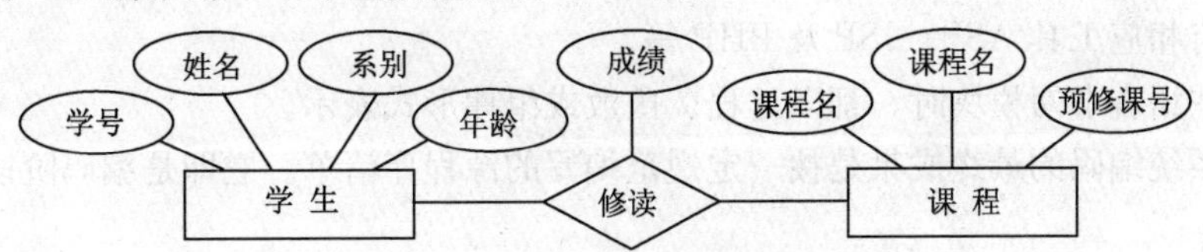

图 8-8 学生数据库 E-R 图

将需求分析中的数据统一用 E-R 图表示之，这种设计称为概念设计。

E-R 图是一种抽象的、概念意义上的图，概念设计的名称即由此而来。

(3) 逻辑设计

逻辑设计是数据库一级的设计，即以 E-R 图为基础设计关系数据库中的表结构。

一般而言，一个实体集是一个二维表。同样，一个联系也可对应一个二维表（特殊情况除外）。图 8-7 所示的 E-R 图可以构作三个表，如图 8-9 所示。

S

sno	sn	sd	sa

SC

sno	cno	g

C

cno	cn	pcno

图 8-9 学生数据库的表结构图

(4) 物理设计

物理设计是在逻辑设计基础上对数据库内部的物理结构作适当调整，以提高数据库访问速度与有效利用存储空间。

物理设计包括两部分内容：

① 存取方式设计：它主要是索引设计，以提高数据库存取效率。

② 存储结构设计：它包括磁盘分区设计（即数据的物理存放位置设计）以及系统参数配置（如数据表的大小、缓冲区个数及大小等）。

3. 系统设计说明书

在软件设计结束后，需编写相关的说明书，称为系统设计说明书。该说明书需按规范编写，它是该阶段的最终成果体现，因此又称系统设计的里程碑。

在完成设计后，一个系统的框架就已经构造成功了。接下来就可以进行系统编码从而实现这个系统。

8.3.4 系统编码

系统编码（coding）即是将系统设计中的最终成果模块与数据表结构用计算机语言编码。所编写的代码称为源代码。书写源代码的语言很多，它们有：

① 程序设计语言：适用于加工处理型模块源代码的编写，此类语言有 C、C++、Java 等。

② 可视化语言：适用于人机界面型模块编写。此类语言有 Delphi、VB 等。

③ 数据库语言：适用于数据设计结果的编码。此类语言常用的是 SQL。

④ 置标语言：适用于互联网上的 Web 应用。此类语言有 HTML、XML 等。

⑤ 脚本语言及其他工具：适用于互联网上的 Web 应用。此类语言有 VBScript、JavaScript 等，此外还有相应工具 ASP、JSP 及 PHP 等。

在用这些语言书写模块时，都以过程、函数或组件形式表示。

最后，系统编码的最终成果是按一定规范编写的源程序清单。它即是编码阶段的里程碑。

8.3.5 测试

测试是对软件正式投入生产性运行前的最后一次检验。它是软件质量保证的关键。软件测试目的是发现错误，而测试的过程是设计一些测试用例，通过这些例子以发现错误。

测试共分四种，它们是：

① 单元测试：即对每个模块作测试。

② 组装测试：将模块集成后作整体性测试。

③ 确认测试：集成后的模块用需求分析要求对其测试。

④ 系统测试：最后，经确认测试后的软件纳入整体系统环境中与其他系统成分组合一起作测试。

测试结束后须编写测试文档，它们按一定规范编写。

经过测试后的软件，即可投入运行。

8.3.6 运行与维护

运行与维护是软件生存周期的最后一个阶段。在经过测试后的软件即可对外发布并投入运行。在运行时尚需不断维护。维护可分为四种：

1. 纠错性维护

在软件交付运行初期，在运行中会暴露出部分隐蔽的错误，故需对它们作修改，称为纠错性维护。这种维护是四种维护中最常见也最频繁的维护。

2．适应性维护

运行中由于平台、环境的改变而引发的维护称为适应性维护。如平台升级、产品移植等，均属此类维护。

3．完善性维护

运行中有新的需求而引发的维护称为完善性维护。如产品升级等均属此类维护。

4．预防性维护

为改善软件的可靠性、安全性等进行的维护，属预防性的维护。此类维护目前并不多见。

运行维护分过程的运行维护以及数据的运行维护两个部分。前者由程序维护人员负责，后者由数据库管理员负责。

在运行和维护过程中需按规范编写运行记录与维护记录等文档。

小结

1．软件工程概述

软件工程是用工程化方法开发软件的一门学科。

2．工程化方法

- 软件开发方法。
- 软件开发过程。
- 软件开发工具。
- 软件开发文档与标准。
- 软件开发项目管理。
- 软件质量保证。

3．以结构化、瀑布模型为代表的软件开发过程

（1）结构化开发方法。

- 层次结构。
- 模块化。

（2）瀑布模型。

开发过程中每个阶段按顺序自上而下呈线性形式。

（3）开发过程重点。

① 结构化分析方法——数据流程图（DFD）及数据字典（DD）。

② 结构化设计方法：

- 过程设计：模块法。
- 数据设计：E-R 方法与关系表。

习题

一、选择题

1. 软件产品是一种（　　）。

A. 艺术品　　　　B. 逻辑产品　　　　C. 物质产品

2. UML方法是一种适合（　　）的开发方法。
   A. 简单系统　　B. 所有系统　　C. 复杂系统
3. 瀑布模型反映了（　　）下软件开发过程的规律。
   A. 正常状态　　B. 非正常状态　　C. 特殊状态
4. 软件项目管理是采用了（　　）中的思想与方法。
   A. 管理科学　　B. 软件工程　　C. 自然科学
5. 软件开发工具应用于（　　）阶段。
   A. 软件编码　　B. 软件开发所有　　C. 软件开发大部分
6. 通过测试的软件是一种（　　）软件。
   A. 正常　　B. 可以使用　　C. 没有错误

二、简答题

1. 什么叫软件工程？
2. 软件工程包括哪些内容？
3. 软件开发方法有哪几种？
4. 试给出结构化开发方法的特点。
5. 给出软件生存周期的六个阶段。
6. 什么叫瀑布模型？
7. 软件工程中有哪几类标准？
8. 介绍CMM标准及ISO 9000-3。
9. 给出常用的14种文档名及其作用。
10. 结构化分析方法有哪些内容？
11. 介绍结构化设计方法中的过程设计内容。
12. 介绍结构化设计方法中的数据设计内容。
13. 给出基于结构化方法及瀑布模型的软件开发全过程。

三、应用题

以例8-1的DFD为出发点，给出其数据字典DD，再进一步作设计，给出其模块结构图及关系表。（注：有关细节由读者自行补充）

第9章 计算机应用系统介绍

本章导读

本章主要介绍计算机应用系统的组成、结构、分类，同时也介绍若干典型的计算机应用系统。

内容要点：

- 计算机应用系统的组成。
- 事务处理应用。

学习目标：

对计算机应用系统的概念与组成以及目前流行的应用系统有所了解。具体包括：

- 计算机应用系统的基本概念。
- 计算机应用系统的结构与组成。
- 计算机应用系统的分类及典型系统。

通过本章学习，学生能对计算机应用系统的基本内容有所了解，并对如何将前面各章所学到的计算机知识组成系统的过程有所认识。

9.1 计算机应用系统组成

从系统组成观点看，计算机应用系统包含了整个计算机系统内容的大集成，包括硬件资源、软件资源、数据资源等多种资源以及与应用软件、人机接口相结合的综合性系统。一般讲，一个计算机应用系统由下面五层组成。

（1）基础平台层

基础平台层是支撑应用软件运行的基础性设施，它包括硬件及系统软件两大部分，还包括接口软件、管理及监控等支撑软件。

（2）数据资源层

数据资源层存储与管理各类数据资源，如数据库数据、文件数据以及 Web 数据等。

（3）业务逻辑层

业务逻辑是实现应用中的各种业务功能的处理代码，它即是应用程序。它们以模块、过程、组件、函数或类的形式存储，用于实现应用系统的功能。

（4）应用表现层

应用表现层是人机接口，它将应用程序的结果用可视化形式展示给用户，同时用户通过可视化界面向应用系统输入数据与命令。

（5）用户层

用户层是应用系统的最终层，它是应用系统为之服务的目标层。

这五个层组成了一个由底向上的层次结构，它们构成了应用系统的一个完整组成。图 9-1 所示为应用系统层次结构图。

下面对这五个层次作详细的介绍。

用户层
应用表现层
业务逻辑层
数据资源层
基础平台层

图 9-1　应用系统层次结构图

9.1.1　应用系统基础平台

应用系统基础平台包括硬件及软件两部分。

1．硬件

硬件层包括计算机在内的所有设备组成，它们按一定结构形式组织。它为整个系统提供基础物理保证。

硬件层一般包括如下一些平台：

① 以单片机、单板机为核心的微型平台，它为嵌入式（应用）系统提供基础物理保证。

② 以单机为核心的应用平台，为集中式应用系统提供基础物理保证。

③ 以计算机局域网为核心的应用平台，为分布式应用系统提供基础物理保证。这种平台的基本结构是 C/S 结构。

④ 以互联网为核心的 Web 应用平台，为 Web 应用系统提供基础物理保证。这种平台的基本结构是 B/S 结构。

⑤ 以互联网为核心的云应用平台，为云应用系统提供基础物理保证。这种平台的基本结构是云中的 IaaS 结构。

2．软件层

该层包括如下一些软件：

（1）操作系统

包括常用的操作系统、网络操作系统等，如 Windows、UNIX、Linux 等以及嵌入式操作系统 iOS、Android 等。

（2）语言处理系统

语言处理系统包括为开发业务逻辑提供的手段与工具，如程序设计语言 C、C++、C#、Java、Python，脚本语言 VBScript 及 ASP 等；还包括为开发应用表现层提供的手段与工具，如 VB 及 HTML 等。

（3）数据库管理系统

数据库管理系统是整个系统的数据管理机构，它为数据资源层提供服务。常用的有 Oracle、DB2 以及 SQL Server 等。在这些数据库管理系统中包括常用的、嵌入式的以及基于网络的数据库管理系统。

（4）中间件

中间件主要用于网络软件中，它包括基于 Windows 的.NET、基于 UNIX 的 Java EE（其产品为 Weblogic 及 Websphere）以及通用的 CORBA 等。

（5）接口软件

接口软件主要用于网络中众多软件间的接口以及硬件与软件间的接口。如程序设计语言与数据库间的接口软件 ODBC、ADO、JBDC 等。

此外在云应用平台中可以是云中的 PaaS 结构。

3．常用的基础层平台

目前常用的基础层平台包括四大系列。

（1）Windows 系列

在 Windows 系列中，其主要的硬件平台为微机及微机服务器，其结构模式为 C/S 或 B/S 方式。在该系列中，操作系统为 Windows 系列；语言处理系统为 VC、VC++、C#以及 HTML、VB、VBScript、ASP 等；数据库管理系统为 SQL Server 等；中间件为.NET；接口软件为 ADO、ADO.NET 等。

（2）UNIX 系列

在 UNIX 系列中，其主要硬件平台以大、中、小型机为主，其结构模式为 B/S 方式。在该系列中，操作系统为 UNIX 系列（包括 Linux），语言处理系统为 Java、JSP、HTML 等；数据库管理系统为 Oracle 等；中间件为 Weblogic 或 WebSphere 等；接口.软件为 JDBC 等。

（3）微型平台系列

在微型平台系列中主要是以单片机、单板机为核心的，以 Android 为操作系统的嵌入式系统系列。

（4）云平台系列

在云平台系列中主要是建立在 Google 的 Hadoop 框架上的多种结构平台，它包括 IaaS、PaaS 以及 SaaS 等。

9.1.2 应用系统的数据资源层

应用系统的数据资源层主要提供应用系统的共享、持久数据资源。这种数据资源有三种。

1．文件数据

在文件中有大量的结构化、半结构化与非结构化数据，它们包括图像数据、视频数据以及目录数据等。

文件数据在数据资源层中是需要开发的，它利用操作系统中的文件管理作开发，其内容包括：

① 文件结构的建立：首先要确定文件结构，它包括文件及记录结构等建立。

② 文件数据加载：在完成文件结构建立后即可对文件数据进行加载，以完成文件数据的资源积累。

③ 文件目录生成：文件目录是在文件建立过程中自动生成的，它有助于文件的操作和使用。

2．数据库数据

数据库中存储结构化数据，此外，还可存储部分“程序”（此部分称为存储过程）。在 C/S、B/S 方式中数据库数据存放于数据服务器内；而在其他方式中则直接存放于单机计算机中。

数据库数据在数据资源层中是需要开发的，其开发方法按软件工程的要求进行。在程序编写中使用SQL语言。其内容包括：

① 数据表结构及相关约束的建立：首先需要建立表结构以及相关约束。

② 数据加载：在数据表结构及约束建立后即可对表中数据进行加载，以完成数据库中数据的资源积累。

③ 构造存储过程：可以用语言编程并将其以过程形式存储于数据库内。

3．Web数据

在B/S方式中通过Web页面可以存储Web数据。Web数据是一种半结构或非结构化的数据，它可用HTML或相关工具开发。Web数据存放于Web服务器内。

9.1.3 应用系统业务逻辑层

1．业务逻辑层介绍

业务逻辑层是应用系统中保存与执行应用程序的场所。在B/S结构中它存放于应用服务器内；在C/S结构中它存放于客户机内；在其他结构中则直接存放于单机计算机中。

应用程序是业务逻辑层的主体，它们以组件、函数、过程或类的结构形式出现。在B/S结构中，应用程序具有一定的共享性与集成性。在应用程序中如需与数据库接口使用数据时，必须使用接口工具并用SQL语句实现应用程序与数据的连接。

2．业务逻辑层开发

业务逻辑层的开发是按照软件工程的要求进行的。在应用程序编制中，主要使用相应的开发工具，如程序设计语言C、C++、C#、Java及Python等，脚本语言VBScript、JavaScript以及ASP、JSP等，接口工具ODBC、ADO等。

9.1.4 应用系统应用表现层

应用系统的应用表现层有两种：

① 应用系统与用户的直接接口：它要求可视化程度高、使用方便。在B/S结构中它存放于Web服务器中；而在C/S结构中它存放于客户机中；在其他结构中则直接存放于单机计算机中。它一般由界面开发工具、浏览器等软件工具以及应用界面等两部分组成。其中，界面开发工具大都具可视化功能，常用的有基于C/S的VB等；基于B/S的HTML、XML等；而浏览器常用的有IE等。应用界面一般用界面开发工具开发，而在B/S结构中由浏览器阅读。

② 应用系统与另一系统接口：它是一种数据交换的接口，由一定的接口设备与相应的接口软件组成。如校园网（应用系统）与银行网（另一个系统）间的接口；火控系统中计算机与武器间接口等均属此类接口。

9.1.5 应用系统的用户层

用户层是应用系统的最终层，它是整个系统的服务对象。在用户层中用户有两种含义：

① 用户是使用应用系统的人，如操作员、管理员等。一般情况下，用户均属此种类型。它是人机交互中的“人”。

② 用户是另一个系统。在特定情况下用户可以是某个系统，此时用户层是两个系统的交互层，即“机机交互”而不是“人机交互”。

9.1.6 基于云平台的计算机应用系统组成

近年来，随着云计算的发展，很多大型应用系统都采用以云平台为基础的组成方式，在云平台方式下，一般分为三种组成方式，它们即是 IaaS、PaaS 及 SaaS。这是一种与上面所介绍的完全不同的组成方式。相对于这种基本云平台的计算机应用系统组成而言，上面所讲的组成可称为传统计算机应用系统组成。

9.2 计算机应用分类

计算机技术发展至今已有 70 余年历史，其应用已遍及人类社会多个方面。一般而言，只要满足下面的两个条件的领域都能应用计算机。

① 该领域所讨论的对象均能离散化并呈一定的结构。所谓离散化即是数字化，亦即能用二进制数字形式表示。所谓结构化，即是这些数字表示形式均能按一定规则组织成一定结构形式。

② 该领域所讨论的问题求解均能用一定的算法表示。

目前计算机应用的领域莫不满足这两个条件。它们从大的范围讲，大致可以分为五类，每类均有其应用特色。下面我们介绍这五类的应用。

1. 科学计算应用

科学计算应用是计算机最早的应用。计算机这个命名即表示是能“计算”的机器。而世上第一台计算机 ENIAC 的应用即是为计算炮弹弹道轨迹而设计的。在计算机出现的初期，它的应用主要在计算领域。由于这些计算大都与科学研究有关，因此称科学计算应用。

目前，这种应用大量的集中于科学研究领域与生产领域以及国防研究领域等。如气象预报分析、地质矿产开发分析、核裂变分析以及火箭、人造卫星运行轨迹分析等。

科学计算类应用在 20 世纪四五十年代是计算机应用的主角，到目前仍是计算机应用的重要方面，但由于计算机应用的其他方面发展迅速，所以它的相对份额有所下降。

从计算特性讲，科学计算类应用的特点是计算量大、数据量小。它所要求计算机的运算速度快，因此目前大都采用大、中型计算机，甚至巨型计算机以做科学计算之用。

2. 事务处理应用

在计算机应用发展的历史中，事务处理是继科学计算应用后的又一重大应用。它在 20 世纪 60 年代初出现并得到迅速发展，至今，其发展势头仍未见有减弱。它在早期主要在商业领域中应用，继而扩大到管理领域以及情报检索领域等，近年来在电子商务、电子政务、企业资源规划以及客户关系管理等应用领域都取得重大突破。

从技术特性看，事务处理应用主要特点是：数据量大、计算量小，其具体特性如下：

(1) 数据量大

事务处理以数据处理为其主要特色，即存在大量的数据输入/输出以及大量的数据存储与数据操作。

(2) 数据结构复杂

事务处理中数据结构复杂、数据间关系紧密。这是事务处理的又一特点。

(3) 数据操作类型少、操作频率高

事务处理中数据操作仅限于数据查询、增、删、改以及统计、分类等简单类型，但操作发生频率高。这是事务处理的又一明显特点。

目前，事务处理应用所牵涉的领域较多，下面所列的是它的主要应用领域。

① 管理信息系统：事务处理在管理领域中的应用。

② 金融信息系统：事务处理在金融领域中的应用。

③ 财务信息系统：事务处理在财务领域中的应用。

④ 情报检索系统：事务处理在图书、情报资料领域中的应用。

⑤ 办公自动化系统：事务处理在办公领域中的应用。

⑥ 电子政务：事务处理在政府行政事务领域中的应用。

⑦ 电子商务：事务处理在商务领域中的应用。

⑧ 客户关系管理：事务处理在市场领域中的应用。

⑨ 企业资源规划：事务处理在企业生产领域中的应用。

3. 控制领域应用

在计算机发展的初期，曾有过用计算机控制生产流程以及控制车床操作等工业控制应用，也取得了不少成果，但是受技术条件限制，其发展速度缓慢。真正取得突破性进展的是在嵌入式系统出现以后的事。由于嵌入式系统的问世使得计算机在控制领域应用突飞猛进，自 20 世纪末至今，在应用方面取得了重大进展，至今仍在不断发展。

计算机控制领域应用的主要技术特点是：要求计算机体积小、功能强、接口丰富且实时性能高。

4. 多媒体领域应用

计算机在多媒体领域中的应用开发得比较晚一些，这与计算机技术的发展有关。自 20 世纪 80 年代开始，计算机在多媒体领域的应用才逐步展开，开始在图像、图形及声音等领域取得了成果。接着，在视频、音频等领域得到发展，近年来在许多重要应用中取得成就，如计算机辅助设计 CAD，计算机游戏及动漫制作；音乐合成与制作；数字电视、可视电话、视频会议及遥感等方面。

计算机的多媒体的应用有其技术上的特性要求，它主要要求是有专用输入/输出设备、要求有较大容量的存储以及较高的运算速度。

5. 智能领域应用

智能领域应用是计算机应用中最为困难的一个领域。这主要是由于计算机擅长于“计算”而不擅长于“思维”，该领域的应用困难之处就在于如何将“思维”转换成“计算”，亦即是思维的算法。但是，不管困难有多大，自计算机问世至今，它在智能领域的应用一直在取得不断地进步，其明显的标志是在若干应用中取得了成绩，如专家系统、自然语言理解、机器翻译、语音识别、计算机视觉及智能机器人等。特别在 2016 年，谷歌公司的 AlphaGo 战胜了世界围棋大师李世石与柯洁后震惊了世界。人工智能已成为计算机应用新亮点。

2017 年，李克强总理在第十二届全国人民代表大会第五次会议《政府工作报告》中明确提出要“加快培育人工智能”，从党和政府层面提出了发展人工智能的明确要求。近期，它在人脸识别、自动驾驶汽车、机器翻译、智能机器人等多个应用领域取得了突破性进展，这标志着新的人工智能时代已经来临。国务院于 2017 年 6 月出台了“新一代人工智能 · 发展规划”，根据此规划，我国在人工智能领域发展分为 2020、2025 及 2030 年等三个步骤实施。到 2030 年在人工智能理论、技术与应用方面全面达到国际领先水平。

*9.3　计算机典型应用系统介绍

由于计算机应用领域广泛，无法全面一一介绍，因此只能从前面介绍的六个类型中分别选取一部分具典型价值的系统作介绍，其选择原则是：

① 科学计算应用：由于此类应用专业性强，相对比重较小，因此没有选取它作典型系统介绍。

② 事务处理应用：此类应用面广量大且应用领域与人类社会、生活息息相关，因此选择电子商务作为典型的应用实例。

③ 控制领域应用：将介绍控制领域应用的概貌与技术特点，并重点介绍控制应用的关键性系统——嵌入式系统作为典型的应用实例。

④ 多媒体领域应用：多媒体应用范围广种类多，因此先介绍多媒体领域应用的概貌，再介绍其中的一个应用——图像处理应用系统作为典型。

⑤ 智能领域应用：首先介绍其应用的概貌，并介绍智能领域中两个关键的技术。然后介绍一个典型应用，就是目前较为流行的专家系统。

以上一共四个典型应用系统，下面将对它们逐一作介绍。

9.3.1　计算机应用系统之一——电子商务

1. 计算机在商务领域中应用

在计算机发展初期，它的应用与商业结下了不解之缘，特别是在商业中的零售业用计算机作数据处理取得了重大的成果。在进入网络时代后，在商场中建立局域网，全面处理与管理商场业务，成为商场的得力助手。在广域网兴起后为便于商务中的支付与结账出现了电子数据交换（electronic data interchange，EDI），而 EDI 的进一步发展则是在互联网的基础上所出现的电子商务（electronic commerce，EC）。

目前电子商务已普及全国，网上购物已成时尚，淘宝网等购物网站已成为很多年轻人必去之地。

下面，我们从计算机应用开发角度介绍电子商务。

2. 电子商务

电子商务是指在计算机网络上进行销售与购买商品并实现整个交易过程各阶段交易活动的电子化。电子商务的内容实际上涵盖两个方面：其一是商务活动，其二是电子方式。下面对这两方面作介绍。

（1）商务活动

商务活动是电子商务的目标。商务活动有两种含义：一种是狭义的商务活动，内容仅限于商品买卖活动；另一种是广义的商务活动，包括从广告宣传、资料搜集、商务洽谈到商品订购、买卖交易，最后到商品调配及客户服务等一系列与商品交易有关的活动。

在目前的电子商务中，有多种活动模式，其中常用的有两种：

① B2C（business to customer）模式：这是一种直接面向客户的商务活动模式，即零售商（business）与客户（customer）间从事商务的模式（称为零售商业模式）。在此模式中，零售商直接面向多个客户，为他们提供服务。这是我们所常见的一种模式。其模式结构如图9–2所示。

② B2B（business to business）模式：这是一种以企业间批发为主的商业活动，即所谓企业之间从事商务的模式，称为批发或订单式商业模式。在此模式中所建立的是供应商与采购商之间的商业活动关系。一个供应商可以面向多个采购商为它们提供商品服务。这是近年来很流行的一种模式，其模式结构如图9–3所示。

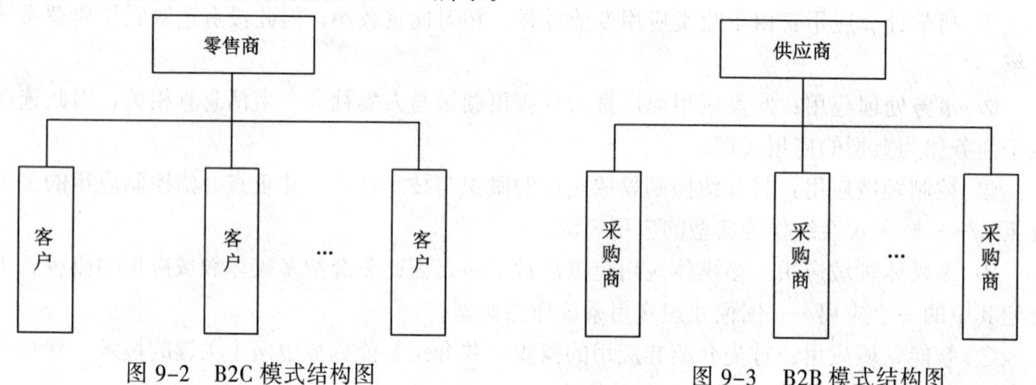

图9–2　B2C模式结构图　　　　图9–3　B2B模式结构图

③ C2C（customer to customer）模式：这是另一种B2C模式，即零售个体与客户个体间从事商务的模式。在此模式中，零售个体直接面向多个客户个体，为他们提供服务。这是我们所常见的另一种零售商业模式。其模式结构如图9–4所示。

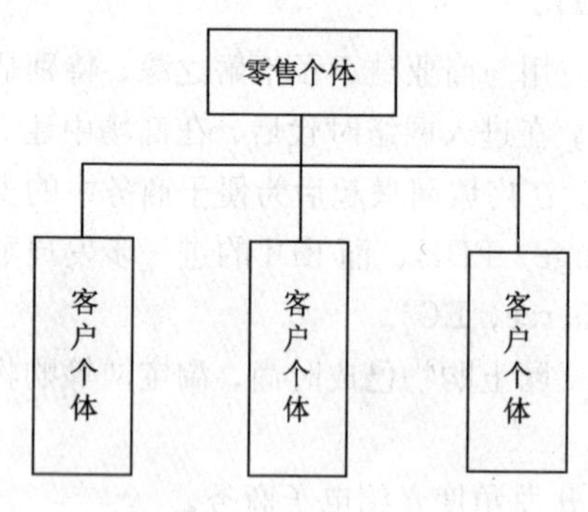

图9–4　C2C模式结构图

（2）电子方式

电子方式是商务活动所采用的技术手段。从计算机角度看，它包括以下几方面。

① 计算机网络技术。计算机网络是电子商务中的电子方式基础技术，它建立了远距离从事商务活动的基础平台，目前的计算机网络主要指的是互联网，一般的商务活动都在互联网上进行。

② 数据库技术。电子商务中须有大量数据作支撑，同时还需作多种数据处理，因此需要采用数据库技术，特别是基于互联网的Web数据库技术并使用Web数据接口，以利于在互联

网上建立数据的共享。

③ 信息安全技术。商务活动涉及千家万户的经济利益，也涉及商家的商业利益，因此信息安全技术成为电子商务中的一项重要技术。在电子商务活动中都要设置相关的安全措施，以保证数据不受破坏及非法获取。

3. 基于电子商务的计算机应用系统组成

处理电子商务的计算机应用系统称基于电子商务的计算机应用系统。它的组成共分为五层，它们是：

(1) 基础平台层

系统一般建立在互联网上呈 B/S 结构方式。其硬件设备及软件资源可根据实际需求自行配置。该层中还应有相应的安全装置。

(2) 数据资源层

数据资源层存储与运行电子商务中所有的集成数据，具有统一结构模式并采用统一操作与管理方式，它们是共享与持久的数据，电子商务中的数据资源层一般由数据库组成。

(3) 业务逻辑层

业务逻辑层拥有电子商务的所有业务功能模块，它们在互联网上有一定共享性，即可被用户调用并操作使用。业务逻辑层所包含的业务模块可以有如下一些内容：

① 订单管理：它包括网上的订单管理、合同管理及退货管理等模块。

② 电子交易：它包括网上贸易、电子采购、网上招标与投标以及网上拍卖等模块。

③ 电子支付：它包括支付宝、微信支付等多种支付方式。

④ 网站建设：它包括网站开设、关闭，网站商品展示、网站评价、投诉等模块。

⑤ 电子洽谈：可在网上建立电子洽谈室以实现商家间以及客户与商家的异地咨询、交谈与商务谈判等，为实现商务贸易提供良好环境。

⑥ 商务推销活动：可以在网上组织商务推销活动，包括网上的商品推介、宣传，产品推销、咨询等活动。

⑦ 资料收集：可以通过网络对某些商品、厂家以及相关商业活动进行资料收集及整理，供商业领导层了解市场及进行商务决策之用。

⑧ 综合查询：可以提供服务，实现统一、规范的查询以获取全面、完整的数据资料。

⑨ 统计分析：可以提供数据以实现多种统计。还可以在此基础上进一步分析，为商业活动提供多种决策数据供商业领导直接决策之用。

上面三层目前流行的方法还可以是采用 SaaS 结构的云平台方式。

(4) 应用表现层

应用表现层主要通过由相关工具编写的网页实现，它主要为直接应用中的用户服务。

(5) 用户层

用户层主要是使用该系统的客户和提供安全服务的人员，以及有关物流、金融支付等的系统等。

这里的电子商务是互联网 + 电子商务中的一个具体体现。

下面所示的例子是目前最为著名的电子商务系统“淘宝网”的结构介绍。

【例 9-1】 电子商务系统“淘宝网”的介绍。

“淘宝网”是一个典型的电子商务计算机应用系统，它由下面的五个层次构建而成。

(1) 基础平台

“淘宝网”是由一个基于 B/S 结构网络服务器集群，包括多个 IBM 小型机及 PC 服务器组成，并采用 Hadoop 作为分布式计算平台。

“淘宝网”应用服务器采用 Linux 操作系统，并配置有 Oracle 及 MySQL 等两种数据库管理系统。对大数据则采用 NoSQL，此外还大量使用分布式文件系统 ADFS。

“淘宝网”主要使用 Java 语言，采用 Java EE 中间件。

“淘宝网”还专门开发了一个网络内容分发系统 CDN，能自动分发数据至最接近用户的节点，方便用户访问。

(2) 数据资源层

“淘宝网”使用分布式文件系统 ADFS 中的半结构化、非结构化数据，Oracle 及 MySQL 中的结构化数据，多种结构的 NoSQL 以及 Web 数据等大量与电子商务相关的多种不同需求的数据。

(3) 业务逻辑层

“淘宝网”有大量的应用及 API，其内容包括有：

① 淘宝店铺。淘宝店铺是淘宝网的主营业务，由普通店铺与淘宝旺铺两种。普通店铺即是默认的店铺，而淘宝旺铺则是区别于普通店铺的个性化店铺，它可为客户个体开设店铺提供帮助。

② 淘点点。淘点点是淘宝网 2013 年推出的以外卖为其主营业务的网上移动餐饮服务平台。通过它，用户可以搜索到附近的外卖信息，并以它为第三方，完成外卖。

③ 淘宝指数。淘宝指数是一个基于淘宝的免费查询平台。用户可以通过关键词搜索方式，查看淘宝市场中的搜索热点。

④ 快乐淘宝。快乐淘宝是淘宝于 2009 年与湖南卫视联合开发的以电视网购为目的的市场，它创立了电子商务与电视传媒的全新商业模式。

⑤ 阿里旺旺。阿里旺旺是一种即时通信软件，供网上注册用户之间通信。它支持用户网站聊天室的通信形式，淘宝网交易认可阿里旺旺交易聊天内容保存为电子认证。

此外，“淘宝网”还有大量的特种应用软件与工具，如淘宝基金等。近年来它还开发了很多新的应用。

(4) 应用表现层

“淘宝网”有很多应用表现接口，主要有：

① 安全认证系统接口；

② 支付接口——支付宝接口；

③ 卖方接口——企业、商家（B 方）；

④ 卖方接口——个人（C 方）；

⑤ 买方接口——个人（C 方）。

(5) 用户层

“淘宝网”有两类用户：

① 用户为系统用户，包括安全认证系统、支付宝及企业、商家（B 方）。

② 用户为个人用户，包括买方个人（C 方）及卖方个人（C 方）。此类用户大多采用移动终端形式。

上面五层组成了图 9–5 所示的 B/S 结构网络图。

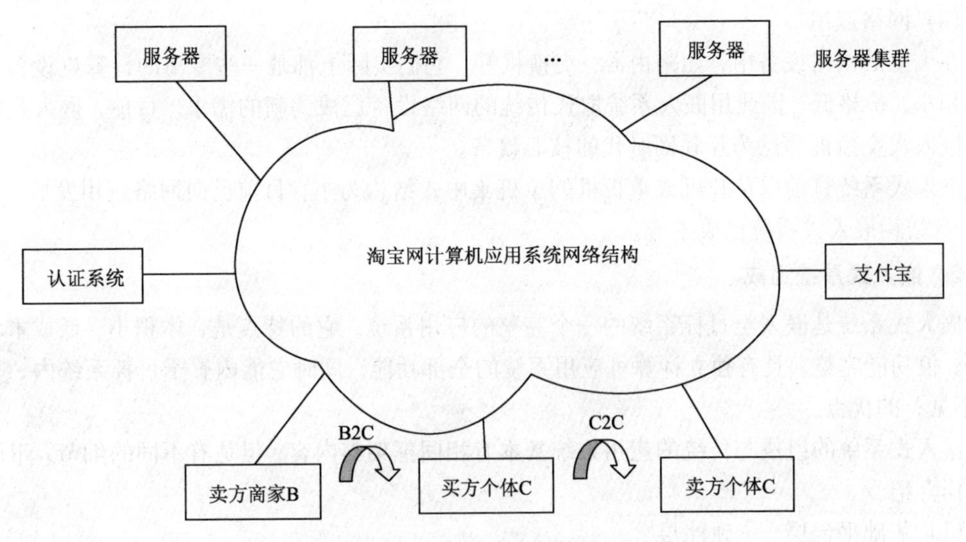

图 9–5　淘宝网计算机应用系统 B/S 网络结构图

9.3.2　计算机应用系统之二——在控制领域应用及嵌入式系统

1. 计算机在控制领域中应用

在现代众多控制系统中如军事控制系统、工业控制系统以及民用系统中都需要有一种部件以实现对整个系统的控制与管理，这种部件目前是用一种计算机系统实现的，用它嵌入目标系统中去以实现控制与管理系统的目的，这种计算机系统称为嵌入式系统。目前，它是实现系统控制的主要方式与手段。

在计算机发展的初期，用计算机控制工业生产中自动流水线等工业过程控制已成为当时重要应用。此外，逐渐将此种应用推广到军事及工业产品中，如军事上的火炮控制、数控机床、电力控制等领域。随着单片机、单板机的出现，这种控制系统的、规模越来越小，因此它的应用逐渐扩大到了多种民用产品如冰箱及空调中。到目前为止，一种完整的嵌入式系统的概念与方法已经形成，其应用已从单纯的控制领域扩充至多种应用领域，并在某些目标系统中从附属地位上升到主导地位，而且其应用范围迅速扩大。有人说："嵌入式系统无处不在"，这句话已成大众的共识。

目前，嵌入式系统的应用主要有如下几个方面。

(1) 工业控制应用

这是控制领域应用中的最传统应用，随着嵌入式系统的发展，在工业控制领域已发展到几乎所有的行业与部门，并起到了关键性的作用。

(2) 军事领域应用

在现代军事领域中的武器、军用系统中大量需要用嵌入式系统作控制，大到如导弹、火箭，小到手持式武器中，都须用嵌入式系统作控制。

(3) 家用电器应用

在民用的家电产品中，目前已由传统的产品正在向“智能化产品”过渡。所谓智能化产品即是产品中引入嵌入式系统，这种产品使家电使用更为方便与简单。

(4) 网络应用

在大量的网络设备中，如路由器、交换机等，它们实际上都是一些专用的计算机设备且要求体积小、价格低，因此用嵌入系统取代传统的网络设备已成为新的需求。目前，嵌入式路由器、嵌入式交换机等已为互联网时代的核心设备。

嵌入式系统目前以单片机或单板机的单机集中式结构为主，目前已向网络应用发展，C/S及B/S结构嵌入式系统已成主流。

2. 嵌入式系统组成

嵌入式系统是嵌入至目标系统的一个完整的应用系统。它的特点是：体积小、低成本、低功耗，但功能完整，具有独立计算机应用系统的全部功能。同时它能内置于目标系统内，具有“看不见”的优点。

嵌入式系统的组成与传统的应用系统基本有相同框架与内容，但是有不同的细节，下面对它们作介绍。

(1) 基础平台层——硬件层

嵌入式系统的基础平台中的硬件层由嵌入式处理器等若干部件组成，除处理器外，它还包括存储器、I/O设备以及接口等若干部分。在实际应用中它的配置十分精练，除了CPU等主要部件外，其他部件都可根据需要进行功能裁剪。此外还包括网络等设备配置等。

① 嵌入式处理器：嵌入式处理器是嵌入式硬件的主体。目前一般常用的嵌入式处理器有多种类型。

② 嵌入式外围设备：包括存储器类型、接口类型以及显示类型等三种。

- 存储器类型：包括易失型存储器如（RAM、SRAM、DRAM）、非易失型存储器（如ROM、EPROM）以及可擦写多次的闪存等。
- 接口类型：嵌入式系统与目标系统关系紧密，它接收目标系统信号经处理后发出控制信号，因此需要有丰富的接口以便与目标系统交互。目前常用的接口有串行接口RS-232、串行外围接口SP1、通用串行接口USB以及红外接口IRDA、以太接口Ethernet和普通并行接口等多种。
- 显示类型：它包括LCD、CRT以及触摸屏等多种图形显示设备。

(2) 基础平台层——软件层

嵌入式系统的基础平台层中的软件层包括嵌入式系统软件、嵌入式中间件以及接口软件等，具体说来有如下几种。

① 嵌入式操作系统。嵌入式操作系统是一种符合嵌入式要求的小型、专用操作系统。该操作系统一般要求尺寸小、功能专一且可靠性高、实时性强与外界接口丰富。

嵌入式操作系统一般具有传统操作系统的核心功能且能根据需要作随意裁剪，具有较高的灵活性与自由度。此外，它的某些功能又比传统的更为强大，如接口软件及驱动程序等。同时，它的实时性也比传统的更高。

目前的常用的嵌入式操作系统有两种：一种是通用的嵌入式操作系统，如 Windows CE、Linux 以及 VxWorks 等；另一类是可以根据目标系统应用的具体要求自行组装、开发的系统。

② 嵌入式数据库管理系统。嵌入式数据库管理系统是一种符合嵌入式要求的小型、专用数据库管理系统。该数据库管理系统一般要求尺寸小、功能专一且可靠性高、实时性强。

嵌入式数据库管理系统一般所管理的数据量小、用户数少，因此从规模上比传统数据库管理系统要小得多。它具有传统的数据库管理系统核心功能，并能根据需要作随意的裁剪。此外，它要求有较强的实时性以及较多的接口等。

目前常用的嵌入式数据库管理系统有 SQLite、Extreme 等，它们分别可适用于不同的环境与要求。

③ 嵌入式语言。在嵌入式系统中常用的程序设计语言是 C、C++以及 Java 等，目前也有适应嵌入式环境的程序设计语言，它们一般具有传统的语言基本功能又有嵌入式所需的特殊成分，其中最著名的嵌入式程序设计语言是嵌入式 Java。

④ 嵌入式中间件及其他工具。近年来嵌入式应用逐渐向网络环境推进，因此相应的嵌入式软件也相继出现，其中最为有名的是嵌入式中间件，如嵌入式 CORBA 以及嵌入式 DCOM 等。此外，专用的嵌入式图形接口软件、嵌入式 GUI 以及用于嵌入式系统的开发工具（嵌入式 Lamela TooL）等也相继出现。

(3) 数据资源层

由于嵌入式系统的存储容量偏小，因此在数据资源层中所管理的数据量也相对较少；由于其应用直接面向目标系统，因此数据类型一般均较为简单。在数据资源层中除使用数据库管理数据外，还大量使用文件数据。

(4) 业务逻辑层

在业务逻辑层中主要保存与执行嵌入式应用软件，它们用嵌入式程序设计语言及相应工具开发。嵌入式软件接收外界输入信息并进行处理，然后通过外部接口控制目标系统工作，它是整个嵌入式系统的主要处理中心。

嵌入式应用软件所开发的要求是短小、精练、节省内存、效率高、响应时间快及可靠性高，这些软件一经开发完成后，大部分以固化的形式存入嵌入式系统中。

(5) 应用表现层

嵌入式系统中的应用表现层具有其特殊性，它主要表现为与目标系统间的接口。当然，它也有与用户直接交互的接口，但其主要作用是前者而不是后者。这是嵌入式系统与其他应用系统最明显的区别之一。

(6) 用户层

嵌入式系统的用户层由两部分组成，它们是嵌入式系统所控制的目标系统与直接用户，而其主要的用户是目标系统。

9.3.3　计算机应用系统之三——在多媒体领域应用以及图像处理

1. 多媒体技术介绍

(1) 多媒体基本知识

为进一步了解多媒体应用，我们先介绍多媒体的一些知识。首先介绍什么叫媒体

(medium)。我们说，媒体是信息表示的载体。目前，有多种信息表示的载体，如文本、图形、图像及声音等，因此称为多媒体（multimedium)。

① 感知（perception）媒体：对人而言，媒体有助于帮助人类了解周围环境以便于交流之用，一般人类所能感觉到的媒体有视觉、听觉、嗅觉及触觉等媒体，它们称为感知媒体。而对计算机而言，目前的感知媒体仅限于视觉及听觉媒体，如图像、图形、语音及声音等。媒体有很多，但我们这里所说的媒体，一般指的是即是感知媒体。

② 多媒体的表示：在计算机中多媒体的表示可分为内部与外部两种表示方法。

多媒体内部表示一般采用标准的二进制编码方法，其原理已在第 2 章中介绍过。其编码方法如用 JPEG 格式以及 BMP 格式的图像编码；用 GKS 格式的图形编码；用 CEPT 或 CAPTAIN 格式的视频编码以及 PAL、SECAM、NTSC 等格式表示音频、视频等编码。

多媒体外部表示是与人类感觉一致的表示。如作为输出的彩色显示器、扬声器及打印机等，作为输入的数码照相机、扫描仪、传声器以及键盘、鼠标等。

③ 多媒体存储：在计算机中多媒体的内部表示以二进制编码形式存储于存储器内，这种存储具有数据量大、密度高的特点。因此，它一般均存储于大容量、高可靠性的外存储器中，如磁盘、光盘中。它们具有共享、持久的特点，它们有的适合于文件存放（如图像文件），而有的则适合于数据库存放（如图形数据库）。

由于多媒体一般所占数据量大，因此在存储时往往需用压缩形式存储。

④ 多媒体传输：在计算机中多媒体传输一般是以二进制形式传输，传输一般通过网络进行。

⑤ 多媒体处理：在计算机中多媒体通过外部输入到计算机中，在经过压缩后存储至存储器中。多媒体的处理往往由计算机中的专用软件处理，在处理前先行解压再作处理，常用的处理有裁剪、拼接、放大/缩小、旋转等。

（2）多媒体的特性

多媒体的主要特性如下：

① 数字化表示。目前，在计算机中的多媒体信息都不采用模拟量表示，而用二进制编码的数字化形式表示，这是多媒体处理必要条件。多媒体的数字化为多媒体技术发展奠定了基础。

② 大数据量。多媒体信息采用数字化形式表示，它所占用的数据量大，这是它的另一个特性。因此，在多媒体应用中对存储器容量要求较高。

③ 集成性。多媒体应用中须涉及计算机软硬件、通信、网络以及广播、电视等多种技术的集成。它们以计算机为中心组成一个相互协作、互相配合的整体，共同完成多媒体应用的任务。

④ 协同性与交互性。在多媒体应用中往往将多媒体有机集成于一起，它们之间要求有较高的协同性，同时相互间交互也很为重要，只有做到这样，多种媒体的集成才能成为可能。

（3）多媒体创作工具

与其他应用系统不同，在多媒体应用的开发中需要有一些工具软件以协助多媒体应用的开发，这些工具称为多媒体创作工具。

目前常用的多媒体创作工具有：

① 图像处理创作工具 Photoshop、Director 以及 CorelDRAW 等。

② 视频处理创作工具 Premiere 等。

③ 音乐处理创作工具 Cakewalk 等。

④ 图形处理创作工具 AutoCAD 及 Flash 等。

⑤ 动画处理创作工具 3d studio max 及 Animator 等。

⑥ 多媒体图文制作工具 Authorware 等、

⑦ 演示文稿创作工具 PowerPoint 等。

应用多媒体创作工具再结合传统的计算机语言（如程序设计语言 C、C++以及 Java 等）以及 Web 中的 HTML、VBScript、Javascript、APS、JSP 等，就可以构成开发多媒体应用软件的良好环境。

2. 图像处理

在多媒体应用中我们选取常用的图像处理作重点介绍。图像处理在遥感、产品质量检查、视频会议、医学图像、数字图书馆、人像识别等多个领域有重要作用。图像处理的特点如下：

① 图像用二进制编码表示，所占用存储空间大，处理所占用的时间也多。

② 图像处理需有特殊的设备以供图像的输入及输出。

③ 图像在计算机内部的存储必以压缩形式出现。

④ 图像处理比较复杂，因此须有专用工具软件——图像创作工具。

图像处理的主要目的是提高图像的视觉质量进行图像的复原与重建、图像分析，对图像数据作变换以有利于图像的有效存储与传输。此外，还包括对图像的管理与检索等。

图像处理的内容包括：

① 图像的去噪、复原——用以恢复图像原貌。

② 图像的增强——用以强化图像效果。

③ 图像分割与拼接——用于图像合成。

④ 图像放大/缩小、旋转、色彩调整——图像编辑。

⑤ 图像压缩与解压——用以图像存储。

⑥ 图像的特征提取——用以分析图像。

⑦ 图像管理——用以保管与检索图像。

目前，能作图像处理的工具软件最常用的是 Adobe 公司的 Photoshop，它具有上面七个功能中的大部分功能。除此之外，还包括微软公司 Windows 中的绘图软件 Paint、Office 中的 Microsoft Photo Editor 等。

3. 图像处理应用系统组成

用作图像处理的应用系统称为图像处理应用系统，如遥感图像处理与分析系统即属此类应用系统。该类应用系统的组成如下：

(1) 基础平台层——硬件层

图像处理应用系统传统的结构是单机集中式结构，随着图像应用的扩展，如远程医疗、远程教育、数字图书馆等的出现，其结构已向 C/S 与 B/S 发展。但目前大量应用还以传统应用为主，因此在这里我们采用单机集中式结构。

图像处理应用系统的硬件设备配置有其特殊要求：

① 计算机。图像处理对系统中的主机要求是：

- 存储容量大：这包括内存与外存都要求容量大。
- CPU 速度快：图像处理计算复杂、要求 CPU 计算速度快。

② 输入/输出设备。图像处理需有特殊的输入/输出设备，它们是：

- 显卡：又称显示适配器，是主机与显示器的硬件接口。显卡能支撑较高的屏幕分辨率和丰富的颜色深度。
- CD-ROM 或 DVD-ROM 驱动器：由于图像数量大，它们大都存储于 CD-ROM 或 DVD-ROM 中，为加快读取速度，一般需配置 CD-ROM 或 DVD-ROM 驱动器。
- 扫描仪：用以将文档、照片转换成计算机内部的图像数据的一种专用输入设备。
- 数码照相机：将外界景物通过它转换成计算机内部图像数据的一种专用输入设备。
- 彩色打印机：用作图像输出的硬拷贝设备。

（2）基础平台层——软件层

图像处理应用系统的软件层也有其独特的要求，它们是：

① 多媒体操作系统：图像处理应用系统一般使用多媒体操作系统。它除有操作系统的一般功能外，还有较强的实时调度与同步控制能力，有专用设备的驱动程序与接口等。目前常用的 Windows 及 Linux 等操作系统都是多媒体操作系统。此外，如苹果机的 Mac OS X 也是一种著名的多媒体操作系统。

② 图像数据库管理系统：在数据管理中目前有专门用于管理图像的 DBMS（称为图像数据库管理系统），该系统适用于数量特别多的图像管理与检索。

③ 图像处理语言：用于图像处理的语言一般可用传统的语言如 C、C++及 Java 等。

④ 图像创作工具：目前图像处理主要使用专用的图像创作工具，它是图像处理的主要工具软件。这种工具目前很多，其功能并不完全一致，可以根据应用需要而选择之。

（3）数据资源层

图像处理应用系统的数据资源庞大，它包括图像数据资源以及有关图像的描述性数据等几部分。其中，有的采用文件管理，也有的采用数据库管理。一般采用文件与数据库联合管理的方法较为合理。

（4）业务逻辑层

该层存储与运行相关的图像应用模块。

（5）应用表现层

图像处理应用系统的应用表现一般以图像形式出现，并通过图像输出设备展示。

（6）用户层

在单机集中式结构中的用户往往是该系统的直接用户，它们通过图像操作与系统直接交互。

9.3.4 计算机应用系统之四——在智能领域应用以及专家系统

1. 人工智能——计算机在智能领域中的应用

计算机在人类智能领域中的应用自 20 世纪 50 年代起就有人作探索性研究，至今已取得重大成绩，其主要有：

（1）专家系统

主要用于模仿专家的思维活动，将其植入计算机系统中，使系统具有专家的能力，能解决专家所能解决的问题，这就是专家系统。目前比较成功的专家系统有医学专家系统、国际象棋专家系统等。

（2）计算机视觉

主要用计算机方法模拟人的视觉功能。它目前主要用于如指纹识别、语音识别、印章识别、笔迹识别、医学图像分析以及人脸识别等多个应用中。

（3）智能机器人

智能机器人即是具有人类某些高级智能的机器，它能从事部分人的工作，如消防机器人、水下机器人、足球机器人以及无人驾驶汽车等均属智能机器人。

（4）自然语言理解与机器翻译

机器翻译即是用计算机替代人作不同自然语言间的翻译，如中英、英中，中日、日中的翻译系统等均属机器翻译。而自然语言理解则是一种理论研究领域，它为机器翻译提供了理论上的基础支持。

（5）机器学习与深度学习

机器学习即用计算机模拟人类的学习行为以获得新的知识与技能的过程。机器学习主要采用归纳方法，具体方法有人工神经网络、决策树、贝叶斯网络及支持向量机等，它们通过大量的数据分析，获得其蕴藏在内的本质性规律。这种方法目前已在大量应用中取得成果，如产品质量分析、天气预报、商业网点布局、股市预测等。

目前在机器学习基础上又出现了效果更为有效的深度学习方法，也是机器学习的一种扩充。它的典型算法是卷积人工神经网络。

对人工智能的研究近年来取得了突破性的进展，它为“电脑”直接取代“人脑”又跨进了实质性的一步。下面我们选用以专家系统（特别是肝病诊断专家系统）作为重点介绍内容。

2．专家系统及肝病诊断专家系统介绍

人工智能以模拟人类智能为其主要目标。在人工智能中主要研究的对象是知识，包括知识概念、知识表示及知识获取等内容。

（1）知识概念

在人工智能中知识是其主要研究的对象。一般讲，知识由概念、事实及规则三个层次组成。

- 概念：概念是知识的基础。如花、草、人、畜、手、世界、美丽、红色、绿色等。
- 事实：事实由概念组成，它建立了概念间的关联。如红花、世界是美丽的、人有一双手等。
- 规则：规则由事实组成，它建立了事实间的关联。如花是红的、草是绿的，因此世界是美丽的。又如：人有一双手，故人能改造世界等。

上述三个知识层次组成了完整的知识。

（2）知识表示

在人工智能中知识可用统一、抽象的形式表示，称知识表示。目前有关知识表示的方法很多，如谓词逻辑表示、产生式规则表示、语义网络表示、状态空间表示及知识图谱表示等。

（3）知识获取

由已知的知识经一定的推导而获得新的知识的过程称为知识获取。知识处理的方法很多，如知识空间的路径搜索方法，如演绎推理方法及归纳推理方法等。

在人工智能中的专家系统即是由知识工程师将专家所积累的专业知识总结成为一组用一定形式表示的知识，并通过知识获取获得新的知识。这样，这个系统就可以模拟专家的专业工作并可以取代部分的专家工作，这就是专家系统。如用医学专家系统替代医生，用国际象棋专家系统替代国际象棋棋手。

下面介绍肝病诊断专家系统。肝病诊断专家系统由下面三部分组成。

（1）肝病诊断规则

肝病诊断须遵循一定的基本规则，这些规则可用知识表示。

（2）肝病诊断专家的知识

总结著名肝病诊断专家的肝病诊断知识。

（3）知识推理

基于上述知识，通过知识推理从已知知识出发不断推进以达到最终目标知识（即得出肝病诊断结果）。

3．专家系统实现

专家系统是一种软件，它包括下面三部分。

（1）知识的实现：知识可用一定数据结构中的数据形式表示。

（2）知识库的实现：在专家系统中有很多知识，它们需要管理，因此需用知识库对知识以管理。知识库有两种：一种用于管理事实，称事实库，事实一般可用数据库中数据表示，因此目前都用数据库作为事实库之用。另一种用于管理规则，称规则库。由此可知，知识库由数据库与规则库等两部分组成。

（3）推理引擎：用于作知识处理的软件。

应用上面的部分可以组织成专家系统应用软件。它们还包括专家系统应用界面及内部组成等。在组成时还需一些开发工具，常用的有专用的人工智能语言，著名的如 LISP 语言。此外还有很多专用的工具。

4．肝病诊断专家系统的组成

肝病诊断专家系统的应用称为肝病诊断专家应用系统。该类应用系统的组成如下：

（1）基础平台层——硬件层

肝病诊断专家系统的应用的硬件层一般都以单机为主，根据系统规模大小不同可使用小型或大型机不等。

（2）基础平台层——软件层

肝病诊断专家系统的软件层一般都采用 UNIX 操作系统，LISP 语言编译系统以及一些专用的开发工具等。此外，还包括管理事实的数据库管理系统及管理规则的规则库管理系统等以及推理引擎等工具。

（3）数据资源层

肝病诊断专家系统的数据资源包括数据库、规则库以及文件数据资源等多种。

（4）业务逻辑层

肝病诊断专家系统的业务逻辑内容是该专家系统的应用程序。

（5）应用表现层

肝病诊断专家系统的应用表现层内容有：

- 医生操作界面；
- 知识工程师维护操作界面。

（6）用户层

肝病诊断专家系统的用户包括医生及知识工程师。

小结

（1）计算机应用系统是整个计算机系统的大集成。

（2）计算机应用系统由自底向上的五层组成。

- 基础平台层。
- 数据资源层。
- 业务逻辑层。
- 应用表现层。
- 用户层。

（3）计算机应用系统分类。

- 科学计算。
- 事务处理。
- 控制应用。
- 多媒体应用
- 智能应用。

（4）典型应用介绍。

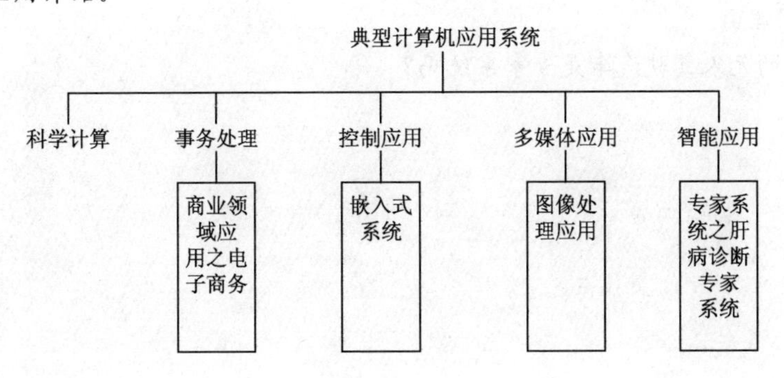

习题

一、选择题

1. 以单机为核心的应用平台为（　　）应用系统提供基础物理保证。

   A. 分布式　　　B. Web　　　C. 集中式

2. 情报检索系统属于（　　）应用。

A. 事务处理　　B. 多媒体领域　　C. 智能领域

3. 客户上超市购买水果属于（　　）活动模式。

A. B2C　　B. B2B　　C. C2C

4.（　　）是一种嵌入式操作系统。

A. Windows XP　　B. UNIX　　C. Windows CE

二、简答题

1. 为什么说计算机应用系统是整个计算机系统的大集成？
2. 给出能应用计算机的领域所必须具备的两大条件，并说明其理由。
3. 给出计算机应用系统组成的五个层次，并作详细说明。
4. 给出计算机应用系统的三种结构，并作详细说明。
5. 给出计算机应用系统的五种分类，并作详细说明。
6. 在电子商务中常用的有哪两种模式？
7. 在电子商务中的业务逻辑层都有哪些业务模块？
8. 什么叫嵌入式系统？
9. 嵌入式系统的基础由哪些软硬件组成？
10. 介绍多媒体的一般知识。
11. 图像处理有哪些内容与特点？
12. 图像处理的基础平台由哪些软硬件组成？
13. 人工智能目前已取得哪些成果？

三、思考题

1. 计算机能超越人脑吗？请回答并做出说明。

2. 人类的七情六欲目前尚未能全用计算机处理，请问这是为什么？今后有可能用计算机处理吗？请说明理由。

3. Google的无人驾驶汽车是专家系统吗？

第10章 计算机应用系统开发

本章导读

本章主要介绍计算机应用系统的开发，内容包括计算机应用系统开发的概貌、开发步骤，最后介绍一个典型的开发实例。

内容要点：

系统平台设计与详细设计。

学习目标：

能掌握计算机应用系统基本开发技术。具体包括：

- 计算机应用系统开发原理。
- 计算机应用系统开发过程。

通过本章学习，学生能掌握计算机应用系统开发原理并能进行简单的应用开发。

10.1 计算机应用系统开发概貌

计算机应用系统的开发涉及前面各篇的内容，因为所有计算机系统中的功能与技术的最终目的都是为了实现计算机应用系统。这些内容从开发观点看包括如下几部分：

① 计算机硬件：包括计算机组成、计算机网络以及相关的接口设备及配套设备，还包括网络结构方式。它们奠定了应用系统的硬件基础。

② 计算机软件：包括系统软件以及网络中系统软件、中间件、工具软件、接口软件等。它们奠定了应用系统开发的软件基础。此外，计算机软件包括应用程序、界面程序、数据库程序等；还包括多种数据体，如数据库数据体、文件及 Web 数据体等。

③ 信息安全：为应用系统安全与可靠奠定基础。

④ 开发方法：包括软件工程等内容，为应用系统开发从方法论上提供指导。

⑤ 开发文档：包括文档标准与文档编制等内容，为应用系统文档编写提供规范。

以上五部分最终得以完成计算机应用系统的宏伟大厦。

10.2 计算机应用系统的开发步骤

计算机应用系统开发以遵从软件工程开发的原则为主，但考虑到应用系统中不仅包括软件开发，还包括硬件配置，因此是一个系统的开发，它称为系统工程。对它的开发既要考虑软件因素也要考虑硬件因素。故而须对软件工程中的六个开发步骤作适当的调整，即增加两个新的步骤，从而组成为八个步骤。它们构成了应用系统开发的完整过程。这八个步骤分别是：

① 计划制订。

② 需求分析。

③ 软件设计。

④ 系统平台设计。

⑤ 系统更新设计。

⑥ 编码。

⑦ 测试。

⑧ 运行与维护。

在这八个步骤中，①～③及⑥～⑧等六个步骤是软件工程中的六个步骤，而④、⑤则是应用系统中的新增的两个步骤。考虑到六个步骤已在软件工程中已有详细介绍，因此这一章中就不作说明了。所要注意的是，在进行应用系统的开发时，更多的要从整个系统的角度着手考虑计划制订、需求分析与软件设计等。如其中要关心到硬件配置的规模、硬件的环境、硬件结构的需求等。新增的两个步骤是在软件设计的基础上进行的，主要完成应用系统平台设计以及基于平台上的进一步的软件设计。⑥～⑧则是在系统的更新设计基础上所做的编码、测试以及运行与维护。它们的整体构成了应用系统的完整开发流程。

下面我们介绍这两个新增的步骤④与⑤，即应用系统平台设计与系统详细设计。

1. 应用系统平台设计

应用系统平台是应用系统的基础，它包括硬件平台与软件平台。硬件平台是支撑整个系统运行的设备与结构的集成。其中设备包括计算机、输入/输出设备、接口设备，还包括网络中的设备等。而结构包括集中式、分布式C/S、B/S结构等。此外，在分布式结构中还包括网络的结构设计。软件平台则是支撑应用系统运行的系统软件（包括网络中系统软件）、中间件、接口软件及工具软件等。

应用系统平台的设计主要建立在需求分析及软件设计基础上，根据这两者所提供的要求作平台设计。它包括下面几个内容。

(1) 平台结构设计

首先要确定的是整个应用系统的结构，它包括：

- 是集中式还是分布式结构：目前一般的应用系统大都采用分布式结构。
- 采用何种分布式结构：目前常用的结构有C/S及B/S。
- 在分布式结构中还应对相应的网络作结构设计。

(2) 平台设备配置

其次，在确定结构后需作设备配置，即在固定的结构中选择不同的设备，以及相应的软件配置。

(3) 设备选型

即在设备配置基础上确定所采购设备的型号、数量。同时要确定相应的软件型号与数量。

(4) 安全装置配备

除了上述配置外，还需根据安全要求，配置一定的安全设备及相应软件。

经过这四个过程后，一个系统平台大致就形成了。最后须编写系统平台说明书。在说明书中必须有系统平台结构图。

2. 系统更新设计

在软件设计后增加了系统平台设计，使得原有的设计内容增添了诸多物理因素，因此，对原有软件设计方案须作必要的调整。同时，为协调与平台的关系，对平台设计方案也须作一些修正。经过这种修改后的方案构成了应用系统的初步协调的设计方案。

系统详细设计的内容包括：

① 在分布式平台中须对应用系统中的模块与数据作适当的调整，并作合理的配置与分布。

② 由于平台的引入会影响应用软件的整体性，因此须增添一些接口，包括程序与程序；程序与数据以及数据与数据之间的接口连接。

③ 可因不同平台而出现不同的操作模式，因此须调整人机界面以及操作方式以利于系统的操作使用。

④ 由于平台的引入而出现的应用系统周围环境间的接口须作一定的调整。使系统与外界能保持协调与一致。

⑤ 在应用软件入驻平台后，也将对平台产生影响，此时在必要时也须对平台的硬件、软件的配置及结构作适当调整，并最终能做到平台与应用间的协调。

⑥ 必须编写系统更新设计说明书。

在经过这两个步骤设计后，应用软件与平台就融为一体，它们共同构成了一个应用系统的设计方案。而接下来的编码即是基于整个系统的编码，而测试也是对整个系统的测试，最后的运行（维护）也是应用系统的运行（维护）。

附带要说明的是，在平台设计与更新设计中还要考虑到信息安全的设计。

*10.3　应用系统开发实例——嵌入式电子点菜系统

在本节中以一个大家所比较熟悉的酒店电子点菜系统为例作开发，重点介绍该系统的分析与设计，同时为介绍方便删去了一些细节。

10.3.1　嵌入式电子点菜系统简介

当我们上酒楼吃饭时会发现服务员手上有一个移动终端，在点菜时服务员只要在终端上做一些点击即能随时将所点菜单通过无线方式传递至总台的服务器中，服务器通过设置于厨房的打印机将菜单打印出来，厨师即可按菜单做菜，此外服务器还可做消费结账、就餐统计等工作。这就是我们所要介绍的电子点菜系统，而服务员手中的终端即称为点菜器。由于终端是一种嵌入式计算机，因此该电子点菜系统也称嵌入式电子点菜系统。

图 10-1 所示为典型的酒店中常用的电子点菜示意图。在图中有餐厅（它包括四个包间与有八张桌子的大厅），此外还有收银台的服务器，设置于厨房的打印机以及持于服务员手中的掌上计算机（即点菜器）。此外，在这三种设备间，服务器与打印机间有线路相连（打印机是

服务器的附属设备），而掌上计算机（属移动终端）与服务器间则采用蓝牙技术用无线方式连接。整个点菜系统是一种 C/S 结构，如图 10-2 所示。

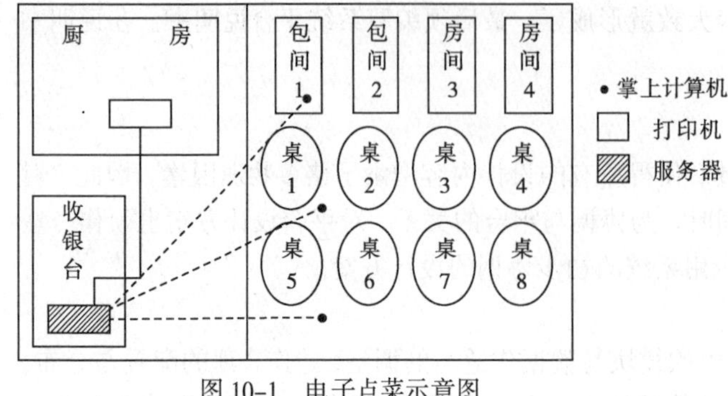

图 10-1　电子点菜示意图

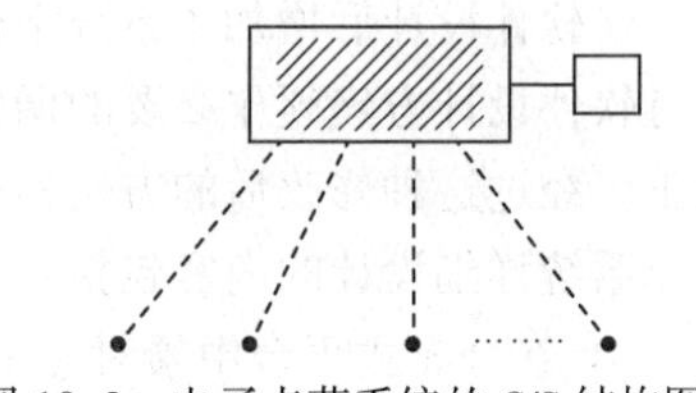
图 10-2　电子点菜系统的 C/S 结构图

10.3.2　需求调查

电子点菜系统的需求来自顾客在酒店的消费与酒店为顾客的服务。在需求中涉及如下相关的几个客体。

① 顾客：顾客是消费的主体，是酒店服务的对象，负责点菜、用餐及付费。

② 服务员：服务员是直接为顾客服务的酒店人员，负责接受菜单，传递菜肴。

③ 厨房：厨房按顾客点菜要求负责制作菜肴。

④ 收银台：收银台负责结账、收款。

⑤ 菜肴：它包括菜谱及菜单，是酒店的工作核心。

在五个客体间存在一定关系，它们是：

① 服务员、菜单与顾客：服务员代表酒店接受顾客的菜单，并将按菜单要求制作的菜肴递送给顾客。

② 服务员、菜单与厨房：服务员将菜单传递给厨房，并从厨房接受菜肴。

③ 服务员、菜单与收银台：服务员将菜单传递给收银台。

④ 顾客、菜单与收银台：顾客与收银台结账。收银台给出菜肴账单，顾客付款。

以上是传统的顾客消费需求，在利用现代技术对酒店作改造中，尚需作进一步要求。

① 改变传统酒店的“跑堂”方式，提高店堂效率、减轻服务员工作量。

② 能对酒店经营状况作随时的统计、分析与查询，使领导能心中有数。

③ 能对酒店服务提供相关数据管理（如菜谱管理、用餐座位管理等）。

顾客就餐的整个流程是：

① 顾客进门，酒店服务员引导就座。

② 顾客点菜。

③ 服务员传递菜单。

④ 服务员送菜，顾客用餐。

⑤ 顾客用餐结束，埋单付款。

⑥ 顾客离店，整个流程结束。

10.3.3　系统分析

根据前面所做的需求调查可作系统分析。

1．数据流图

该需求的数据流图如图 10-3 所示。

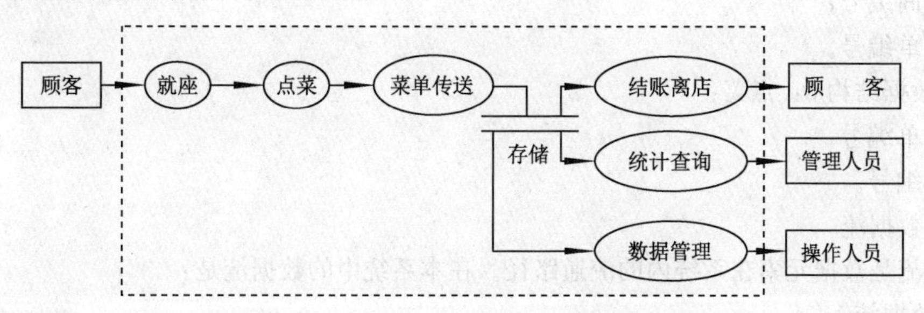

图 10-3　电子点菜系统数据流图

2．数据字典

数据字典给出了系统中的存储细节。

(1) 数据元素与数据项

在数据字典中包含了 6 个数据元素及相关的数据项。（为简便起见，在此处忽略了相关细节）

① 数据结构 1：顾客：

- 顾客编号；
- 顾客人数；
- 到达时间；
- 离开时间。

② 数据结构 2：菜谱：

- 菜编号；
- 菜名；
- 类别；
- 价格；
- 状态。

③ 数据结构 3：菜单：

- 菜单编号；
- 菜品种数；
- 服务员工号。

④ 数据结构 4：房间（包括包间及大厅桌子）：

- 房间编号；
- 房间名；
- 类别；
- 规格；
- 人数；

- 当前状态。

⑤ 数据结构5：顾客消费：

- 顾客消费流水号；
- 顾客编号；
- 房间编号；
- 菜单编号。

⑥ 数据结构6：点菜：

- 菜单编号；
- 菜编号。

（2）数据流

数据流是数据元素在系统内的流通路径。在本系统中的数据流是：

① 数据流1：

- 数据流名：顾客就餐；
- 数据流来源：外部；
- 数据流去向：房间及点菜消费；
- 数据流组成：顾客—房间—菜谱—点菜消费—顾客（离店）。

② 数据流2：

- 数据流名：菜谱使用；
- 数据流来源：外部；
- 数据流去向：点菜消费；
- 数据流组成：菜谱—点菜消费。

③ 数据流3：

- 数据流名：房间使用；
- 数据流来源：外部及顾客；
- 数据流去向：点菜消费；
- 数据流组成：顾客—房间—点菜消费—顾客（离店）。

（3）数据存储

同数据元素。

（4）数据处理

数据处理1：顾客入座—修改房间状态；插入一个顾客数据；

数据处理2：顾客点菜消费—在顾客消费菜单及点菜中插入一个新的数据；

数据处理3：菜单传递—数据传送；

数据处理4：顾客离店—修改顾客及房间数据；

数据处理5：数据管理—顾客、房间、菜谱；

数据处理6：统计；

数据处理7：查询；

数据处理8：输出处理；

数据处理9：顾客结账—计算账单。

10.3.4　系统设计

系统设计分模块设计与数据设计两部分。

1. 模块设计

由系统分析（特别是其中的数据处理）可建立起一个模块结构图，如图 10-4 所示。

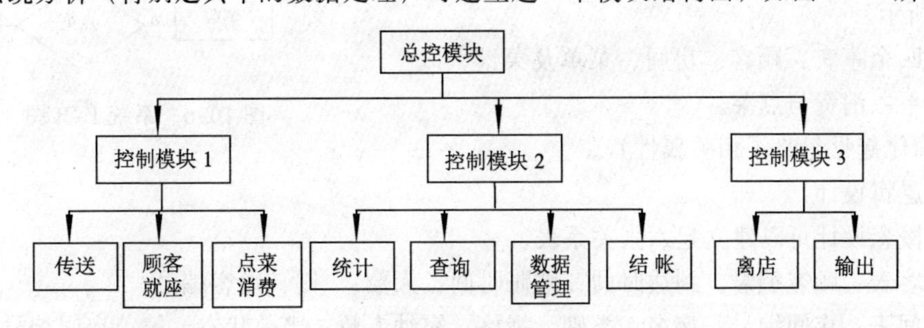

图 10-4　模块结构图

由此可以建立起系统的 12 个模块。其中控制模块 2 是数据处理的入口，它是一个虚拟的模块，可以省略，总控模块是整个系统总入口，而控制模块 1 是数据入口模块，控制模块 3 是数据出口模块。

模块 1—总控模块
模块 2—顾客就座模块
模块 3—点菜消费模块
模块 4—菜单传递模块
模块 5—输出模块
模块 6—结账模块
模块 7—统计模块
模块 8—查询模块
模块 9—数据管理模块
模块 10—控制模块 1
模块 11—控制模块 3
模块 12—离店模块

下面可以对每个模块构建模块描述图，现仅以图 10-5 所示点菜消费模块为例。

模块编号	03	模块名	点菜消费	
模块功能	顾客在菜谱中点菜			
模块处理	在点菜消费中建立一个新的记录			
模块接口	它受模块 10 控制；接收外部数据；用传送模块将数据传送至服务器			
附加信息				
编写人员：张 之 华		审核人员：徐 飞		
审批人员：王 坚 强		日期：2019 年 2 月 1 日		

图 10-5　点菜消费模块描述图之示例

2. 数据设计

数据设计分为概念设计与逻辑设计两个部分。

(1) 概念设计

数据的概念设计即是设计数据的E-R图，如图10-6所示。

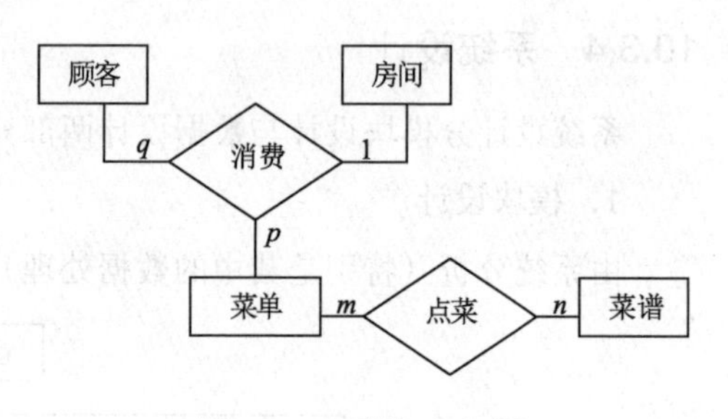

图10-6 系统E-R图

它有四个事实：顾客、房间、菜单及菜谱，以及两个联系：消费与点菜。

(为简化起见忽略了相关属性)。

(2) 逻辑设计

根据概念设计可以建立起六张关系表。

- 顾客表：顾客编号、到达时间、结账时间、人数； 键：顾客编号。
- 房间表：房间编号、房名、类别、规格、容纳人数、当前状态；键：房间编号。
- 菜谱表：菜谱编号、菜名、类别、价格、状态；键：菜谱编号。
- 顾客消费表：流水编号、顾客编号、房间编号、菜单编号；键：流水编号。
- 点菜表：菜单编号、菜编号；键：菜单编号、菜编号。
- 菜单表：菜单编号、菜品种数、服务员工号；键：菜单编号。

此外，它还有四个外键，分别为：顾客编号、房间编号、菜单编号及菜谱编号。

10.3.5 系统平台

根据需求与系统设计可以构建系统平台。

1. 系统结构

系统采用C/S结构。

2. 传输方式：

采用蓝牙无线传输方式。

3. 客户机平台

① 掌上计算机。

② 4RM24105嵌入式开发板。

③ USB接口。

④ 蓝牙适配器。

⑤ 操作系统：嵌入式Linux。

⑥ 开发工具：Qt/Designer。

4. 服务器平台

① PC服务器。

② USB接口。

③ 蓝牙适配器。

④ 打印机。

⑤ 操作系统：Windows Server 2008。

⑥ 数据库管理系统：SQL Server 2008。

⑦ 开发工具：Qt/Designer，C++。

图 10-7 所示为系统平台结构图，它的局域网结构图如图 10-8 所示。

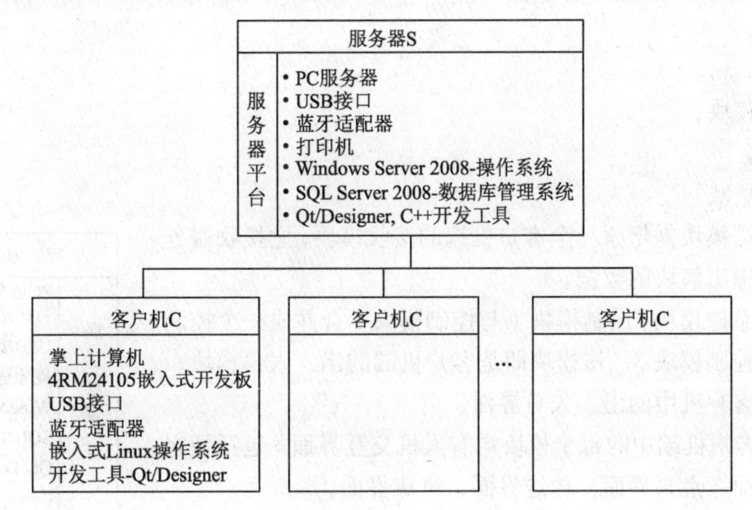

图 10-7　系统平台结构图

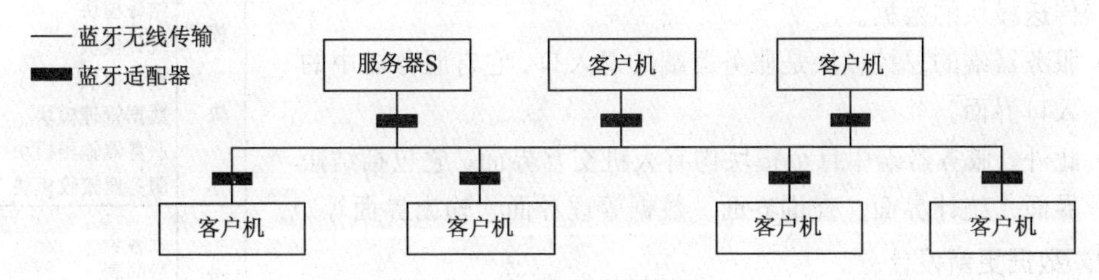

图 10-8　系统局域网结构图

10.3.6　系统更新设计

在系统平台及系统设计基础上可以构建系统更新设计方案。

1．模块更新设计

在模块更新设计中需增加两个方面的内容，它们是将模块分布于客户机端与服务器端，同时适当增减模块及其内容以满足与系统平台结合后所产生的接口与人机界面等。

(1) 模块的分布

在系统的 C/S 结构中，客户机 C 与服务器 S 的模块分布如下：

① 客户机端模块：

总控模块；

控制模块 1；

顾客就座模块；

点菜消费模块；

传送模块；

控制模块 3；

离店模块。

②服务器端模块：

总控模块；

结账模块；

统计模块；

查询模块；

数据管理模块；

输出模块。

(2) 模块增减

- 客户机端模块需增添一个客户机端的接收模块，它接收服务器中的输出模块的数据。
- 可以将总控模块、控制模块 1 与控制模块 3 合并成一个控制模块称控制模块 3。该模块即是客户机端的出、入口模块，它又是客户机中的出、入口界面。
- 此外，客户机端中的每个模块均有人机交互界面，包括顾客就座界面、点菜界面、传送界面、离店界面。
- 服务器端模块可以增添一个接收模块，它接收来自客户机中传送模块的数据。
- 服务器端的总控模块是服务器端的总入口，它有服务器中的入口界面。
- 此外，服务器端中每个模块均有人机交互界面，它包括结账界面、统计界面、查询界面、数据管理界面、输出界面等。

2. 数据更新设计

系统的关系表放置于服务器端，并于键处设置索引以提高存/取效率。

10.3.7 系统结构图

最后，可以构成一个系统总结构图，如图 10-9 所示。

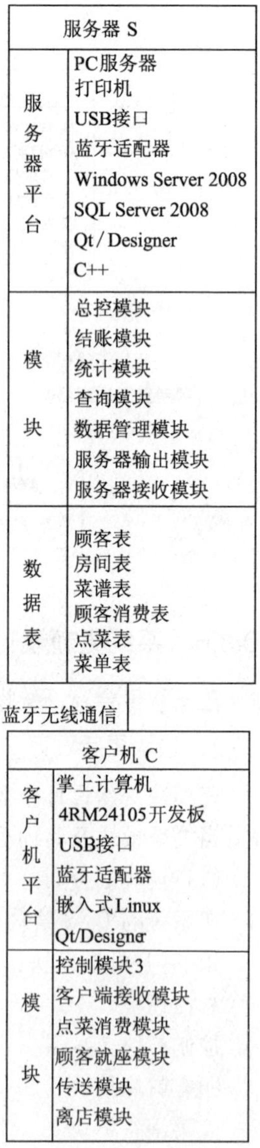

服务器 S	
服务器平台	PC服务器 打印机 USB接口 蓝牙适配器 Windows Server 2008 SQL Server 2008 Qt / Designer C++
模块	总控模块 结账模块 统计模块 查询模块 数据管理模块 服务器输出模块 服务器接收模块
数据表	顾客表 房间表 菜谱表 顾客消费表 点菜表 菜单表

蓝牙无线通信

客户机 C	
客户机平台	掌上计算机 4RM24105开发板 USB接口 蓝牙适配器 嵌入式Linux Qt/Designer
模块	控制模块3 客户端接收模块 点菜消费模块 顾客就座模块 传送模块 离店模块

图 10-9　系统总结构图

10.3.8 系统的信息安全

系统设计的最后一个环节是系统的信息安全设计。

首先，该系统有一定的安全性要求，但是并不很高，因此可设计为 C1 级安全要求。

根据 C1 级要求，该系统须设置如下：

① 身份鉴别：一般设置为口令，由数据库或应用程序实现。

② 完整性：系统的信息完整性主要是：

- 10≤菜价格≤100；
- 1≤顾客人数≤10；
- 同一时间内一个房间号必最多对应一个顾客编号。

系统完整性要求一般由数据库完成，也可由应用程序通过编程实现。

③ 自主访问控制：系统可设置两种用户：普通用户与超级用户。其中，普通用户有读、

写所有数据的权力但不能作修改；超级用户则拥有读、写及改的全部权力。系统自主访问控制功能的实现一般由数据库完成。也可由应用程序通过编程完成。

10.3.9　系统实现

根据系统更新设计及系统总结构图，即可以按模块与数据表编程，最终可以得到 13 个程序及 6 张表。其中服务器端程序的一部分可用数据库中的存储过程表示。

1. 程序

- 总控程序　　（服务器端）
- 服务器接收程序　　（服务器端）
- 服务器输出程序　　（服务器端）
- 结账程序　　（服务器端）
- 统计程序　　（服务器端）
- 查询程序　　（服务器端）
- 数据管理程序　　（服务器端）
- 客户端控制程序　　（客户机端）
- 顾客就座程序　　（客户机端）
- 点菜消费程序　　（客户机端）
- 传送程序　　（客户机端）
- 离店程序　　（客户机端）
- 客户端接收程序　　（客户机端）

2. 数据表

- 顾客表　　（服务器端）
- 房间表　　（服务器端）
- 菜谱表　　（服务器端）
- 顾客消费表　　（服务器端）
- 点菜表　　（服务器端）
- 菜单表　　（服务器端）

接着，可以用相应的软件开发程序与数据表。此后，即可对软件作测试，在测试完成后系统即可投入运行。

小结

1. 计算机应用系统的构成

计算机应用系统开发是整个计算机系统的大集成，它包括：

- 计算机硬件。
- 计算机软件。
- 信息安全。
- 开发方法。
- 开发文档。

2．计算机应用系统的开发步骤

在软件开发步骤中增加：

- 系统平台设计。
- 系统详细设计。

习题

一、简答题

1．计算机应用软件与计算机应用系统在概念上有何区别？

2．计算机应用软件与计算机应用系统在开发步骤上有何区别？

3．给出应用系统平台设计的内容。

4．给出应用系统详细设计的内容。

二、思考题

在计算机应用系统中集中式结构与分布式结构在作平台设计有何不同？

三、应用题

以例 8-1 为需求分析起点，进行软件设计、系统平台设计及详细设计，在设计中分别以集中式与分布式作两个设计方案。(具体细节请自行设置)。

第四篇

研究计算机——计算机理论

在前面三篇中我们已经介绍了计算机系统从原理、构成到应用等多方面内容。可以看出，计算机从产生至今已经历了巨大的变化与发展，同时，还在不断地发展与变化。究其根源是因为计算机学科具有坚实的发展基础与根底，这就是计算机理论，它像大厦中坚实的基石支撑着上层计算机学科的蓬勃发展。

计算机理论有四根支柱，它们是算法、数据结构、数学理论及可计算性理论。

1．算法与数据结构

算法与数据结构是计算机学科的支柱，特别是计算机软件与应用的两根支撑，它们的有机结合推动了计算机应用的不断发展，领域的不断拓宽。

2．数学理论与可计算性理论

数学理论是研究计算机的重要工具与手段，它推动着计算机学科不断发展；而数学理论中的可计算性理论是研究计算机计算能力的有力工具（其中以图灵机理论为代表），由于它的特别重要性，因此作为单独部分进行讨论。

本篇共两章，它们是：第 11 章：算法与数据结构；第 12 章：计算机的数学基础。

第 11 章 算法与数据结构

本章导读

本章介绍计算机理论中对计算机起支撑作用的两大部分——算法与数据结构。

其中，算法对程序设计及程序设计语言起着理论指导作用，而数据结构（包括数据理论）则对数据组织（如数据库、文件系统以及程序设计中的数据部分）起着理论指导作用。

内容要点：

- 算法的完整表示。
- 数据结构的基本概念。

学习目标：

能了解计算机理论两大支撑——算法与数据结构的基本思想与方法。具体包括：

- 算法的基本理论与方法。
- 数据的基本理论。
- 数据结构的基本方法与操作。

通过本章学习，学生能掌握算法与数据理论的基本原理，同时能进行简单的算法设计与数据操作。

11.1 算法基础

算法（algorithm）是研究计算过程的一门学科，它是程序设计的基础，并对程序设计起着指导性作用。我们在进行程序设计时往往需首先设计一个算法，而程序则是在算法指导下编制的。由此可以看出算法在程序设计中的重要性。著名的计算机科学家 N. Wirth 说过："计算机科学就是研究算法的学科"，他提出一个著名的论断："程序=算法+数据结构"。因此，算法不仅是程序的基础，也是计算机科学的核心内容。

在本节中将介绍算法的概念与描述以及算法分析，同时介绍算法与程序设计间的关系。

11.1.1 算法的基本概念

算法是求解问题的一种方法，该方法可用一组有序的计算过程或步骤表示。

在求解问题的过程中往往考虑下面一些问题。

1. 解的存在性

首先考虑的是问题的解是否存在。因为很多问题是没有解的，它们不属我们考虑之列，我们只考虑那些有解存在的问题。

2. 算法解

对有解存在的问题，给出它们的解。求解的方法很多，用算法表示的解称为算法解，它是求解方法的一种。

算法解是用一组有序计算过程或步骤表示的求解方法。

3. 计算机算法

算法这种概念自古有之，如数论中的辗转相除法、孙子定理中的同余算法等。自计算机问世后，算法的重要性大大提高。因为在计算机中求解问题一定需要算法，只有给出算法后计算机才具有执行的可能，这种指导计算机执行的算法称为计算机算法。一般在计算机学科中所提及的算法均为计算机算法。

下面我们举一个计算机算法的例子。

【例 11-1】设有三枚 1 元硬币，其中一枚为伪币，而伪币质量必与真币不同，现有一无砝码的天平，请用该天平找出伪币。

解　这是一个算法问题，该问题是：有 a、b、c 三个数字，其中有两个相等，请找出其不等的那个数。

该算法有输入：a、b、c。

该算法有输出：a、b、c 中不等的那个数。

该问题的算法过程是：

① 比较 a 与 b，若 $a=b$，则不等的数为 c，算法结束，输出 c。若 $a \neq b$，则继续。

② 比较 a 与 c，若 $a=c$，则不等的数为 b，算法结束，输出 b。否则，不等的数为 a，算法结束，输出 a。

从这个例子中可以看出算法中的一些现象：

① 使用算法是一种“偷懒”的方法，只要按照算法所规定的步骤逐步进行，最终必得正确结果。因此，在算法求解中没有必要交由人去执行而可移交给计算机执行，而人的任务是编制算法以及将算法用计算机所熟悉的语言告知计算机，计算机即可按算法要求求解并获得结果。

② 一般地，算法仅给出计算的宏观步骤与过程，而并不给出微观的细节，这样做有利于对算法的独立讨论，也有利于对程序设计的具体指导。因此，算法不是程序，算法高于程序。

一般地，我们在编写程序时首先要设计一个算法，它给出了程序的框架；接着需对算法进行必要的理论探讨，包括算法正确性及效率分析等；然后根据算法进行程序设计并最终在计算机上执行，以获得结果。因此，算法是程序的框架与灵魂，而程序则是算法在计算机上的实现。

11.1.2　算法的基本特征

著名计算机科学家 D.E.Knuth 在他的著作《计算机程序设计技巧第一卷：基本算法》中对算法的特征进行了总结，给出了五个特征：

① 能行性（effectiveness）：表示算法中的所有计算都是可用计算机实现的。

② 确定性（definiteness）：表示算法的每个步骤都有明确定义和严格规定的，不允许出现二义性、多义性等模棱两可的解释。

③ 有穷性（finiteness）：表示算法必须在有限个步骤内执行完毕。

④ 输入（input）：每个算法必有 0～n 个数据作为输入。

⑤ 输出（output）：每个算法必有 1～m 个数据作为输出；没有输出的算法表示算法“什么都没有做”。

这五个特性唯一地确定了算法作为问题求解的一种方法的性质。

11.1.3 算法的基本要素

算法是研究计算过程的学科，因此算法的基本构成要素是“计算”与“过程”。

1. 计算

算法构成的第一个要素是计算，而计算是有单位的，它称为计算单位，又称操作或运算。一般常用的有：

① 算术运算：包括加、减、乘、除，指数、对数，乘方、开方，乘幂、方幂等初等运算，还可以包括一些高等运算。

② 逻辑运算：包括逻辑加、逻辑乘以及逻辑非等运算。

③ 比较运算：包括大于、小于、等于等运算。

④ 传输运算：包括输入、输出及赋值等运算。

2. 过程

构成算法的第二要素是过程，它主要用于操作（或运算）时执行次序的控制，一般包括如下几种控制手段：

① 顺序控制：在一般情况下操作按排列顺序执行，称为顺序控制。

② 选择控制：根据判断条件进行两者选一或多者选一的控制，称为选择控制。此外，还可进行强制性控制。

③ 循环控制：主要用于操作（或操作群体）的多次执行的控制，称为循环控制。

有了这四种计算单位及三种基本控制手段后，算法的构造就有了基础构件，它为以后的算法讨论提供了基础。

11.1.4 算法描述

算法描述的方法很多，一般常用的有以下三种。

1. 形式化描述

算法的形式化描述即主要以符号形式描述算法为其特征。常用的方法称为类语言描述，又称“伪程序”或称“伪代码”描述。它指的是以某种程序设计语言为主体，选取其基本操作与基本控制语句为主要成分，屏蔽其实现细节与语法规则。目前，常用的有类 C、类 C++及类 Java 等。

例如，类 C 的形式化表示如下：

① 算术运算用+、−、*、/等表示。

② 逻辑运算用 and、or、not 等表示。

③ 比较运算用 >、<、=、≤、≥等表示。

④ 传输运算可用←、read 等表示。

⑤ 选择控制可用 if、if-else、goto 等表示。

⑥ 循环对控制可用 for、while 等表示。

例 11-1 中的算法流程可用类 C 表示如下：

```
g(a,b,c)
{
    if(a=b) x←c;
    else
        if(a=c) x←b;
        else x←a;
}
```

2. 半角式化描述

算法的半角式化描述是以符号描述与自然语言混合的方式描述算法。常用的是算法流程图，它是一种用图示形式表示算法的方法。在该方法中有三种基本图示符号，将它们间用带箭头的直线相连可以构成一个算法流程，称为算法流程图。

算法流程图的三种基本图示符号是：

① 矩形：用于表示运算（或操作），其操作内容可用自然语言书写于矩形内，如图 11-1（a）所示。

② 菱形：用于表示控制中的判断条件，其条件内容可用自然语言书写于菱形内，如图 11-1（b）所示。

③ 椭圆形：用于表示算法的起点与终点，其有关说明可用自然语言书写于椭圆形内，如图 11-1（c）所示。

最后，可用带箭头的直线表示控制流程执行的次序，如图 11-1（d）所示。

图 11-2 所示为例 11-1 的算法流程图表示。

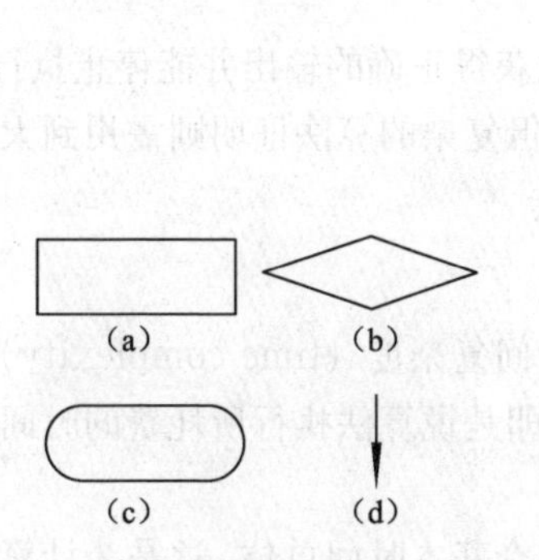

图 11-1　算法流程图中的基本符号表示

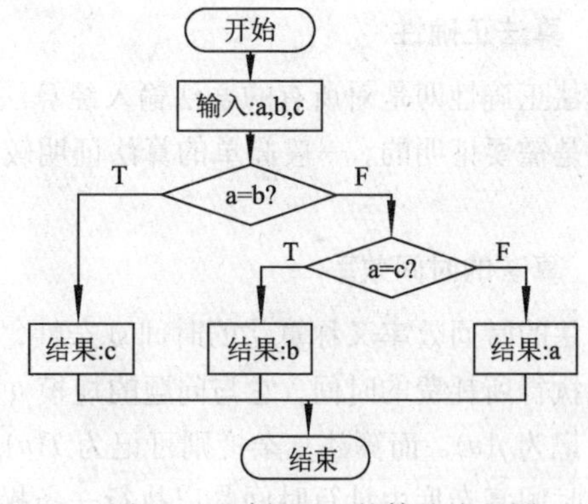

图 11-2　例 11-1 的算法流程图

3. 非形式化描述

算法的非形式化描述是算法的最原始表示。它一般以自然语言（如汉语、英语及数字语言）为主，也可杂以少量类语言。例 11-1 中的描述方法即为用非形式化描述的算法。

11.1.5　算法设计

在计算机程序设计中，往往首先给出客观世界的问题，然后根据问题设计出相应求解问题的算法，再对算法进行讨论，最后就是根据算法编程，这是程序设计的整个过程。其中，算法设计与算法讨论是关键的两个问题。在本节及下节将分别讨论这两个问题。

算法设计即构造算法的过程。在算法设计中有一些常用的、行之有效的方法，它们对算法设计有重要的意义，起到指导与引领算法设计的作用。一般常用的方法有：

1．枚举法

枚举法的主要思想是根据问题解的多种可能，对其每种可能求解，从而得到满足条件的解。这是利用计算机的快速计算特点，采用穷举手段的一种方法。

2．递归法

递归法是一种“自己调用自己”的方法，它可以将问题求解组成一个核心的程序（称为递归体），通过对核心程序的不断自我调用以求解问题的算法。

3．分治法

分治法是一种“分而治之”的方法，它是将一个规模大的问题分解成若干规模小的问题，然后对小问题求解，最终将其合成为原问题的解。

4．回溯法

回溯法是一种试探性的求解问题方法，在此方法中算法的每一步都是试探性的，当试探成功后继续前进，若失败则后退并重新试探，如此不断反复，最终得到结果。

11.1.6 算法评价

算法评价即算法讨论，它是对问题求解所设计完成的算法进行讨论与评估，一般包括算法正确性讨论、算法的时间效率分析与空间效率分析。其中，算法的正确性应是算法所必备的基本条件，而后面两个效率分析则是衡量一个算法“好”“坏”的主要条件。因为，往往一个问题可以有多种算法，通过算法的评价可以获得既正确又“好”的算法。

1．算法正确性

算法正确性即是对所有的合法输入经算法执行均能获得正确的输出并能停止执行。算法的正确性是需要证明的，一般简单的算法证明较为容易，但复杂的算法证明则需用到大量数学知识。

2．算法的时间效率

算法的时间效率又称算法的时间复杂性，也可称时间复杂度（time complexity）。它指的是算法执行所耗费的时间。它与问题的规模 n 有关，亦即是说算法执行所耗费的时间是 n 的函数，可记为 $f(n)$，而算法复杂度则可记为 $T(n)$。

在时间复杂度中计算时间是以执行一条操作作为一个基本时间单位，这是为计算简便起见所设置的一个预设条件，根据这种计算方式所计算出的算法执行时间 $T(n)\leqslant Cf(n)$。通常，我们并不要求 $T(n)$很准确（实际上也很难做到），而是将它分成为若干时间档次，称为阶，它可用 O 表示，即 $T(n)= O(f(n))$。目前一般设置六个阶。

① 常数阶 $O(1)$：表示时间复杂度与输入数据量无关。

② 对数阶 $O(\log_2 n)$：表示时间复杂度与输入数据量 n 有对数关系。

③ 线性阶 $O(n)$：表示时间复杂度与输入数据量 n 有线性关系。

④ 线性对数阶 $O(n\log_2 n)$：表示时间复杂度与输入数据量 n 及其对数有关。

⑤ 平方阶 $O(n^2)$、立方阶 $O(n^3)$ 以及 k 次方阶 $O(n^k)$：表示时间复杂度与输入数据量 n 具有多项式关系。

⑥ 指数阶 $O(2^n)$：表示时间复杂度与输入数据量 n 有指数关系。

下面介绍 $T(n)$的计算方法。

首先计算出算法所耗费的时间，接着将这个时间转换成不同的阶，转换方法是选取其高阶位而略去其低阶位及常数值。

【例 11-2】有三个算法 A_1、A_2 与 A_3，它们的执行时间分别为：

$$f_1(n)=3n+6$$

$$f_2(n)=0.5n^2+8n+7$$

$$f_3(n)=31n^3+66n^2+18n+4$$

此时有

$$T_1(n)=O(n)$$

$$T_2(n)=O(n^2)$$

$$T_3(n)=O(n^3)$$

对 $T(n)$作如下说明：

① $T(n)$的六个阶说明：

$T(n)=O(1)$：此类算法的时间效率最高。

$T(n)=O(\log_2 n)$，$T(n)=O(n)$，$T(n)=O(n\log_2 n)$：此类算法可以在线性（或对数、线性对数）时间内完成，其效率差于 $O(1)$，但也很好。

$T(n)=O(n^2)$，$O(n^3)$、……、$O(n^k)$：此类算法在多项式时间内完成，其效率差于前两者，但总体仍在可接受范围之内。

$T(n)=O(2^n)$：此类算法可以在指数范围内完成。这是一种高复杂度的算法，目前的计算机无法完成此类算法的计算。

② 整个算法的 $T(n)$从低到高共六种，它的阶越低，执行速度越快。因此，我们应尽量选取低阶的算法。

③ 阶为 $O(2^n)$的算法无法在计算机中执行，因此我们一般不选用此类算法。

3．算法空间效率

算法空间效率又称空间复杂性，也可称空间复杂度（space complexity）。它指的是算法执行所占用的存储空间。这种存储空间与算法输入数据量 n 有关，也就是说，它是 n 的函数，可记为 $g(n)$。而算法的空间复杂度则可记为 $S(n)$。

在空间复杂度中计算空间是以一个存储单元为基本存储单位，根据此种方式，一般有 $S(n)\leqslant Cg(n)$。与算法时间复杂度类似，算法空间复杂度中也可分为若干档次，称为算法复杂度的阶，一般也分为 $O(1)$、$O(\log_2 n)$、$O(n)$、$O(n\log_2 n)$、$O(n^k)$及 $O(2^n)$等六个阶。我们一般尽量选用低阶的算法。同样，阶为 $O(2^n)$的算法是不能接受的。

4．算法评价小结

一个问题往往有多种算法解，而算法的评价即是对算法的正确性做出证明，计算算法的时间复杂度与空间复杂度 $T(n)$与 $S(n)$；然后从众多算法解中选取证明为正确的且 $T(n)$与 $S(n)$的阶较低的那个算法，同时拒绝阶为 $O(2^n)$的算法。

11.1.7 一个完整的算法表示

至此，我们对算法已作了全面的介绍，下面讨论对一个算法的完整表示。

一个算法的完整表示可分为两部分：算法的描述部分与算法的评价部分。

1. 算法的描述部分

算法的描述部分又可分为四部分内容：

① 算法名：它是算法的标识，用于唯一标识指定的算法。

② 算法输入：它是算法的输入数据及相应说明。算法可以允许没有输入。

③ 算法输出：它是算法的输出数据及相应说明。算法必须要有输出，否则该算法是一个无效算法。

④ 算法流程：是算法的主体，给出了算法的计算过程。它可以用形式化、半角式化或非形式化描述，但是一般不用程序设计语言描述。

2. 算法评价部分

算法评价是算法中所必需的，它包括下面的三部分：

① 算法正确性：必须对算法是否正确做出证明，特别是复杂算法尤为必要。

② 算法时间效率分析：即算法时间复杂度分析，计算出 $T(n)$。一般说来，低阶的算法效率高，指数阶的算法是无法接受的。

③ 算法空间效率分析：即算法空间复杂度分析，计算出 $S(n)$。一般说来，低阶的算法效率高，指数阶的算法是无法接受的。

11.1.8 算法与程序设计关系

最后，我们对算法作一个小结，并对算法与程序设计关系作一个结论性的表述。

① 算法是研究计算过程的一门学科，它强调“计算过程”的描述与评价。

② 算法中计算过程的描述是需要设计的，这种设计方案是框架性的而不是拘泥于细节与微观的。

③ 算法可以有多种设计方案，因此需对它们进行评价，并选取其合适者。

④ 算法可以转换成程序，然后执行程序以实现算法目标并获得结果。

⑤ 算法不是程序，算法的目的是设计一个好的计算过程。而程序的目标则是实现一个好的计算过程。

⑥ 算法与程序是紧密关联的。算法是程序设计的基础，而程序又是实现算法的目的。

⑦ 一个问题的计算机求解的全过程是算法与程序设计相互合作与配合的过程，它可用图 11-3 表示。

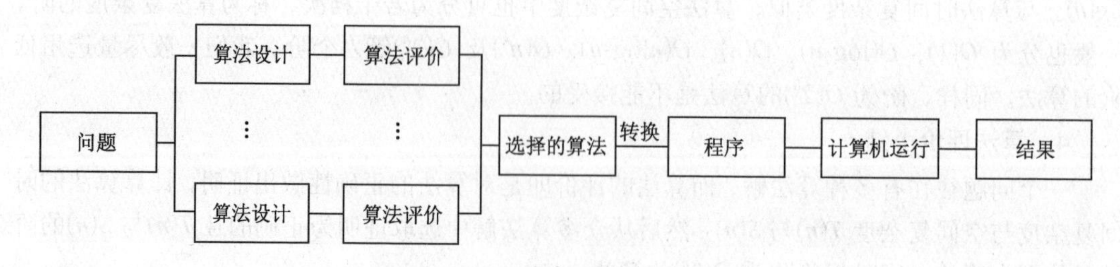

图 11-3 问题的计算机求解流程图

*11.2　数据理论与数据结构

数据是计算机加工的对象，是软件组成部分之一。在本书的前面有多处介绍到有关数据的知识，在本节中将对有关数据的基本体系与理论作完整、系统的介绍。

11.2.1　计算机数据组织的发展历史

自计算机出现后即有数据存在，至今已有 70 多年发展历史。它经历了七个发展阶段，其发展是以数据组织为标志而出现的。数据组织是一种数据存储与管理软件，它为用户使用数据提供规范服务。

1．数据组织发展的第一个阶段——萌芽阶段（20 世纪 40 年代至 50 年代）

在计算机发展的初期即出现了程序，同时也出现了数据的概念。由于受当时计算机硬件发展的限制，其存储规模一般仅为 K 字级，而其应用大多以科学计算为主，即所谓的数值计算。在此情况下，计算机中数据所呈现的数据量小、结构简单，即当时数据发展尚处萌芽状态。

2．数据组织发展的第二个阶段——数据结构产生（20 世纪 50 年代至 60 年代）

随着计算机应用的发展，非数值计算应用的出现，推动了对数据的研究，从而出现了基本数据组织，即传统的数据结构。

3．数据组织发展的第三个阶段——文件系统出现（20 世纪 60 年代至 70 年代）

在计算机发展的同时，存储技术的发展，特别是磁盘存储器等大容器次级存储器的出现，使数据大容量持久性存储成为可能，为管理此类大容量磁盘数据（一般已达 M 字级）出现了文件系统。

4．数据组织发展的第四个阶段——数据库管理系统（20 世纪 70 年代）

由于存储量的进一步扩大（目前已达 G 字级，部分达 T 字级）以及计算机网络的出现，在应用中以共享性应用为主导方向的出现，引发了数据库诞生。

5．数据组织发展的第五阶段——Web 组织阶段（20 世纪 90 年代）

20 世纪 90 年代开始，计算机网络的出现与应用，特别是互联网的应用改变了整个数据的应用方向，数据应用范围已由单机扩充到多机，由局部扩充到全面，最终并进一步扩充到全球，从而使数据共享范围达到新的高度，而数据管理规模也达到了海量级别（一般到 T 字级以上），此类数据组织称 Web 组织。

6．数据组织发展的第六阶段——数据仓库阶段（20 世纪 90 年代）

在数据库及 Web 组织的影响下，20 世纪 90 年代数据应用出现了重大的转变，即由事务型应用而向分析型应用过渡，这就是数据仓库的出现。它可为数据挖掘、OLAP 分析等分析型应用提供数据支撑。这种数据组织具有严格的数据管理与海量的数据管理规模。

7．数据组织发展的第七阶段——大数据管理阶段（21 世纪初）

在数据仓库发展的基础上，由于互联网上数据急速膨胀，到了 21 世纪出现了以大数据为特征的数据分析阶段（一般在 P 字级以上），它与前期各阶段的数据组织都有所不同。它以大数据及分析应用为其特色，所管理数据范围广、类型复杂，因此管理须有灵活性，并大量引入并行性与分布式结构。大数据技术还集成了前面各阶段的所有数据组织中的技术。它的出现使数据的研究真正成为一门独立的数据科学。

数据组织发展的特点是：后一个阶段发展并不时淘汰前面的发展阶段而是共同发展。这样，在七个发展阶段后出现了六种数据组织共同存在并肩发展的繁荣局面。它们以数据库为核心，以文件系统及基本数据组织为基础，以 Web 组织与大数据分析为前沿，相互配合，共同组成了一个完整的数据组织体系。

在这个体系中，目前最为流行的是后期的四种共享组织。数据库是最基本的共享数据单位，它引领事务处理应用同时也为分析应用提供基础性共享数据，因此它是所有共享数据组织的基础与核心。如目前数据仓库一般都依附于数据库的产品中；Web 组织都以数据库为其动态更改的支撑；而大数据则以数据库为其主要的数据来源及其组织与操纵形式。

11.2.2 数据组成

数据是一种抽象的概念。从实际构成进行分析，数据由两部分组成：数据的结构部分与值的部分。

1. 数据的结构部分

数据是一种抽象的符号，其组成必须遵从一定的规则。数据的结构部分是数据在结构上的关联与约束，也称数据结构，这是一种狭义结构概念。计算机中的数据都是有一定结构的，这种结构可分成为两个层次：一个是逻辑层次，另一个是物理层次。

（1）数据的逻辑结构（logical structure）

这种结构是客观世界事物间语法、语义关联的抽象，它表示了数据间某些必然的逻辑关联性，因此称为数据的逻辑结构。例如，教师与学生间的师生关系、学生间的同桌关系等。数据的逻辑结构是面向应用（即面向用户）的结构。

（2）数据的物理结构（physical structure）

这种结构是数据逻辑结构在计算机存储中的物理位置的关系，因此称为数据的物理结构。目前常用的物理结构有两类：

① 顺序结构：即数据间结构按存储中的先后次序顺序排列，如图 11-4 所示。

② 链式结构：即每个数据不仅有一个自身的存储空间，还需要有一个指明与其关联数据的物理位置的地址空间（称为指针）。数据间的结构则按指针所指次序排列，如图 11-5 所示。

图 11-4 顺序结构示意图

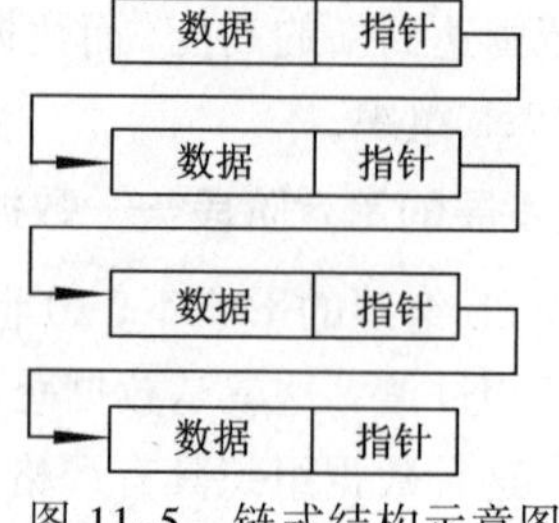

图 11-5 链式结构示意图

数据的物理结构是面向软件开发者的结构。

2. 数据值的部分

数据值（data value）又称值，它表示数据的实体。数据值的表示也有两个层次：逻辑层次与物理层次。

① 数据值的逻辑层次：它是客观世界中事物性质的一种抽象表示。例如，事物质量可用数值表示；事物标识可用字符串表示；事物外形可用图形表示；等等。它们都可用人所能识别的符号表示。它是面向应用（即面向用户）的一种表示。

② 数据值的物理层次：它是客观世界中事物在计算机存储中的表示，即二进位符号表示。它是面向软件开发者的一种表示。

由上面的讨论，可以得到如下结论：数据由结构与值两部分组成。数据有两种表示形式：一种是数据的逻辑表示（即由数据的逻辑结构与值的逻辑表示组成）；另一种是数据的物理表示（即由数据的物理结构与值的物理表示组成），这两者反映了数据的纵向结构关系。

3. 数据的结构与值之间的关系

接着我们讨论数据的两个组成部分：结构与值间的关系。

① 独立性：数据的结构与值两者分别反映了数据的不同侧面，它们具有不同研究个性与特点，因此须分别研究与讨论。

② 关联性：数据的结构与值是在数据概念下统一于一体的，它们间相互依赖、相互补充，构成一个概念。无值的结构与无结构的值都无法组成数据。

一般地，数据的结构与值之间具有下面的一些关系：

① 结构的稳定性与值的灵活性。数据的结构部分反映了数据的内在、本质的属性，它具有相对稳定性；而值的部分则在不同环境、不同条件下可有不同表示，它具有可变性与灵活性。因此，我们一般称数据的结构为数据中的不动点（fixed point）。例如，教师与学生的授课关系是一种稳定的数据结构部分，而具体的教师与学生符合授课关系的个体则是数据的值，它可因不同学校、不同年份等而有所不同。

② 结构与值间的数量关系。数据中的结构与值间往往呈现多种的数量关系。它们大致是：

- 1：1 关系：即一一对应关系。亦即是说一个结构对应一个值所组成的数据，或者说是一个结构仅对应一个标量（值）。例如，一个学校中校长与学校间管理关系即是 1：1 关系。
- 1：n 关系：即一多对应关系，亦即是说一个结构对应多个值所组成的数据，或者说是一个结构对应一个集合量（值）所组成的数据。例如，一个学校中教师与学生的授课关系即是 1：n 关系。

数据的结构与值反映了数据的横向组成关系。

4. 数据的逻辑表示与物理表示间的关系

数据有三个世界、两种不同表示形式，反映了数据在不同世界的表示。

(1) 客观世界

客观世界由事物组成，事物间有着千丝万缕的关系，即事物的性质及它们间语法、语义关联。它们构成数据存在的物质基础。

(2) 逻辑世界

逻辑世界是用户应用的世界，数据由客观世界事物经抽象后可获得逻辑世界中的表示，称为数据的逻辑表示，它为计算机用户使用数据提供表示形式。

（3）物理世界

物理世界是计算机内部世界。数据由逻辑世界中的逻辑表示经过转换成为计算机内部的表示形式。即将逻辑结构转换成顺序或链式的物理结构，将逻辑值转换成计算机内部的二进制数字表示。

由客观世界到逻辑世界，进而到物理世界，可以将客观世界中的事物经抽象而得到数据的逻辑表示，再经转换而得到数据的物理表示。它的这种过程可用图 11-6 表示。

数据的三个世界反映了数据的纵向表示关系。

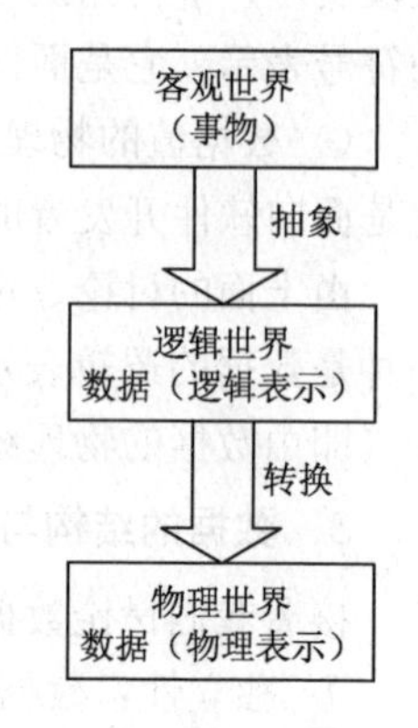

图 11-6 数据的三个世界示意图

11.2.3 数据元素

上面我们讨论了数据概念性的内容，在本节中我们将介绍数据实际使用的内容。在实际使用中，数据是按单位使用的，数据的使用单位称为数据元素（data element）。数据元素是一种命名的数据单位，由数据元素名、数据的结构与值等三部分组成。数据元素的确定由应用根据需要而设置。在使用时以数据元素为基本的使用单位。

数据元素一般分为简单数据元素和复合数据元素两种。

（1）基本数据元素

最基础的、不可再分割的数据元素称为基本数据元素。一般而言，基本数据元素是数据项（data item）或简称项（item）。数据项中的结构是数据类型，如整型、字符型等，而它的值称为基本值，如 36、book 等。一个数据项由数据项名、数据类型及基本值三部分组成。

（2）复合数据元素

由若干基本数据元素按一定的结构所组成的数据元素称为复合数据元素。

【例 11-3】由数据项：产品编号（num）、型号（type）、生产日期（date）、生产数量（total）所组成的产品产量统计记录表（见表 11-1）是一个由数据项通过线性结构所组成的复合数据元素。

表 11-1 产品质量统计记录表

num	type	date	total
103	T31	2010-11-21	38

11.2.4 数据操纵

数据是一种静态信息资源，它是为用户服务的，只有提供服务才能发挥作用。而提供服务是通过数据操纵（data manipulation）实现的。数据操纵是一个总称，其每个具体行为称为数据操作（data operation），简称操作或运算。数据操纵给出了数据的动态行为。

数据操纵是对数据进行的，一般由数据的结构操作与值的操作两部分组成。其常用的可以分为公共操作与个性操作两种。

1. 公共操作

针对每个数据均具有的操作称为公共操作，它们一般有下面八个：

（1）数据的值操作

① 查询操作：又称读操作，它为用户读取数据元素中指定位置的基本值服务。

② 添加操作：又称增加或插入操作，它为用户添入数据元素中指定位置的基本值服务。

③ 删除操作：它为用户删除数据元素中指定位置的基本值服务。

④ 修改操作：它为用户修改数据元素中指定位置的基本值服务。

(2) 数据的结构操作

① 创建结构：用此操作可以构建一个数据元素中满足要求的结构。

② 删除结构：用此操作可以删除一个已创建的数据元素结构。

③ 修改结构：用此操作可以修改一个已创建的数据元素结构。

④ 查询结构：用此操作可以查询指定数据元素中的结构（包括结构规则与结构参数）。

2. 个性操作

除了公共操作外，不同数据元素尚有其不同的特殊性操作，称为个性操作或私有操作。它们将在后面具体操作中介绍。

11.2.5　数据结构

数据与其操作是紧密关联的，不同数据有不同操作。以数据为核心与建立在其上的操作相结合构成了一个完整的可供应用的实体，称为数据结构（data structure），这是一种广义的数据结构。图 11-7 所示为数据结构示意图。

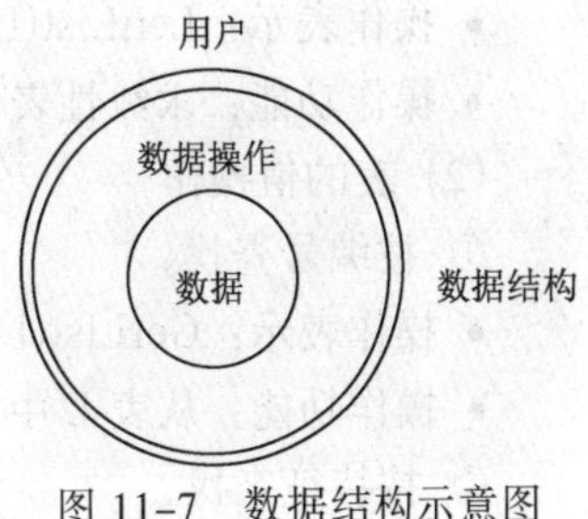

图 11-7　数据结构示意图

目前，常用的数据结构有三种，分别是线性结构、树结构及图结构。这三种结构基本上包括了日常使用的数据结构。下面我们就介绍这三种数据结构。为方便起见，数据结构中的数据元素是基本数据元素且是同质的（即具有相同数据类型），同时是 1∶1 的。

11.2.6　线性结构

数据元素间关系按顺序排列的结构称为线性结构（linear structure），可用图 11-8 所示的形式表示。

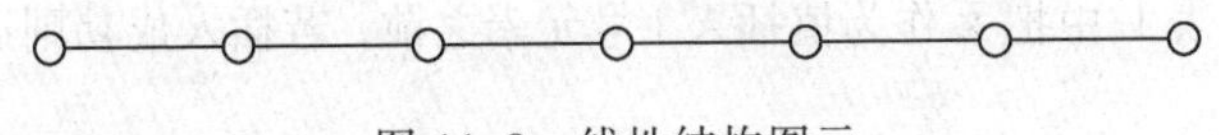

图 11-8　线性结构图示

根据此种结构，我们可以看出它的特点：

- 在线性结构中有唯一的“第一个”数据元素——首元素。
- 在线性结构中有唯一的“最后一个”数据元素——尾元素。
- 每个数据元素有且仅有一个前驱（数据）元素（除首元素外）。
- 每个数据元素有且仅有一个后继（数据）元素（除尾元素外）。

对于线性结构可以抽象表示如下：

由 n（n 为整数）个数据元素（简称元素）a_i（i=1，2，3，…，n），顺序排列所组成的序列

$$L=(a_1, a_2, \cdots, a_n)$$

称为 n 个元素的线性结构。

在线性结构 L 中，a_1 称为首元素，a_n 称为尾元素，元素 a_i（$1 \leqslant i < n$）有唯一一个后继元素

a_{i+1}，元素 a_i（$1<i\leqslant n$）有一个唯一的前驱元素 a_{i-1}。当 $n=0$ 时称为空结构。

线性结构按不同的操作约束可分成为三种，分别是线性表、栈和队列。

1. 线性表

在线性结构基础上对操作不作特殊约束的数据结构称为线性表（linear list）。线性表中有如下若干操作：

（1）表的结构操作

① 创建表。

- 操作表示：CreatList( )(下面均用C中函数表示)。
- 操作功能：建立一个空线性表，返回表名，如L。

② 判表空。

- 操作表示：EmptyList(L)。
- 操作功能：判断L是否为空表，若是返回1，否则返回0。

③ 表长。

- 操作表示：LenList(L)。
- 操作功能：求线性表L中元素的个数n，返回n。

（2）表的值操作

① 按编号查找。

- 操作表示：GetList(L,i)。
- 操作功能：从表L中查找i号元素的值，若成功则返回该值，否则返回0。

② 按特征查找。

- 操作表示：LocateList(L,x)。
- 操作功能：从表L中查找值为x的元素位置，若成功则返回元素位置编号i，否则返回0。

③ 插入。

- 操作表示：InsertList(L,i,x)。
- 操作功能：在表L中把x作为值插入i号元素之前，若插入成功则返回1，否则返回0。

④ 修改。

- 操作表示：UpdateList(L,i,x)。
- 操作功能：在表L中将i号元素的值修改为x，若成功则返回1，否则返回0。

⑤ 删除。

- 操作表示：DeleteList(L,i)。
- 操作功能：在表L中删除i号元素，若成功则返回1，否则返回0。

用户可以用上面的八个操作对线性表结构数据作查询以及其他复杂的操作。

【例11-4】设线性结构 L 表示如下：

L：（王立，张利民，仇和兴，桂本清，雍玲玲）

它是一份学生名单。据此回答以下问题：

① 名单中是否有雍玲其人？

它可用下面的操作表示：

LocateList(L,雍玲玲)

返回：5

表示确有“雍玲玲”其人。

② 查找名单中第三个人。

它可用下面的操作表示：

GetList(L,3)

返回：仇和兴

表示第三个人为：仇和兴。

③ 在名单中删除第三个人，在首部增加两个人：张帆、徐冰心。

它可用下面的三个操作表示：

DeleteList(L,3)

InsertList(L,1,'徐冰心')

InsertList(L,1,'张帆')

经上面三个操作后，原有线性结构中的数据变成下面所列的数据：

(张帆,徐冰心,王立,张利民,桂本清,雍玲玲)

2. 栈

栈（stack）是一种特殊的线性结构，亦即是在操作上受限的一种线性结构。

(1) 栈的定义

栈从结构上看是一种线性结构，但它的操作受如下限制：

- 栈的值操作只有三种：查询、插入与删除。
- 栈的值操作仅对首元素进行。

从这两点可以看出，栈犹如一端开口而另一端封闭的一个封闭容器。其中，开口的一端称为栈顶（top），封闭的一端称为栈底（bottom）。栈的值操作（查询、插入与删除）只能在栈顶进行。

在栈中可以用一个“栈顶指针”指示最后插入栈中的元素位置，可以用一个“栈底指针”指示栈底位置。不含任何元素的栈称为空栈，亦即是说，空栈中栈顶指针=栈底指针。

图 11-9 所示为栈 $S=(a_1, a_2, a_3, \cdots, a_n)$的一个结构。为形象起见，栈的三个值操作：插入称压栈；删除称弹栈；查询称读栈。在栈的值操作中，最先压入的元素最后才能弹出，这是栈操作的一大特色，可称为后进先出（last in first out，LIFO）。所以，栈有时也称后进先出表。

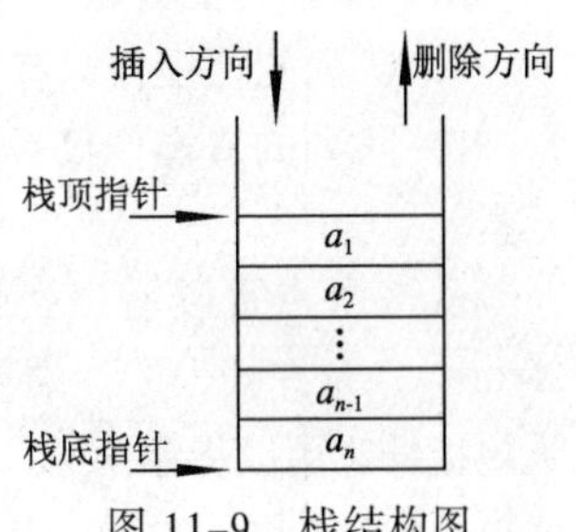

图 11-9　栈结构图

在计算机软件中和日常生活中都有很多栈结构应用。例如，装药片的小圆桶，手枪中的子弹匣均为栈结构。

(2) 栈的操作

栈的结构操作主要如下：

① 创建栈。

- 操作表示：CreatStack( )。
- 操作功能：建立一个空栈，返回栈名，如 S。

② 判栈空。

- 操作表示：EmptyStack(S)。
- 操作功能：判定栈 S 是否为空栈，若是返回 1，否则返回 0。

③ 求栈长。

- 操作表示：LenStack(S)。
- 操作功能：求栈 S 中元素的个数 n，返回 n。

栈的值操作主要如下：

① 压栈。

- 操作表示：PushStack(S,x)。
- 操作功能：在栈 S 中将值 x 插入栈顶。若插入成功则返回 1，否则返回 0。

② 弹栈。

- 操作表示：PopStack(S)。
- 操作功能：在栈 S 中删除栈顶元素。若删除成功则返回 1，否则返回 0。

③ 读栈。

- 操作表示：GetStack(S)。
- 操作功能：读出栈 S 中栈顶的值。若读出成功则返回值，否则返回 0。

【例 11-5】将图 11-10（a）所示的栈 S 经栈操作后成为图 11-10（b）所示的栈。

解 可用下面的栈操作。

```
PopStack(S)
PushStack(S,f)
PushStack(S,g)
```

3. 队列

队列（queue）也是一种特殊的线性结构，即是操作上受限的线性结构。

（1）队列的定义

队列从结构上看是一种线性结构，但它的操作受如下限制：

① 队列的值操作只有三种：查询、插入与删除。

② 队列的值操作仅对线性结构的一端进行，其中删除与查询仅对首元素，而插入仅对尾元素。

从这两点可以看出，队列犹如一个两端开口的管道，允许删除与查询的一端称为队首(front)，允许插入的一端称为队尾（rear)，队首与队尾均有一个指针，分别称为队首指针与队尾指针，用以指示队首与队尾的位置。不含元素的队列称为空队列，亦即是说，空队列中队首指针=队尾指针。图 11-11 所示为队列 $S=(a_1, a_2, a_3, \cdots, a_n)$的结构。

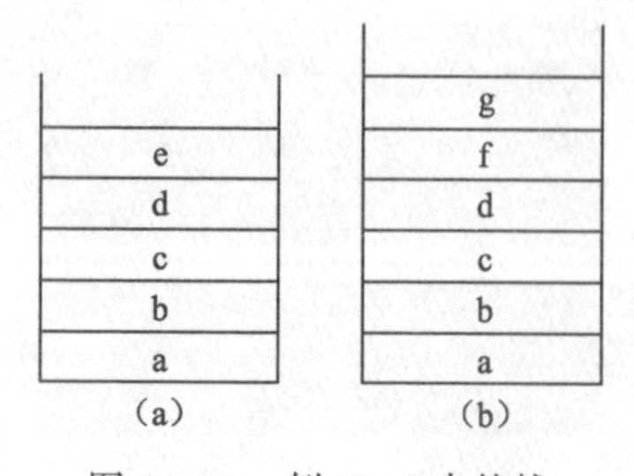

图 11-10 例 11-5 中的栈

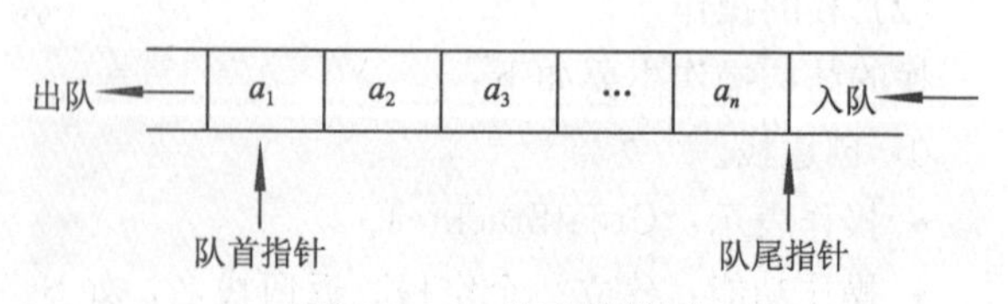

图 11-11 队列结构图

为形象起见，队列的三个值操作：删除、插入及查询有时可分别称为：出队、入队及读队首。在队列的值操作中，先入队的必然先出队，这是队列操作的一大特色，它可称为先进先出(first in first out，FIFO)，所以队列有时称为先进先出表。

队列的例子很多，在日常生活中“排队上车”及“排队购物”均按队列结构组织并按“先进先出”原则进行。在计算机中，操作系统的“请求打印机打印”即是进程按队列结构组织排队并按“先来先服务”原则进行进程调度。

(2) 队列操作

队列的结构操作主要如下：

① 创建队列。

- 操作表示：CreatQueue( )。
- 操作功能：建立一个空队列，返回队列名，如 Q。

② 判队列空。

- 操作表示：EmptyQueue(Q)。
- 操作功能：判队列是否为空队列，若是则返回 1，否则返回 0。

③ 求队列长。

- 操作表示：LenQueue(Q)。
- 操作功能：求队列 Q 中元素的个数 n，返回个数 n。

队列的值操作主要如下：

① 队列插入。

- 操作表示：InsertQueue(Q,x)。
- 操作功能：在队列 Q 中将值 x 插入队尾处。若插入成功则返回 1，否则返回 0。

② 队列删除。

- 操作表示：DeleteQueue(Q)。
- 操作功能：在队列 Q 中删除队首元素。若删除成功则返回 1，否则返回 0。

③ 取队列。

- 操作表示：GetQueue(Q)。
- 操作功能：读出队列 Q 中队首元素的值。若成功则返回值，否则返回 0。

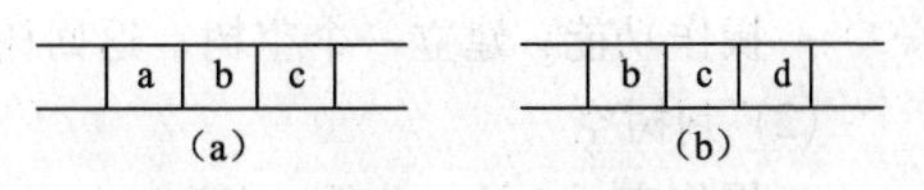

图 11-12　例 11-6 的队列结构图

【例 11-6】将图 11-12 (a) 所示的队列 Q 经队列操作后成为图 11-12 (b) 所示的队列。

解　可用下面的队列操作。

```
DeleteQueue(Q)
InsertQueue(Q,d)
```

11.2.7　树结构

1. 树结构介绍

数据元素间关系按树状形式组织的结构称为树结构(tree structure)。它可用图 11-13 所示的形式表示。

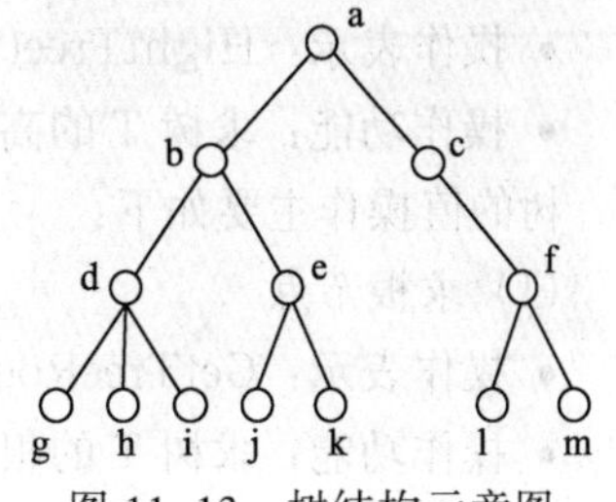

图 11-13　树结构示意图

树结构的特性如下：

① 在树中每个数据元素是节点。两节点间有前驱与后继关系可用直线段连接。

② 树中有且仅有一个无前驱的节点称为根（root）。图 11-13 中，节点 a 为根。

③ 树中有若干无后继的节点称为叶（leaf）。图 11-13 中，节点 g、h、i、j、k、l、m 等为叶。

④ 树中有若干节点，它们仅有一个前驱节点并有 m（$m \geqslant 1$）个后继节点，此节点称为分支节点或分支（branch）。图 11-13 中节点 b、c、d、e、f 为分支。

树结构的例子很多，在计算机中如网络布线中的树状结构，操作系统中文件目录的树结构等；在日家族中父子（或双亲子女）关系构成家属的树结构等。

【例 11-7】可用树表示家属关系。设有某祖先 a 生有两个儿子 b 与 c，他们又分别生有三个儿子，分别是 d、e、f 及 g、h、i。而 d 与 g 又分别生有一个儿子 j 与 k。这个四世（代）同堂的家属通过父子（或双亲子女）关系构成一株树结构，称为家属树，如图 11-14 所示。

由于用树表示家属关系特别形象，因此在树中的一些术语常用家族关系命名。下面举几个例子说明。

- 父（或双亲）节点：一个节点的前驱节点称为该节点的父（或双亲）节点。
- 子（或子女）节点：一个节点的后继节点称为该节点的子（或子女）节点。
- 兄弟节点：具有相同父节点的节点称为兄弟节点。

从树结构中可以看出，一株树由一个根、若干叶以及中间若干层分支所组成。树是有层次的，根为第一层，叶是最后层，其中间分支又占有若干层。图 11-14 中，树共有 4 层，第一层为根，第二、三层为分支，第四层为叶。由于树有层次性，因此树结构又称层次结构。树的层次数称为树的高度或深度，高度为 0 的树称为空树。图 11-14 所示的树高度为 4。

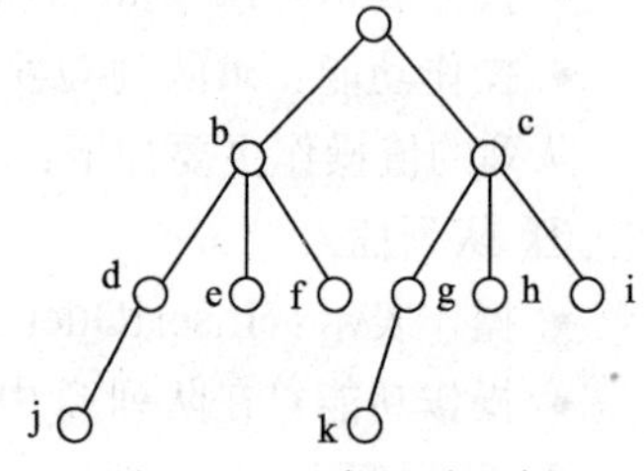

图 11-14　家属关系树

2．树操作

树的结构操作主要如下：

（1）创建树

- 操作表示：CreatTree( )。
- 操作功能：建立一个空树，返回树名，如 T。

（2）判树空

- 操作表示：EmptyTree(T)。
- 操作功能：判定树 T 是否为空树。若是返回 1，否则返回 0。

（3）求树高

- 操作表示：HightTree(T)。
- 操作功能：求树 T 的高度，返回高度数。

树的值操作主要如下：

（1）求根节点

- 操作表示：GetTreeRoot(T)。
- 操作功能：求树 T 的根值。若成功则返回值，否则返回 0。

（2）求父节点

- 操作表示：GetTreeParent(T,d)。
- 操作功能：在树 T 中求节点为 d 的父节点值。若成功则返回值，否则返回 0。

（3）求子节点

- 操作表示：GetTreeChild(T,d,i)。
- 操作功能：在树 T 中求节点为 d 的第 i 个子节点值。若成功则返回值，否则返回 0。

（4）树的遍历

- 操作表示：Traversal Tree(T,Tag)
- 操作功能：遍历 T，返回遍历的节点序列，Tag=0、1 或 2 分别表示不同的遍历方式。

注：遍历是树的一种个体操作，它是按不同次序访问树的所有节点一次，其目的是将非线性结构转换成线性结构。

【例 11-8】在例 11-7 所示的家属树中找节点。

（1）找出 h 的父节点。

（2）找出 d 的第一个子节点。

解　它可用下面的操作完成。

（1）GetTreeParent(T,h)。

（2）GetTreeChild(T,d,1)。

11.2.8　图结构

1. 图结构介绍

在线性表和树结构中，数据元素间的关系是受一定限制的，而图结构则不受任何约束，亦即是说，数据元素间具有最为广泛而不受限制的关系的结构称为图结构（graph structure）。

在图结构中，数据元素称为节点，它们构成集合 $V=\{v_1,v_2,\cdots,v_n\}$；而数据元素间的关系称为边 e，它们构成集合 $E=\{e_1,e_2,\cdots,e_n\}$。一般地，边可用一个节点对表示：$e_j=(v_{j1},v_{j2})$，这是一种无序的节点对，即双向的关系。而一个图 G 是由节点集 V 与边集 E 所组成的，可记为 $G=(V,E)$，又称无向图。有时，节点对是有序的（即单向的关系），此时它可表示为：$e_j=<v_{j1},v_{j2}>$，它所组成的图 G 称为有向图。

有关图结构的例子很多。

【例 11-9】城市间的通航关系可用图表示。例如，有 5 个城市：南京、上海、杭州、北京与西安，它们间有 4 条航线：南京与上海、南京与北京、南京与西安、南京与杭州，它可以构成一个无向图，表示如下：

$G=(V,E)$

V={南京,上海,杭州,北京,西安}

E={(南京,上海),(南京,北京),(南京,西安),(南京,杭州)}

这个图可用图 11-15 表示。

【例 11-10】程序间的调用关系可用图表示。如 5 个程序 P_1，P_2，$\cdots$,P_5，它们间有调用关系：P_1 调用 P_5，P_1 调用 P_2，P_1 调用 P_3，P_2 调用 P_5，P_3 调用 P_4，P_4 调用 P_2。这是一种单向调用关系，它可构成一个有向图，表示如下：

$G=(V,E)$

$V=\{P_1,P_2,P_3,P_4,P_5\}$

$E=\{<P_1,P_5>,<P_1,P_2>,<P_1,P_3>,<P_2,P_5>,<P_3,P_4>,<P_4,P_2>\}$

这个图可用图11-16表示（此图中的边是带箭头的，表示节点对的单向关系）。

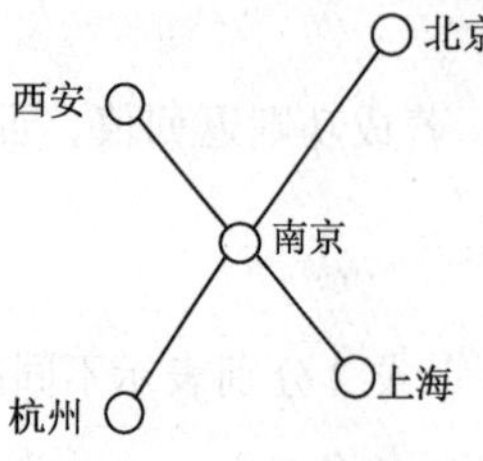

图11-15　城市间通航图

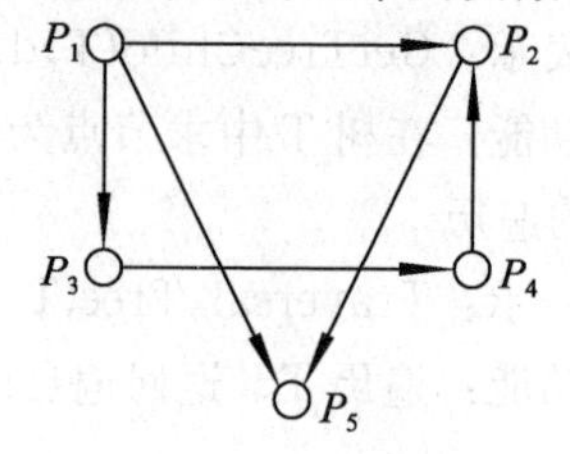

图11-16　程序间的调用关系

在图结构中有几个重要的概念：

（1）图中有边相连的节点称为邻接节点。在有向图中，边$<v_i，v_j>$中，节点v_i称为起点，而v_j称为终点。

（2）在有向图中，以节点v为边的起点的数目称为v的入度，记为ID(v)；以v为边的终点的数目称为v的出度，记为OD(v)。v的入度与出度之和则称为v的度，记为TD(v)。对无向图中，以节点v为邻接节点的边数称为v的度，记为TD(v)。

2. 图操作

图一般有如下一些操作：

（1）创建图

- 操作表示：CreatGraph(G,V,E)。
- 操作功能：建立一个由节点集V与边集E所组成的图G。

（2）查找节点

- 操作表示：LocateNode(G,x)。
- 操作功能：在图G中查找值为x的节点。成功则返回节点名，否则返回0。

（3）查找邻接节点

- 操作表示：LocateAdjNode(G,n)。
- 操作功能：在图G中查找节点n的所有邻接节点。成功则返回节点名，否则返回0。

（4）求有向图节点的度

- 操作表示：GetDegOfDig(G,n,tag)。
- 操作功能：求图G中节点n的入度（tag=0）、出度（tag=1）及度（tag=2）。成功则返回度，否则返回0。

注：有向图G中节点n的度表示与n相连的边数，其中箭头指向n的称入度，而反向的称出度。

（5）求无向图节点的度

- 操作表示：GetDegOfUndig(G,n)。
- 操作功能：求图G中节点n的度。成功则返回度，否则返回0。

（6）插入节点

- 操作表示：InsertNode(G,x,n)。

• 操作功能：在图 G 中插入一个值为 x 的新节点 n。成功则返回 1，否则返回 0。

(7) 删除节点

• 操作表示：DeleteNode(G,n)。

• 操作功能：在图 G 中删除节点 n 及相关联的边。成功则返回 1，否则返回 0。

(8) 删除边

• 操作表示：DeleteEdge(G,u,v)。

• 操作功能：在图 G 中删除节点 u 与 v 间的边。删除成功则返回 1，否则返回 0。

(9) 插入边

• 操作表示：InsertEdge(G,u,v,tag)。

• 操作功能：在图 G 中添加一条节点 u 到 v 的边。当 tag=1 时为无向图，tag=0 时为有向图，插入成功则返回 1，否则返回 0。

【例 11-11】在图 11-15 所示的航线图中增加一个新航点沈阳并新增航线：南京—沈阳。

解　它可用下面的操作实现。

InsertNode(G　,'沈阳','南京',0)。经此操作后，图 11-15 所示的航线图变为图 11-17 所示的航线图。

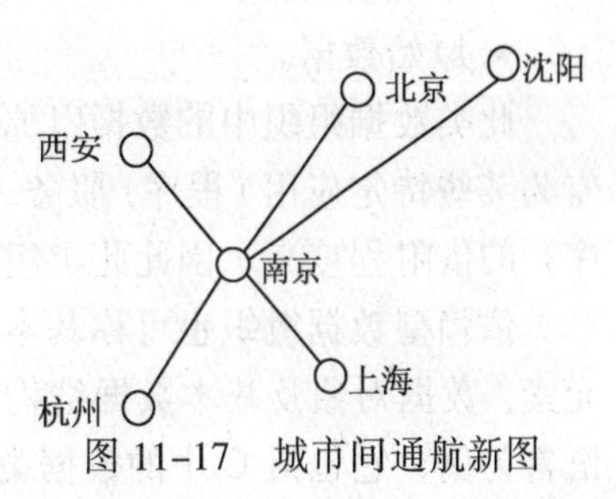

图 11-17　城市间通航新图

11.2.9　数据分类

1. 数据特性分析

世界上不同数据有不同性质，大致说来可分为下面的四种。

(1) 时间角度

从保存时间看，数据可分为挥发性数据（transient data）和持久性数据（persistent data）。其中挥发性数据保存期短而持久性数据能长期保存。在物理上，挥发性数据存储于内存 RAM 中，而持久性数据则存储于磁盘等次级存储器内。在使用中，挥发性数据主要用于程序执行中所使用的那些数据，而持久性数据则主要用于需长期保留的数据。

(2) 使用范围

从使用范围的广度看，数据可分为私有数据（private data）与共享数据（share data）。其中私有数据为个别应用所专用，而共享数据是以单位（enterprice）为共享范围，它可为单位内多个应用服务。共享范围可因单位规模不同而有所不同，当规模达到全球时，其规模可达到最大。如计算核裂变数据属私有数据，校园网中的学生数据则属共享数据，而互联网中发布的新闻则是规模可达全球的共享数据。

(3) 数量角度

从数量角度看，数据可分为小规模、大规模、超大规模、海量及大数据等多种。数据的量是衡量数据的重要标准。由于量的不同可以引发由量变到质变的效应。如小规模数据是不需管理的，超大规模数据必须管理，海量数据则在管理中须有一定灵活性，而大数据则具有多种结构形式，分布式管理及并行处理等特性。

(4) 处理角度

从处理角度看，数据可分为原始数据与加工数据。前者主要是初始而未经加工处理的数据，而后者主要是经过统计加工后的数据。

数据的上述四种不同分类特性可为研究数据及数据分类提供基础。

2．数据组织

目前流行的六种数据组织实际上都是按照数据特性分类组织的。由于不同特性的数据在组织上有不同的方式与方法的要求，因此需按其特性，分类组织数据。

（1）依赖性数据组织

从数据特性看，依赖型数据组织具有：

- 挥发性数据。
- 私有数据。
- 小规模数据。
- 原始数据。

此类数据组织中的数据以原始数据为主，它存储于内存且数量小，无须作统一管理，数据专为某些特定应用（程序）服务，并能被这些程序直接调用而不需任何接口。由于它对应用（程序）的依附程度高，因此此类组织称依赖型数据组织。

依赖型数据组织也可称基本数据组织，它的内容包含了数据单元中的最基本部分——数据元素、数据对象及基本数据结构及基于图论的数据结构。它一般附属于程序设计语言中，以C语言为例，它包括C中的数据类型、数组、结构体等内容，这些都属于C语言中的数据部分。此外，有关线性结构、树结构及图结构等结构及相应操作都可在C中函数库内找到。

依赖型数据组织是一种最基本的数据组织，任何应用中都用到。

（2）半独立型数据组织

从数据特性看，半独立型数据组织具有：

- 持久性数据。
- 私有数据。
- 大规模数据。
- 原始数据。

此类组织中的数据以原始数据为主，它一般存储于磁盘等次级存储器内并能作为长期保持，数据有大规模的存储容量。数据一般专为某些特定应用服务，属私用数据。须有专门机构管理，但不要求严格。此类组织需有一定独立程度的机构管理，也须有单独的接口，但接口可附属于相应的应用，因此，此类组织称半独立型数据组织。

半独立型数据组织须有一定的软件机构，它一般依附于某些另外的独立软件组织中，半独立型数据组织目前在计算机中典型代表即为文件系统，它属操作系统，而其接口则依附于程序设计语言中，如在C语言中的文件读、写函数等。

半独立型数据组织是一种典型的私有数据的数据组织。

（3）独立型数据组织

从数据特性看，独立型数据组织具有：

- 持久性数据。
- 共享数据。
- 超大规模数据。
- 原始数据。

此类组织中的数据是以原始数据为主，它一般存储于磁盘等次级存储器内并能作长期的保存，数据有超大规模的存储容量且可为众多应用所共享。它需有专门机构严格管理。此类组织并不依附于任何应用，需有独立的管理机构并须有单独的接口，通过接口与应用进行数据交互。此种数据组织称独立型数据组织。

独立型数据组织须用专门的软件，它的典型代表即是数据库管理系统。该系统是一种专用于有超大规模的存储容量的数据组织与管理的软件。此外还须有独立的数据接口。

独立型数据组织是一种管理严格与规范的数据组织。

(4) 超独立型数据组织

从数据特性看，超独立型数据组织具有：

- 持久性数据。
- 超共享数据。
- 海量数据。
- 原始数据。

此类组织中的数据是原始数据为主，它存储于 Web 中多个数据务器的磁盘中，并能作长期保存。同时数据具有海量特性，须有专门机构管理并有一定灵活性。数据共享性极高可为全球应用服务，它须有独立接口与应用交互。此种数据组织称超独立型数据组织。

超独立型数据组织有专门的软件实现，目前在计算机中的典型代表即为 Web 数据组织，其存储实体为 Web 服务器。此外还须有一种独立的接口，常用的有浏览器，如 IE、IIS 等。

超独立型数据组织是一种典型的数据共享度极高的数据组织。

(5) 分析型数据组织

从数据特性看，分析型数据组织具有：

- 持久性数据。
- 共享数据。
- 海量数据。
- 加工数据。

此类组织中的数据是加工数据，它一般存储于磁盘等次级存储器内并能作长期的保存。数据具有海量的存储容量，有专门机构严格管理，数据可为众多应用所共享，其特点是在互联网环境下并适用于分析型应用。此种数据组织称分析型数据组织。

分析型数据组织是一种管理严格与规范的分析型应用数据组织。目前它的典型代表是数据仓库管理系统。该系统还须有独立的数据接口。

(6) 大数据分析型数据组织

从数据特性看，大数据分析型数据组织具有：

- 持久性数据。
- 共享数据。
- 大数据。
- 加工数据。

此类组织中的数据是加工数据，它一般存储于互联网环境下数据服务器的磁盘中并能作长期的保存。具有大数据存储容量，有专门机构管理。数据共享性极高，可为全球应用服务。其特点是适用于分析型应用且能作并行、分布式处理。此种数据组织称大数据分析型数据组织。

图 11–18 给出了六种数据组织的四种数据特性间的关系图。

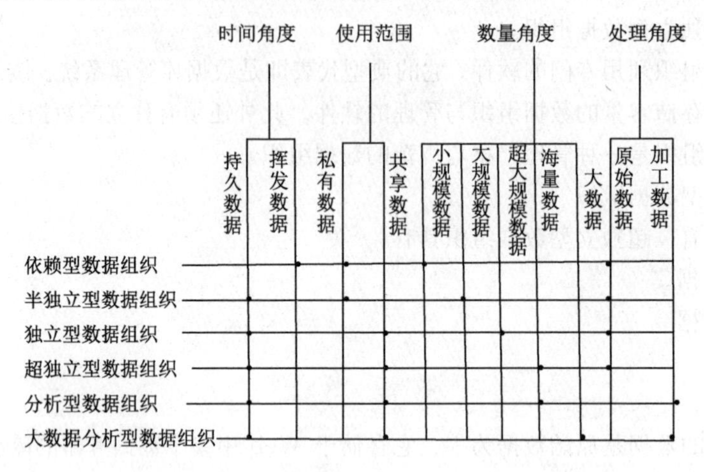

图 11–18　数据特性与数据组织分类间的关系图

小结

算法与数据结构是计算机学科的两大基石，它对程序设计与数据起着支撑作用。

1. 算法

（1）算法是研究计算过程的学科。

（2）算法的五大特征。

- 能行性；
- 确定性；
- 有穷性；
- 输入；
- 输出。

（3）算法描述的三种方法。

- 形式化描述；
- 半角式化描述；
- 非形式化描述。

（4）算法设计。

- 枚举法；
- 递归法；
- 分治法；
- 回溯法。

（5）算法评价。

- 算法正确性；

- 算法时间效率；
- 算法空间效率。

（6）算法的完整表示。

- 算法的描述：

——算法名；

——算法输入；

——算法输出；

——算法流程。

- 算法评价：

——算法正确性证明；

——算法时间效率分析；

——算法空间效率分析。

2. 数据理论与数据结构

（1）数据组成。

- 数据的横向两部分组成关系：数据的结构与数据的值。
- 数据的纵向两个层次组成关系：数据的逻辑层次与物理层次。

（2）数据元素。

- 数据元素是数据的基本使用单位。
- 数据元素分为基本数据元素与复合数据元素两部分。

（3）数据操纵。

- 数据操纵是数据操作的总称。
- 数据操纵横向分为数据的结构操作与值的操作两部分。
- 数据操纵纵向分为数据的公共操作与个体操作两部分。

（4）数据结构。

- 数据与其操作构成数据结构。
- 常用的三种数据结构：

——线性结构：线性、栈与队列；

——树结构；

——图结构。

（5）数据特性分析。

- 挥发性数据与持久性数据；
- 私有数据与共享数据；
- 小规模数据、大规模数据、超大规模数据、海量数据与巨量数据。
- 原理数据与加工数据。

（6）数据分类。

数据的六种分类：

- 依赖型数据：典型代表为程序设计语言中的数据；
- 独立型数据：典型代表为数据库中的数据；

- 半独立型数据：典型代表为文件中的数据；
- 超独立型数据：典型代表为 Web 数据。
- 分析型数据组织：典型代表为数仓库中的数据；
- 大数据分析型数据组织：典型代表为大数据组织中的数据。

（7）数据组织发展的七个阶段。

习题

一、简答题

1. 什么是算法？它有哪些特征？
2. 算法有哪几种描述方法？（如有可能，请各举一例）。
3. 给出算法设计的常用四种方法，并给出说明。
4. 什么叫算法时间复杂性？给出它的计算方法，并举一例说明。
5. 给出算法的一个完整表示。
6. 请说明算法与程序的关系。
7. 给出数据的组成概念（包括横向组成与纵向组成）。
8. 给出数据操纵的概念（包括横向操纵与纵向操纵）。
9. 什么叫数据结构？给出它的定义。
10. 给出数据的四种特性及六种分类。

二、应用题

1. 设有算法 A_1、A_2，它们执行时间分别为：

$$f_1(n)=7n-3$$

$$f_2(n)=9n^2+13n+4$$

计算它们的 $T_1(n)$ 与 $T_2(n)$。

2. 删除例 11-4 中名单中的第二人，并在尾部增加王兴隆及朱怀英两人。给出其操作。

第12章 计算机的数学基础

本章导读

数学是支撑计算机发展的重要基础。数学在计算机中主要起着方法论与工具的作用，可以借助于数学研究计算机中所出现的问题，从而推动计算机研究与应用的发展。

在本章中主要介绍数学中的两个部分：其一是离散数学，其二是可计算性理论，它们从不同侧面为计算机发展做出了贡献。

内容要点：

- 数理逻辑。
- 图灵机原理。

学习目标：

能了解与计算机相关的数学——离散数学及可计算性理论的相关知识以及它们与计算机之间的关系。具体包括：

- 离散数学及其与计算机的关系。
- 可计算性理论及其计算机的关系。

通过本章学习，学生能对与计算机有关的数学有所了解，并能用它们构造简单数学模型。

*12.1 离散数学与计算机

12.1.1 概述

在计算机应用与研究中需要借助一些工具与方法，而数学正是其中的一个有力工具。由于计算机是一种离散结构，因此数学中的离散数学就成为研究计算机的合适工具。

在计算机的发展历程中，数学（特别是离散数学）一直是推动其发展的有效手段。在计算机诞生的前期，图灵机理论为计算机的问世奠定了理论基础。在计算机发展的初期，利用布尔代数理论研究开关电路，从而建立了一门完整的数字逻辑电路理论，为分析、设计计算机电路提供了方法。接着，利用自动机理论研究形式语言，为语言编译系统实现指明了方向。将关系与代数系统相结合所建立的关系代数是目前所流行的关系数据库的理论模型。利用代数结构所建立的纠错编码理论为计算机通信的实用化提供了有效支持。目前，离散数学在软件工程、人工智能、程序理论及信息安全等多个计算机领域发挥着重要作用。此外，在计算机应用开发中，利用离散数学构造应用模型，可为开发系统提供方便、有效的求解手段。如电信系统中的恶意欠费模型、电力系统中的故障分析模型等都是实用的数学模型。利用这些模型可以很快地构造出计算机应用系统。

目前，离散数学中的众多概念与理论均已融于计算机中，以至于人们已分不清计算机中的一些概念与理论实际上来源于离散数学，如数据结构中的“树结构”“图结构”等，数字电路中的“布尔运算”以及数据库中的“关系”数据库等。同样，人们也分不清计算机领域中人人皆知的大家如图灵、布尔等，他们实际上都是与计算机无关的数学家。

一般而言，离散数学包括集合论、代数结构、图论、数理逻辑、组合数学、自动机理论、图灵机理论、递归论、数论及离散概率等。其中，常用的是前面四部分。

在离散数学的研究中均涉及三个基本问题：

- 学科的研究对象。
- 学科的研究内容。
- 学科的研究方法。

而在离散数学中，集合是研究学科“对象”公共规律的一门数学；关系是研究学科“内容”一般性规则的一门数学，而学科的研究“方法”主要有三种：“运算”“推理”“抽象结构”。其中，代数系统是以抽象运算规则为研究方法，数理逻辑则提供了推理方法为研究方法。图论是以离散对象上的二元关系抽象结构规则为其研究方法。因此，在离散数学各分支中，集合论（包括关系）、代数系统、图论与数理逻辑无疑是最为重要的。它们各具特色，且相互关联，构成了离散数学的主要核心。

12.1.2 集合论

集合论是整个数学的基础；因此也是离散数学的基础。在集合论中主要介绍集合、关系与函数等三方面内容。

1. 集合

集合是集合论中的最基本的概念，也是计算机中的基本概念。集合主要是对客观世界中客体一般性规律的探讨。

（1）集合的概念

一些不同的、确定的对象的全体称为集合（set)。这些对象称为集合中的元素（element)。集合一般可用大写字母表示，如 S、A、B 等；元素可用小写字母表示，如 a、b、e 等。
以 a、b、c、d 为元素的集合 S 可以表示为：

$$S = \{ a,b,c,d \}$$

【例 12-1】 地球上的所有人构成一个集合，每个人是该集合的一个元素。

【例 12-2】 全体自然数构成自然数集合 **N**，每个自然数则是 **N** 中的一个元素，可记为：

$$\mathbf{N} = \{ 0,1,2,3,\cdots \}$$

（2）两个特殊的集合

① 空集：元素为空的集合称为空集，可记为∅。

② 全集：集合中包括了所考虑目标之内的所有元素，则称为全集，可记为 E。

（3）集合与集合、集合与元素间的关系

① 集合与元素间有隶属关系：即若元素 a 属于集合 S，则称 a 属于 S，并可记为 $a \in S$；

若 a 不属于 S 则称 a 不属于 S，并记为 $a \notin S$；

【例 12-3】在集合 $S = \{a, b, c, d\}$中，元素 $a \in S$，而 $e \notin S$。

② 集合间有两种关系；它们是相等关系与包含关系。

- 如果集合 A 与集合 B 有相同元素，则称 A、B 相等，并记为 $A = B$。
- 如果集合 A 与集合 B 中有 $a \in A$ 则必有 $a \in B$，则称 B 包含 A，可记为 $B \supseteq A$。进一步，如果至少存在 b，使得 $b \in B$，但 $b \notin A$，则称 B 真包含 A，可记为 $B \supset A$。

【例 12-4】设有自然数集合 $\mathbf{N} = \{0,1,2,3,\cdots\}$与 $A = \{0,1,2,\cdots,100\}$，则有 $\mathbf{N} \supseteq A$ 且有 $\mathbf{N} \supset A$。

（4）集合的运算

我们可以对集合构造三种运算，它们是：

① 集合并运算。集合 A 与 B 中的所有元素合并组成集合 C，称为 A 与 B 的并集，而这种组成的运算称为并运算，记为"∪"，由此可得 $C = A \cup B$。

【例 12-5】设 $A=\{1,2,3,4\}$，$B = \{3,4,5,6\}$，则有 $C = A \cup B = \{1,2,3,4,5,6\}$。

② 集合交运算。集合 A 与 B 中的所有公共元素所组成的集合 C，称为 A 与 B 的交集，而这种组成的运算称为交运算，记为"∩"，由此可得 $C = A \cap B$。

【例 12-6】设 $A=\{1,2,3,4\}$，$B = \{3,4,5,6\}$，则有 $C = A \cap B = \{3,4\}$。

③ 集合补运算。对集合 A，选取 E 中 A 的元素以外的所有元素所组成的集合称为 A 的补集，而这种组成的运算称为 A 的补运算，记为"～"，由此可得 $C = \sim A$。

【例 12-7】设 $E = \{0,1,2,3,\cdots\}$，而 $A = \{0,1,2,3\}$，则此时有 $\sim A = \{4,5,6,\cdots\}$。

（5）集合运算的规律

集合中的三种运算并、交、补满足下面的一些规律：

① 结合律：

$$(A \cup B) \cup C = A \cup (B \cup C)$$
$$(A \cap B) \cap C = A \cap (B \cap C)$$

② 交换律：

$$A \cup B = B \cup A$$
$$A \cap B = B \cap A$$

③ 分配律：

$$A \cup (B \cap C) = (A \cup B) \cap (A \cup C)$$
$$A \cap (B \cup C) = (A \cap B) \cup (A \cap C)$$

④ 幂等律：

$$A \cup A = A$$
$$A \cap A = A$$

⑤ 吸收律：

$$A \cup (A \cap B) = A$$
$$A \cap (A \cup B) = A$$

⑥ 德 · 摩根律：

$$\sim (A \cup B) = \sim A \cap \sim B$$

$$\sim(A \cap B) = \sim A \cup \sim B$$

集合的一些基本概念、概念间的关系以及集合的三种运算与它们所满足的一些规律构成了集合的基础知识，也为研究客体提供了手段。

【例 12-8】 某旅客欲在北京火车站售票处购买当天去上海的动车组一等软卧车票一张，车次为D257或D 243，用集合方式表示之。

解 北京站售票处的工作与处理对象即为火车票，对旅客购票要求可用集合方法表示如下：

E——全部车票；

C——当天车票；

S——去上海车票；

D——动车组车票；

F——一等车票；

SS——软卧车票；

D1——车次为D257的车票；

D2——车次为D243的车票。

该旅客的购票要求可表示为：

$$C \cap S \cap D \cap F \cap \mathrm{SS}\ (\mathrm{D1} \cup \mathrm{D2})$$

最后，我们讨论集合中的几个重要概念。

定义 12-1 集合 S 的元素个数为有限则称为有限集；个数为无限则称为无限集。

在无限集中有两个特别重要的集合，即自然数集 **N** 及实数集 **R**。

定义 12-2 凡与 **N** 一一对应的集合称可列集；与 **R** 一一对应的集合称为连续统；有限集与可列集合称为可数集。

可数集及连续统将整个数学分成为两大类，即建立在连续统上的连续数学（如微积分）以及建立在可数集上的离散数学。

2．关系

关系是建立在集合基础上的，它是对学科领域研究内容一般规律的探讨。例如，数论是研究自然数间关系的一门学科，力学是研究物质间作用力关系的一门学科。

（1）关系的概念

最简单的关系是集合元素所组成的一个二元有序组。例如，集合 A、B 上有 $a \in A, b \in B$，则 (a,b) 所组成的二元有序组表示 a 与 b 间存在一种关系。推而广之，从集合 A 到 B 的一种关系可以用二元有序组的一个集合表示，如旅客 C 与旅馆客房 D 间存在着居住关系 R，它可用旅客与房间所组成的二元有序组集合表示；而集合 A 与 B 则称为关系的基础集合。

设有旅客集合 $C = \{a,b,c,d,e\}$，客房 $D = \{301,302,303\}$，则图 12-1 所示的旅客与住房间的居住关系可用集合 R 表示。

$$R = \{(a,301), (b,301), (c,302), (d,302), (e,303)\}$$

进一步可以将它扩展至 n 元关系，即是由 n 元有序组 $(a_1, a_2, \cdots, a_n)$ 所构成的一个集合。

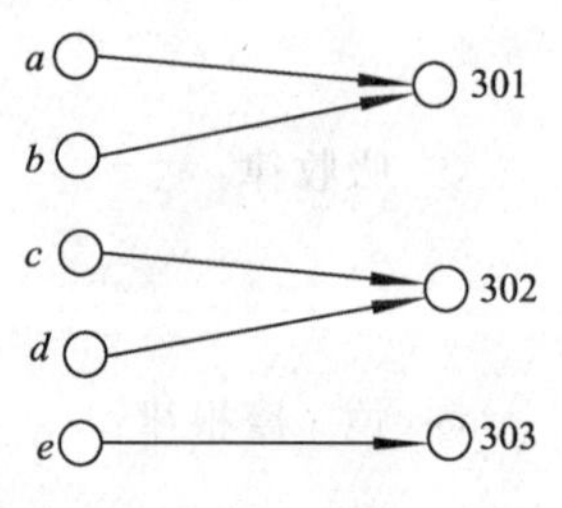

图 12-1 旅客住房示意图

（2）关系运算

关系有两种运算。

① 关系的复合运算。由两种关系可以通过一种运算构造出一种新关系，这种运算称为复合运算。如有 a、b 为“兄妹”关系；而 b、c 为“母子”关系，则将这两个关系可组合成一个新关系，称为“舅甥”关系。根据这种思想，我们可以构造关系的一个新运算——复合运算。设有集合 A 到 B 上的关系 R，B 到 C 上的关系 S，则 R 与 S 的复合运算“$\circ$”可构成一个从 A 到 C 的新关系 $Q = R\circ S = \{ (x,y) | x\in A,\ y\in C,$ 至少存在一个 $z\in B$ 有 $(x,z) \in R,(z,y) \in S\}$，它称为 R 与 S 的复合关系。

如有 $A=\{a_1,a_2,a_3\}$，$B=\{b_1,b_2,b_3\}$，$C=\{c_1,c_2,c_3\}$，又有 A 到 B 的关系 $R=\{(a_1,b_1),(a_1,b_2),(a_2,b_2)\}$，$B$ 到 C 的关系 $S=\{(b_1,c_2),(b_2,c_3),(b_3,c_3)\}$。由此可得一个新的关系，即 A 到 C 的复合关系 $R\circ S=\{(a_1,c_2),(a_1,c_3),(a_2,c_3)\}$，如图 12–2 所示。

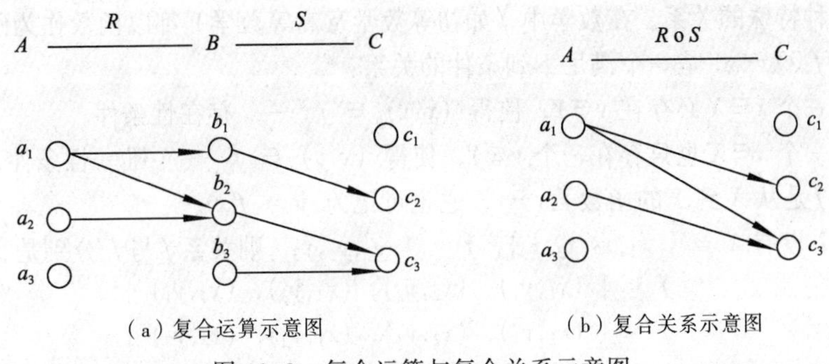

（a）复合运算示意图　（b）复合关系示意图

图 12–2　复合运算与复合关系示意图

② 关系的逆运算。由二元有序组所组成的关系是单向的，即一般的有 $(a,b) \neq (b,a)$。如 a 为母，b 为子，它们所组成的 (a,b) 表示母子关系，而 (b,a) 则是子母关系。两者是不同的。一般称 (b,a) 为 (a,b) 之逆。因此，一个关系 R 将其二元有序组全部取逆后所得到的新集合称为 R 的逆关系，其所构造的运算称为逆运算，表示为“～”。设有关系 R，则 R 经逆运算后可得到一个新关系 $S=\widetilde{R}$。

如有集合 A 到 B 的关系 R，其中 A、B 如上例所示，$R=\{(a_1,b_2),(a_2,b_3),(a_3,b_1)\}$，则它的逆关系 $\widetilde{R}=\{(b_2,a_1),(b_3,a_2),(b_1,a_3)\}$，如图 12–3 所示。

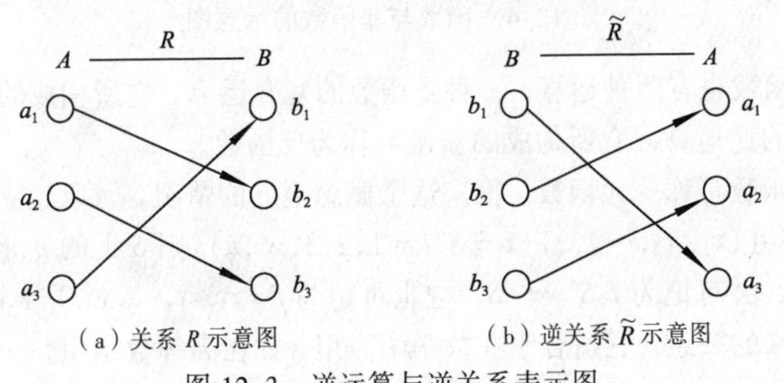

（a）关系 R 示意图　（b）逆关系 $\widetilde{R}$ 示意图

图 12–3　逆运算与逆关系表示图

(3) 关系运算的规律

关系运算满足下面的规律：

① 结合律：

$$(R\circ S)\circ T=R\circ(S\circ T)$$

② 双补律：

$$\tilde{\tilde{R}} = R$$

③ 可定义 R^n 如下：

$$\begin{cases} R^1 = R \\ R^{n+1} = R^n \circ R \end{cases}$$

此时有

$$R^n \circ R^m = R^{n+m},\ (R^m)^n = R^{m \times n}$$

3. 函数

函数是一种特殊的关系。在数学中（如初等数学及高等数学）都以函数作为研究内容。一般认为，函数 $f:X \to Y$ 是一个满足下列条件的关系：

（1）对每一个 $x \in X$ 必存在 $y \in Y$，使得 $(x,y) \in f$ —— 存在性条件；

（2）对每一个 $x \in X$ 也只存在一个 $y \in Y$，使得 $(x,y) \in f$ —— 唯一性条件。

这个关系 f 是从 X 到 Y 的函数 $f:x \to y$，它也可记为 $y = f(x)$。

【例 12-9】设有 $X = \{x_1,x_2,x_3,x_4\}$，$Y = \{y_1,y_2,y_3\}$，则关系 f 与 f' 分别是：

$$f = \{(x_1,y_1),(x_2,y_2),(x_3,y_3),(x_4,y_1)\}$$

$$f' = \{(x_1,y_1),(x_2,y_3),(x_1,y_2),(x_4,y_3)\}$$

其中，f 是函数而 f' 不是函数。因为它既不满足存在性又不满足唯一性，如图 12-4 所示。

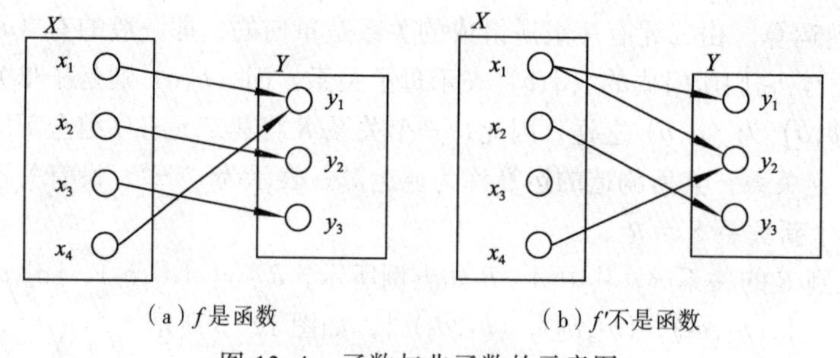

图 12-4　函数与非函数的示意图

与关系一样，函数也有两种运算，一种是函数的复合运算，它所构成的新函数称为复合函数；另一种是函数的逆运算，它所构成的新函数称为反函数。

这里所介绍的函数可称一元函数。推广这个概念至 n 的情况，可以建立 n 元函数。设有集合 S，并有 n 元有序组 $(x_1, x_2, \cdots, x_n)$ $(x_i \in S, i = 1,2,3,\cdots,n)$，则 S 上的 n 元函数即是 $f:\{(x_1, x_2,\cdots, x_n)\} \to S$；并可记为 $f:S^n \to S$，它也可记为 $f(x_1,x_1,\cdots,x_n,) = y$。

函数是一种特殊的关系，它适合于在数学中应用，如在高等数学中，一般就是研究实数集 R 上的函数（即是 $f:\mathbf{R} \to \mathbf{R}$）。此外，函数还建立了代数结构的基础。

12.1.3 代数系统

代数系统（algebra system）是建立在集合上的一种运算系统。它是用运算构造数学系统的一种方法，因此称代数系统。而运算则是一种函数，因此也是一种关系。代数系统是用系统观点研究运算的一种数学，它是关系研究的另一种方法。

代数系统是初等代数和高等代数的一种扩展与抽象的系统。在代数系统中有四个重要概念：运算、系统、运算规则及个体系统。下面对它们进行介绍。

1. 运算

运算是代数系统的基本概念。在初等代数中有+、−、×、÷等四则运算，更进一步有乘方、开方、指数、对数等运算。而将其扩展至线性代数、高等代数中有向量运算、矩阵运算及行列式运算等。在这里我们将运算作更为抽象的扩充，使运算不仅包含前面的所有运算，而且还具有更普遍的含义。我们说：运算是建立在集合 S 上的 n 元函数。它可以表示为 $f: S^n \to S$。这个 f 称为 n 元运算。当 $n=1$ 时称为一元运算，当 $n=2$ 时称为二元运算，而当 $n \geqslant 3$ 时就称为多元运算。

这种运算定义具有更广泛的意义。例如，在计算机中“字符串”的拼接、分解等均为运算；“图形”中的放大、缩小及旋转、移位等均属运算。有了这种扩展性质的运算后，客观世界（包括计算机世界）中多种“处理手段”都可抽象为运算，从而都可以纳入代数系统的讨论范围。因此我们说：运算是对客观世界对象的一种加工手段与工具。

2. 代数系统

有了运算后就可以建立系统。这种系统称为代数系统。它由三部分组成：

（1）一个非空集合 S。

（2）有 k 个 S 上的运算——$o_1, o_2, \cdots, o_k$。

（3）运算封闭性——即 S 中元素经运算后的结果仍在 S 中。

这三者组成代数系统：$(S, o_1, o_2, \cdots, o_k)$。

代数系统的三个条件给出了一个完整系统的基本要素，即加工对象、加工工具和基本约束。

这里所定义的代数系统是一种具有普遍意义的表述，一般常用的是以二元运算为主（一元运算较少见，多元运算基本不用），而在一个系统中一般仅包含一个或两个运算为多见。

下面我们给出一些代数系统的例子。

【例 12-10】自然数集 **N** 及其“+”运算组成代数系统，即 $(\mathbf{N}, +)$ 是代数系统。

【例 12-11】实数集 **R** 及其运算+、×组成代数系统 $(\mathbf{R}, +, \times)$。

【例 12-12】有限个字母组成的集合 X，在其上可以构造字母串（称为句子），它们构成的集合称为 X^*，对 X^* 构造一个并置运算“$\circ$”；设 α，$\beta \in X^*$，则 $\alpha \circ \beta = \alpha\beta$，这样，$X^*$ 与“$\circ$”所构成的 $(X^*, \circ)$ 是代数系统。

代数系统用系统的观点研究数学，将不同集合与运算构成不同的系统以分门别类研究。

3. 运算规则

代数系统是以运算为中心的一种系统。因此，讨论代数系统首先要讨论运算的规律。运算一般有下面这些主要规律。对 $(S, \circ)$ 有：

（1）结合律：若 $a, b, c \in S$，则有 $(a \circ b) \circ c = a \circ (b \circ c)$。

（2）交换律：若 $a, b \in S$，则有 $a \circ b = b \circ a$。

（3）单位：S 中存在唯一一个元素 e，对任一 $a \in S$，必有 $e \circ a = a \circ e = a$，$e$ 称为运算 $\circ$ 的单位（素）。

（4）零元：S 中存在唯一一个元素 0，对任一 $a \in S$，必有 $0 \circ a = a \circ 0 = 0$，0 称为运算 $\circ$

的零元（素）。

（5）逆元：对 S 中元素 $a \in S$，若存在唯一一个元素 $a^{-1} \in S$，有 $a \circ a^{-1} = a^{-1} \circ a = e$，$a^{-1}$ 称为 a 的逆元（素）。

（6）对（$S, \circ, +$）有分配律。若 a，b，$c \in S$，均有：

$$a \circ (b+c) = (a \circ b) + (a \circ c)$$
$$a + (b \circ c) = (a+b) \circ (a+c)$$
$$(b+c) \circ a = (b \circ a) + (c \circ a)$$
$$(b \circ c) + a = (b+a) \circ (c+a)$$

则称运算∘与*满足分配律。

【例 12-13】 整数集及其运算“+”所组成的代数系统（$\mathbf{Z}, +$）满足结合律、交换律，并存在单位 0，且每个整数必有逆元，如+3 之逆元为−3；−7 之逆元为+7；0 的逆元为 0 等。

【例 12-14】 代数系统（$\mathbf{Z}, \times$）满足结合律、交换律，且存在单位 1。

4．著名代数系统

在代数系统中可以按运算的性质不同划分成为多个个体系统作研究。常用的有：

（1）群（group）

代数系统（$G, \circ$）如满足结合律，有单位与逆元，则称为群。

群是代数系统中研究具一个二元运算的代表性系统。

（2）环（ring）

代数系统（$\mathbf{R}, +, \circ$）如满足（$\mathbf{R}, +$）是群，且满足交换律，（$\mathbf{R}, \circ$）满足结合律，（$\mathbf{R}, +, \circ$）中∘对+满足分配律，则称为环。

环是代数系统中有两个二元运算且运算性质不对称的代表性系统。

（3）布尔代数（boolean algebra）

代数系统（$B, +, \circ, '$）如对+与∘都满足交换律、分配律，有单位与零元，且对一个一元运算“′”有 $b + b' = 0$，$b \circ b' = 1$，则该系统称为布尔代数。

布尔代数是有两个二元运算及一个一元运算的典型代数系统。它在计算机中有重要应用，如第 2 章中就有用它构造计算机的逻辑电路。它还在其他应用中有重要作用。

12.1.4 图论

图论（graph theory）是用图的方法研究客观世界的一门科学。在图论中有两个基本结构单位，它们是节点与边。其中，节点表示客观世界中的事物，而边则表示事物间的关联，由节点与边所构成的图则表示了客观世界中所研究的实体。从集合论的观点看，节点组成一个节点集，而边则是节点集上的关系。这样，图论就是从抽象结构角度研究关系的一门学科。

下面我们从图的概念介绍起，接着介绍图的矩阵表示，最后介绍图的几种特殊形式。

1．图的概念

图是由节点 v_i（$i = 1, 2, \cdots, n$）所组成的集合 $V = \{v_1, v_2, \cdots, v_n\}$以及边 e_i（$i = 1, 2, \cdots, m$）所组成的集合 $E = \{e_1, e_2, \cdots, e_m\}$ 这两部分所构成的，记为 $G = (V, E)$。其中，边 e_i 是一个节点对，即有 $e_i = (v_{i1}, v_{i2})$。图一般可用图示形式表示。其中，节点可用“圆点”形式表示，而边则可用节点间的“线段”表示。下面的图即可用图 12-5 所示形式表示。

$$V = \{v_1, v_2, v_3, v_4, v_5\}$$

$$E = \{\ (v_1, v_2)\ ,\ (v_1, v_3)\ ,\ (v_2, v_5)\ ,\ (v_3, v_4)\ \}$$

一般图中的边是无序的称无向图。但是有时它也可以是有序的。如亲戚间的关系是无序的，但父子关系则是有序的。图中的边均为有序的图称为有向图。有向图中的边均带有箭头以表示之。图 12–6 所示为一个有向图的结构。

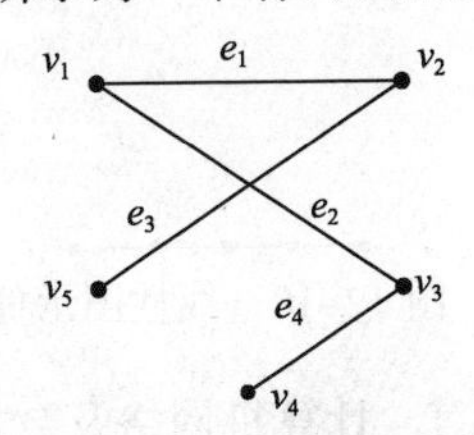

图 12–5　图的图示法

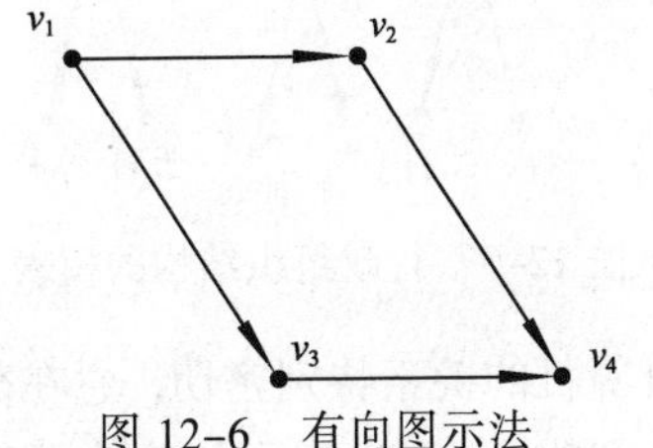

图 12–6　有向图示法

下面以无向图为对象继续讨论。

路径：图中两个节点 v_i 与 v_j 间如存在边相连，则称 v_i 与 v_j 间有路径存在。图 12–5 中 v_1 与 v_4 间有路径 v_1—e_2—v_3—e_4—v_4。当路径中 $v_i = v_j$ 且边数>1 时，此路径称为回路。

连通图：图中所有节点间均有路径的图称为连通图。图 12–5 所示的图即为连通图。

在图论中，我们大多以连通图为对象作讨论。

2．图的矩阵表示

我们可以用矩阵表示图。

设有图 $G = (V,E)$，$V = \{v_1, v_2, \cdots, v_n\}$，$E = \{e_1, e_2, \cdots, e_m\}$；此时，按节点排列可以构成一个 $n \times n$ 矩阵 $A = (a_{ij})_{n \times n}$，如 (v_i, v_j) 是边，则矩阵第 i 行第 j 列元素置 1（$a_{ij} = 1$）；如 (v_i, v_j) 不是边，则矩阵第 i 行第 j 列元素置 0（$a_{ij} = 0$）。这个矩阵称为图的邻接矩阵。图 12–5 所示的图可用矩阵表示为如图 12–7 所示。

我们知道，矩阵是可以计算的，因此用矩阵表示图后，图论研究的结果可以通过计算机的计算而实现，从而图论与计算机之间建立了密切的关系。

3．树——一种特殊的图

在图中有一种特殊的结构称为树，它在计算机应用中特别有用。所谓树即是不含回路的连通图。图 12–8（a）所示即是树；但图 12–8（b）所示不是树，因为它含有回路。

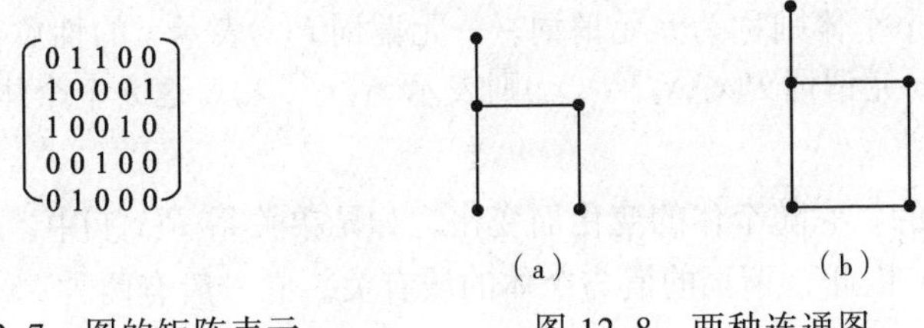

图 12–7　图的矩阵表示　　图 12–8　两种连通图

在树中，我们经常讨论的是一种称为外向树的有向树。这是一种有层次的有向树。层次是由顶向下的，而所有有向边的箭头也是向下的。在层次顶层有一个节点称为根，层次的底层节点称为叶，中间层次的节点称为分支节点。在树中，我们一般以讨论外向树为主。在客观世界中用外向树表示客体结构的很多，如行政结构中的树结构就是外向树，如图 12–9 表示。

树结构的一个特例是树中每个节点最多仅有两条边与其关联，此种树称为线性图。线性图是一种最简单的树，如图 12–10 所示。

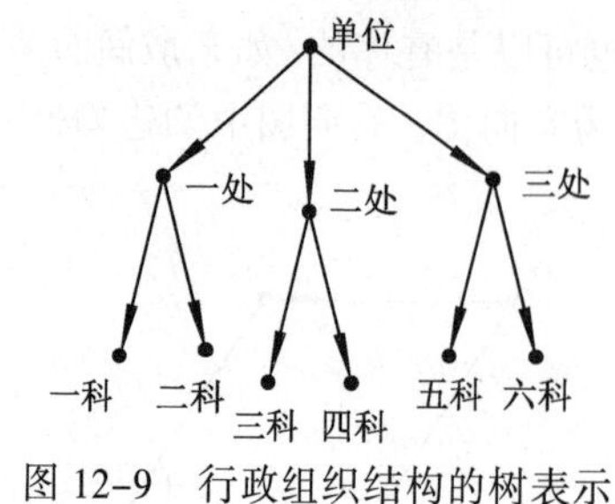

图 12–9　行政组织结构的树表示

图 12–10　线性图示例

图论与计算机的关系特别密切，它在数据结构、形式语言、计算机网络及数据库中有重大应用。特别是在数据结构中，图论建立了整个数据结构的理论基础，在上一章的数据结构讨论中即可明显地看出这一点。

12.1.5　数理逻辑

数理逻辑是用数学方法研究思维推理的一门学科。在数理逻辑中的最基本概念是谓词，而谓词是关系的一种表示形式，因此我们说数理逻辑是用推理方法研究关系的一门学科。数理逻辑由两部分组成，它们是基本概念与推理。

1. 数理逻辑的基本概念

数理逻辑有下面几个基本概念。

（1）个体

个体是客观世界中所存在独立物体，它是数理逻辑中的最基本单位。例如，1、2、3 等自然数；张三、李四等个人；等等。它可用 $a,b,c;x,y,z$ 等表示。个体有变量与常量之分。个体变量的变化范围称为个体域，它实际上是一个集合。

（2）谓词

谓词表示个体之间的关系。如兄弟关系可用 $P(x,y)$表示，其中 $P(,\ )$表示谓词“兄弟”，x、y 是个体变量，其个体域为“人”的集合。谓词是有值的，它或为 T（表示真），或为 F（表示假）。在兄弟关系中，如 x、y 分别为张彪、张虎；如果他们为兄弟，则有 P（张彪,张虎）= T；如不为兄弟则有 P(张彪,张虎)= F。谓词中仅有一个个体称为一元谓词；有两个个体为二元谓词；推而广之，有 n 个个体则称为 n 元谓词。一元谓词 $P(x)$表示 x 的性质；二元谓词 $P(x,y)$表示 x 与 y 间的关系；n 元谓词 $P(x_1,x_2,\cdots,x_n)$则表示 $x_1,x_2,\cdots,x_n$ 这 n 个个体间的关系。

（3）量词

谓词的值是不定的，它随个体的变化而变化。如兄弟关系 $P(x,y)$中，P(张彪，张虎)=T；但 P(张三,李四)= F。因此，谓词的值与个体的域有关。它一般有两种：一种为个体域中存在有个体使谓词的值为 T；另一种是个体域中所有个体使谓词的值为 T。这样，由个体域与谓词的值所建立起来的关系称为量词，其中，前一种称为存在量词，而后一种称为全称量词。设有谓词 $P(x)$，则存在量词可表示为 $\exists x(P(x))$；全称量词可表示为 $\forall x(P(x))$。应该注意的是，加了量词后的谓词的值就是确定的了。

【例 12–15】 设有 $P(x){:}x-3=0$，x 的个体域为整数集 $\mathbf{Z}$。此时有：

① $P(x)$ —— 不确定。

② $\exists x(P(x))=\mathrm{T}$。

③ $\forall x(P(x))=\mathrm{F}$。

（4）命题

能分辨真假的语句称为命题。命题有值 T 或 F，称为命题的真值。上面所讲的谓词及带有量词的谓词均为命题。命题有常量与变量之分。如上例中 $P(x)$、$\exists x(P(x))$、$\forall x(P(x))$均为命题。其中，前一个为命题变量，后两个为命题常量。

（5）命题联结词

命题可以通过命题联结词（简称联结词）建立一种新的命题。常用联结词有五个。它们可以统一通过表 12-1（称为真值表）定义。

①“并且”联结词：命题 P 与 Q 的“并且”可以用 $P \wedge Q$ 表示。

②“或者”联结词：命题 P 与 Q 的“或者”可以用 $P \vee Q$ 表示。

③“否定”联结词：命题 P 的“否定”可以用 $\neg P$ 表示。

④“蕴含”联结词：命题 P 与 Q 的“蕴含”可以用 $P \rightarrow Q$ 表示。它表示“如果……则……”的意思。

⑤“等价”联结词：命题 P 与 Q 的“等价”可以用 $P \leftrightarrow Q$ 表示。它表示“等同”“对等”之意。

表 12-1 命题真值表

P	Q	$P \wedge Q$	$P \vee Q$	$\neg P$	$P \rightarrow Q$	$P \leftrightarrow Q$
T	T	T	T	F	T	T
F	T	F	T	T	T	F
T	F	F	T	F	F	F
F	F	F	F	T	T	T

在数理逻辑中有了这几个基本部分后就可构造数理逻辑公式。

【例 12-16】著名的亚里士多德三段论的假设：“凡人必死，苏格拉底是人，故他必死。”

解 设 $H(x)$表示 x 是人，$P(x)$表示 x 必死，a 表示苏格拉底，则可将亚里士多德的三段论写成为数理逻辑公式：

$$\forall x(H(x) \rightarrow P(x)) \rightarrow (H(a) \rightarrow P(a))$$

【例 12-17】对所有自然数 x,y 必有 $x + y \geqslant x$。

解 设 $F(x,y,z)$表示 $x + y \geqslant z$，$N(X)$表示 x 为自然数，此时可以将语句写成为：

$$\forall x \forall y(N(x) \wedge N(y) \rightarrow F(x,y,x))$$

从例中可以看出，实际上一个公式表示了一个人的思维。由此可知，可用数理逻辑公式（亦即是用数学方法）表示人类思维。

2．数理逻辑中的推理

接下来我们用数学方法讨论思维推理。

（1）命题的等式

为讨论推理，首先需有若干由命题组成的公式，它们均是等式。设 P，Q，R 是命题，则必有：

① $\neg\neg P = P$

② $P \wedge Q = Q \wedge P$

③ $P \vee Q = Q \vee P$

④ $\neg(P \wedge Q) = \neg P \vee \neg Q$

⑤ $\neg(P \vee Q) = \neg P \wedge \neg Q$

⑥ $P \wedge P = P$

⑦ $P \vee P = P$

⑧ $P \rightarrow Q = \neg P \vee Q$

⑨ $P \rightarrow Q = \neg Q \rightarrow \neg P$

⑩ $\neg(P \rightarrow Q) = P \wedge \neg Q$

⑪ $P \rightarrow (Q \rightarrow R) = (P \wedge Q) \rightarrow R$

⑫ $P \leftrightarrow Q = (P \rightarrow Q) \wedge (Q \rightarrow P)$

（2）推理规则

在思维的推理过程中需按规则进行。在传统数学中，推理规则既不系统化又没有数学化，在数理逻辑中必须将其系统化与数学化。

首先我们解释推理。推理是由一些前提获得结论的一种过程。设 P 为前提，Q 为结论，则由 P 推出 Q 是一个推理。它可写为：$P \vdash Q$。同理，可推广之，如 $P,Q \vdash R$；P_1，P_2，…，$P_n \vdash Q$ 等。下面给出常用的推理规则：

① $P \wedge Q \vdash Q$ （简化式）

② $P \vdash P \vee Q$ （附加式）

③ $P,Q \vdash P \wedge Q$ （合并式）

④ $P, P \rightarrow Q \vdash Q$ （假言推论 — 分离规律）

⑤ $P \rightarrow Q$，$Q \rightarrow R \vdash P \rightarrow R$ （假言三段论）

⑥ $P \vee Q$，$P \rightarrow R$，$Q \rightarrow R \vdash R$ （两难推论）

⑦ $\forall x(P(x)) \vdash P(y)$ （US 规则）

⑧ $\mathrm{P}(x) \vdash \forall y(P(y))$ （UG 规则）

⑨ $\exists x(P(x)) \vdash P(e)$ （ES 规则）

⑩ $P(e) \vdash \exists x(P(x))$ （EG 规则）

其中，后四个是与量词有关的推理规则。

（3）推理

有了前面的命题等式与推理规则后，我们即可对推理作一个完整、系统的形式化说明。

我们知道，在数学中的推理一般是先由一些已知条件作为出发点，通过证明最终得到定理。因此我们认为，推理由三部分组成，它们是前提、证明、定理。下面分别介绍之。

① 前提：即已知条件，在推理中可以使用，它们是一些公式。

② 证明：证明是一个过程，它是一个使用前提并最终获得定理的过程。在证明中可以使用如下的四种规则称引入规则：

P 规则——又称前提引入规则，即在证明中可以引入前提。

T 规则——又称即推理引入规则，即在证明中可以引入推理规则①～⑩。

置换规则——在证明中可以引入命题等式，将命题等式①～⑫的一端置换成另一端。

代入规则——在证明中所出现的公式中的命题变元处可代入任意公式，个体变元处可代入任意变元及常量。

③ 定理：即求证结论，它是一个公式。

此外，在推理中有一个重要的定理称为推理定理，下面对它作介绍：

推理定理：设有公式 A，B，如有 $A\vdash B$ 则必有 $A\rightarrow B$ 为真。

这个定理建立了推理与蕴含式间的关系，它告诉我们，若要证 $A\rightarrow B$ 为定理，只要证 B 为定理就行了，同时还可将 A 作为前提在证明中使用。这个定理从本质上简化了证明，它不但减少了待证明成分（定理），而且增加了已知成分（前提）。

这个定理的一个推广是：设有公式 A_1，A_2，…，A_n，B_1 并有 A_1，A_2，…，$A_n\vdash B_1$，则必有 $A_1\rightarrow(A_2\rightarrow(\cdots A_n\rightarrow B)))$ 。一般我们可以在推理中使用推理定理，从而使定理证明简化。

下面我们举几个推理的例子。

【例 12-18】在亚里士多德三段论的证明中，可以将 $\forall x(H(x)\rightarrow P(x))$ 与 $H(a)$ 作为前提，而仅须证明 $p(a)$ 为定理：

证明

① $\forall x(H(x)\rightarrow P(x))$	P 规则
② $H(a)\rightarrow P(a)$	T 规则(US 规则)：①
③ $H(a)$	P 规则
④ $P(a)$	T 规则（分离规则）：②、③

【例 12-19】试作推理：$P\rightarrow(Q\rightarrow R),Q,P\vdash R$。

证明

① P	P 规则
② $P\rightarrow(Q\rightarrow R)$	P 规则
③ $(Q\rightarrow R)$	T 规则（分离规则）：①、②
④ Q	P 规则
⑤ R	T 规则（分离规则）：③、④

12.1.6　离散数学在计算机中的应用

在计算机的研究与应用中，用离散数学作为工具建立起的数学模型称为离散模型。它将计算机中的问题求解变为离散数学中的计算或推理。下面我们通过一个例子介绍离散数学建模的方法。

1. 关系数据库中的离散模型——关系代数

关系代数是关系数据库的一个重要数学模型，我们下面对它作讨论。

有关关系数据库已在第 4 章有介绍。我们以此为起点建立关系数据库的离散模型——关系代数，它是以关系与代数系统为工具所构造的数学模型。

(1) 表

表是关系数据库的基础。表中存放数据，数据以元组为单位，元组由元组分量组成，每个分量的值属于其相应的值域。一个 n 元元组即是集合论中的 n 元有序组，而元组中的值域即是 n 元有序组中的基础集。因而整个表即是 n 元有序组的集合，它构成了一个 n 元关系。

【例 12-20】 表 4-1 所示的“二维表”可用下面的 4 元关系 R 表示：

R = {（20001,丁一明,cs,18）,(20002,王爱国,cs,18),
（20003,贾曼英,cs,21），（20004,沈杰,cs,19）}

（2）表上的操作

在关系数据库中的操作是建立在表上的，它一般有查询及增、删、改等。在代数系统中，表上的操作即是集合上的运算，下面分别讨论。

① 插入操作。它是表的一种操作，即是关系上的“并”运算。设有关系 R 与 R'，则 $R \cup R'$ 即表示表上的插入操作。

【例 12-21】 对表 4-1 作插入操作，插入元组（20005,洪 浩,cs,23)。

解 表 4-1 可用关系 R 表示，插入元组可用关系 R' 表示之，即 R'={(20005，洪 浩，cs，23)}，这种插入操作可以表示成为 $R \cup R'$。

② 删除操作：它是表的一种操作，即是关系上的“差”运算。所谓差运算即是 $R - R' = R \cap \sim R'$。

【例 12-22】 对表 4-1 作删除操作，删除其中的元组（20003,贾曼英,cs,21)。

解 表 4-1 可用关系 R 表示，删除元组可用关系 R' 表示之，即有 R'={(20003，贾曼英，cs，21)}，这种删除操作可以表示成 $R - R'$。

③ 修改操作。修改操作实际上是先作删除操作再作增添操作，它是这两种操作的组合，它并不构成独立的操作，因此不作为新的操作予以研究。

④ 查询操作。查询操作要用两个新的关系运算表示。

a．投影运算。在一个 n 元关系中可以选取其中 m 个分量，从而得到一个 m 元关系。设有 S_1，S_2，…，S_n 上的 n 元关系 R，$R = \{(x_1, x_2, \cdots, x_n) \mid x_i \in S_1\}$，则 R 的投影运算可以表示为：

$$\Pi_{j_1 j_2 \cdots j_m}(R) = \{(x_{j1}, x_{j2}, \cdots, x_{jm}) \mid x_{ji} \in S_{ji}\}$$

【例 12-23】 表 4-1 可用关系 R 表示，对表中选取 sn 与 sa 两个分量从而可以得到一个新表。它可以用关系 R' 表示。这是一种投影运算。它可表示为：

$R' = \Pi_{sn,sa}(R)$={（丁一明,18），(王爱国,18），(贾曼英,21），(沈 杰,19）}

R' 可用表 12-2 所示的二维表表示。

表 12-2 R' 的二维表

sn	sa
丁一明	18
王爱国	18
贾曼英	21
沈 杰	19

b．选择运算。在一个 n 元关系 R 中，选取其中满足一定逻辑条件 F 的元组组成一个新的关系 R'，这种运算称为选择运算。在该运算中，逻辑条件 F 为数理逻辑的一个公式。它可以表示为：

$$R' = \sigma_F(R)$$

【例 12-24】 表 4-1 可用 R 表示，对表中选取 $sa>18 \wedge sa<21$ 的元组，从而可以得到一个新表，它可以用 R' 表示。这是一种选择运算，它可以表示为：

$R' = \sigma_{sa>18 \wedge sa<21}(R)$ = {(20004,沈 杰,cs,19)}

将查询中的两个运算联合可以查找到表示任意元组任意分量的数据。下面用一个例子说明之。

【例 12-25】在表 4-1 中选取年龄为 18 岁的学生的学号和姓名。

解　它可以用下面的代数公式表示：

$$\Pi_{sno,sn}(\sigma_{sa=18}(R))$$

(3) 关系数据库与关系代数

关系数据库一般由二维表以及建立在表上的增、删、改以及查询操作所组成。而在代数系统中，它对应于 n 元关系，即 n 元有序组的集合 R，以及其上的四种运算："并"、"差"、"投影""选择"。它们构成了一个代数系统。

$$A:(R, \cup, -, \Pi, \sigma)$$

这个代数系统称为关系代数。它是关系数据库的一个离散模型。对关系代数的研究可取代对关系数据库的研究。

2. 关系数据库中的另一个离散模型——关系演算

关系演算是关系数据库中的另一个重要模型，我们下面对它作介绍。

关系演算是以数理逻辑为工具所构成的数学模型。

(1) 表

可以用数理逻辑中的谓词表示关系数据库中的二维表。设由 n 个属性 A_1，A_2，…，A_n（并分别有 n 个值域 D_1，D_2，…，D_n）所构成的二维表 T，它有 m 个元组 t_1，t_2，…，t_m，它的表的形式如表 12-3 表示，其中 $t_{ij} \in D_j$ 且为 t_i 的一个分量。

表 12-3　二 维 表 T

A_1	A_2	A_3	…	A_n
t_{11}	t_{12}	t_{13}	…	t_{1n}
t_{21}	t_{22}	t_{23}	…	t_{2n}
…	…	…	…	…
t_{m1}	t_{m2}	t_{m3}	…	t_{mn}

我们可以构造一个 n 元谓词 $P(x_1,x_2,\cdots,x_n)$如下：

$$P(x_1,x_2,\cdots,x_n)=\begin{cases} T & \text{当} P \text{的一个赋值} (a_1,a_2,\cdots,a_n)\in\{(t_1,t_2,\cdots,t_n)\} \\ F & \text{当} P \text{的一个赋值} (a_1,a_2,\cdots,a_n)\notin\{(t_1,t_2,\cdots,t_n)\} \end{cases}$$

其中，$x_i \in D_i(i=1,2,\cdots,n)$。这个 n 元谓词 $P(x_1,x_2.\cdots,x_n)$即定义一张二维表。

【例 12-26】表 4-1 所示的二维表可用下面的四元谓词 $P(x_1,x_2,x_3,x_4)$表示。

$$p(x_1,x_2,x_3,x_4)=\begin{cases} T \text{ 当} P \text{的一个赋值} (a_1,a_2,a_3,a_4)=(20001,\text{丁一明},cs,18) \\ T \text{ 当} P \text{的一个赋值} (a_1,a_2,a_3,a_4)=(20002,\text{王爱国},cs,18) \\ T \text{ 当} P \text{的一个赋值} (a_1,a_2,a_3,a_4)=(20003,\text{贾曼英},cs,21) \\ T \text{ 当} P \text{的一个赋值} (a_1,a_2,a_3,a_4)=(20004,\text{沈　杰},cs,19) \\ F \text{ 当} P \text{的一个赋值} (a_1,a_2,a_3,a_4)=\text{其他元组} \end{cases}$$

(2) 表上的操作

① 表上的插入操作。设有表 T_1 与 T_2，它所对应的谓词为 P_1 与 P_2，则将表 T_2 插入至 T_1 的操作可用 P_1 与 P_2 的"或者"联结词相联，亦即有 $P_1 \vee P_2$。

【例 12-27】对例 12-21 用关系演算作插入操作。

解　表 4-1 的谓词为 $P(x_1,x_2,x_3,x_4)$，而插入元组为(20005,洪　浩,cs,23)，所对应的谓词为 $P'(x_1,x_2,x_3,x_4)$，此时，其插入操作为：$P(x_1,x_2,x_3,x_4) \vee P'(x_1,x_2,x_3,x_4)$。

② 表上的删除操作。设有表 T_1 与 T_2，它所对应的谓词为 P_1 与 P_2，则将表 T_1 中删除 T_2 中元组的操作可用 $P_1 \wedge \neg P_2$ 表示。

【例 12-28】对例 12-23 用关系演算作删除操作。

解　表 4-1 的谓词为 $P(x_1, x_2, x_3, x_4)$，而所删除的元组（20003,贾曼英,cs,21）所对应的谓词为 $P'(x_1,x_2,x_3,x_4)$,此时其删除操作为：$P(x_1,x_2,x_3,x_4) \wedge \neg P'(x_1,x_2,x_3,x_4)$。

③ 修改操作。设有表 T_1、T_2 与 T_3，它所对应的谓词为 P_1、P_2 与 P_3，则将表 T_1 中出现有 T_2 中元组处修改成 T_3 中元组的操作可用$(P_1 \wedge \neg P_2) \vee P_3$表示。

④ 表上的查询操作：表上的查询操作可用数理逻辑中的形式推理表示，其中，二维表所表示的谓词以及查询要求均为前提，而查询结果则是定理，它也是二维表，可用谓词 Q 表示。

【例 12-29】在表 4-1 中查询年龄为 21 岁的学生学号与姓名。

解　我们可以设计一个推理。

定义一个 Q(sno,sn),它表示查询结果谓词，这是推理求解的定理。

该推理中的前提为：

P(20001,丁一明,cs,18)

P(20002,王爱国,cs,18)

P(20003,贾曼英,cs,21)

P(20004,沈　杰,cs,19)

$\exists$sd(P(sno,sn,sd,21)→Q(sno.sn))

有了前提后可作证明如下：

① $\exists$sd(P(sno,sn,sd,21)→Q(sno,sn))	P 规则
② P(sno,sn,sd,21)→Q(sno,sn)	T 规则（ES 规则）：①
③ P(20003,贾曼英,cs,21)→Q(20003,贾曼英)	代入规则：②
④ P(20003,贾曼英,cs,21)	P 规则
⑤ Q(20003,贾曼英)	T 规则（分离规则）：④

最后，得到定理：Q(20003,贾曼英)，它即为查询结果。

从这两个例子可以得到两个启发：

① 一个应用问题往往可用多种离散数学分支表示，这表明离散数学各不同分支具有其共同研究对象与研究内容，但有不同研究特色。其共同研究对象均为集合，共同研究内容是关系，而不同研究特色是：关系是以集合方法为特色；代数系统以运算及系统为特色；图论以图结构为特色；数理逻辑以形式化推理为特色。

② 可以将一个计算机中的研究问题归结为对一个数学模型的研究，从而将对其的求解归结为对模型的计算。

这两点启发也是本节的小结。

12.2　可计算性理论——图灵机与计算机

在计算机中，一个最根本的问题就是计算机能求解哪些问题，不能求解哪些问题。这是计算机学科中的最基本性的问题，称为可计算性问题。在讨论中需要介绍一种抽象的计算机，称为图灵机，并最终建立起图灵机与计算机的关系。在本节中我们就讨论这个问题。

12.2.1　可计算性问题

计算机发展 70 余年来，其技术发展日新月异；其应用已渗透至各个领域，它已成为人类社会不可缺少的工具与帮手。对这种发展有人欢迎，有人惊恐。欢迎者认为这是高科技给人类带来的福音；惊恐者则认为，计算机的过度发展将会给人类带来灾难，甚至到某一天，计算机的计算机超过了人脑，最终计算机将控制人类，并消灭人类。其实，这两种观点都是片面的。实际上，计算机的能力是有限的，世界上每天都在产生数不清的问题，所有这些问题有的是计算机能解决的，它们称为可计算的（computable）；而有些是计算机不能解决的，它们称为不可计算的（incomputable）。世上有很多问题是不可计算的，例如，著名的停机问题（halting problem）即是不可计算的。什么是停机问题呢？我们知道，在程序中经常会出现循环，而这种循环在条件不满足时会继续，只有在条件满足时循环才会停止，因此一些程序有的循环会终止，而有的则不会终止（无限循环），还有一些循环的终止与否是与输入数据有关。因此，当一个程序运行时，很难分辨它是已经进入无限循环还是需要更多的运行时间。此时，人们提出了一个试图解决此问题的方法，即是否能编制一个程序，该程序能判别："给定一个程序与一个输入，该程序的运行必能停止。"这就是停机问题。遗憾的是，经过证明即使这么简单的问题计算机却不能解决，亦即是说：停机问题是不可计算的。

停机问题告诉我们，实际上计算机所能解决的问题是有限的。那么，给定一个问题，是否能通过一种方法证明该问题是能用计算机解决的，或不能用计算机解决的；亦即是说，问题是可计算的或是不可计算的。这就是可计算性理论。

在可计算性理论中，关键是要找到一种能判别问题是否可计算的一种方法。目前，一般采用数学方法，而最早、最著名的方法就是图灵机（Turing machine）方法。下面我们就介绍这种方法。

12.2.2　图灵机原理

图灵机是研究可计算性的一种数学方法。它实际上是一种抽象的、机械化的"计算过程"的数学模型，由英国数学家 A.M.Turing 于 1936 年提出。

1. 图灵机的组成

图灵机很简单，它仅由两部分组成：

（1）带（又称磁带）

图灵机可工作于一条两端均为无限长的带上，带上划分成小方格，每个小方格可以存放一个符号，符号只有两个，一个是单位符号，可记为 1，另一个是空白符号，可记为 B。

（2）控制单元

图灵机的另一个组成部分是控制单元。控制单元上有一个工作头叫读写头，它在任一时刻只"注视"带上的一个小方格，其中写头能在小方格上写上（又称打印）一个 1，或抹去一个

1（又称写上一个B），而读头能判别小方格上的符号是1还是B。读写头能沿着带左右移动，每次移动一格。图灵机控制单元能执行六条指令，它们是：

① 打印指令：打印1 —— write 1，抹去当前方格上的符号，并打印1。

② 打印指令：打印B —— write B，抹去当前方格上的符号，此时方格上为空白（相当于打印B）。

③ 移位指令（右移）—— right，读写头右移一格。

④ 移位指令（左移）—— left，读写头左移一格。

⑤ 转移指令（遇1转移）—— to A if read 1,读写头所注视的格内为1时，则转向执行程序中标号为A的指令；否则顺序执行下一条指令。

⑥ 转移指令（遇0转移）—— to A if read B,读写头所注视的格内为B时，则转向执行程序中标号为A的指令；否则顺序执行下一条指令。

图灵机的整体结构如图12-11所示。

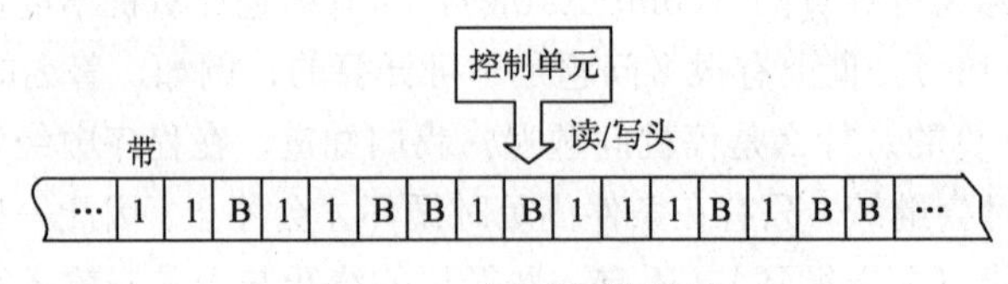

图12-11 图灵机结构图

2. 图灵机的工作原理

（1）图灵机程序

图灵机按指令所编成的程序工作。程序由带标号或不带标号的指令系列组成，它是图灵机工作的灵魂。每个图灵机都有一个固定程序，图灵机工作由程序的第一条指令起顺序执行，只有遇到转移指令才改变顺序。当图灵机顺序执行的指令后面没有指令时，图灵机停机。

（2）带上数据

图灵机的带是存放数据的地方。由于带是两端无限长的，因此它可以存放无限多个二进制数。在实际使用中，它仅是有限位二进制数的序列x_1，x_2，$\cdots$,x_n,其中，$x_i \in \{1,\mathrm{B}\}$。而带中其余部分均为空白。在图灵机工作初始，带上有初始数据为x_1，x_2，$\cdots$,x_n 。

（3）读写头位置

读写头在所有时刻都注视带上的一个小方格。它可用k表示，当读写头为k时表示该头注视带上数据x_1，x_2，$\cdots$,x_n中的x_k。

在图灵机工作初始，读写头必注视某一个固定数字k。

（4）图灵机状态ω

图灵机的工作即是执行程序，它的工作的任一时刻的面貌特征由三部分组成，称为图灵机状态ω：

① 所执行的指令——可用指令标号p表示。

② 带上的数据——可用x表示（$x = x_1, x_2, \cdots, x_n$）。

③ 读写头位置——可用k表示。

这样，图灵机状态ω可以表示成为下面的三元组：

$$S:(p,\ x,\ k)$$

图灵机在工作初始，有一个初始状态，它给出了程序第一条执行的指令，带上初始数据以及读写头的初始位置。接下来图灵机按程序执行指令，每执行一条指令就改变一个状态，直到最后一条指令执行完毕，它的状态称为最终状态，可记为 $S_m=(P_m, x^m, k_m)$. 而此时的 x^m 即为图灵机计算的结果。而整个工作过程可以下面的状态序列表示：

$$S_0\ S_1\ S_2\cdots S_m$$

这个序列称为图灵机的一个计算。

下面我们用一个例子以说明图灵机的计算。

【例 12-30】用图灵机做加法运算：5+1=6。

解　这个图灵机的程序如下：

```
1. Right
2. Write 1
3. Right
4. Write B
5. Left
6. left
```

在开始时，图灵机带上数字为 101（即 5），读写头注视位置为 1，图灵机的工作流程是：

(1) $S_0=\{1,101,1\}$ —— 状态 S_0

执行指令 1 后，读写头右移一位，此后进入下一状态。

(2) $S_1=\{2,101,2\}$ —— 状态 S_1

执行指令 2 后，读写头在指定位置写 1，此后进入下一状态。

(3) $S_2=\{3,111,2\}$ —— 状态 S_2

执行指令 3 后，读写头右移一位，此后进入下一状态。

(4) $S_3=\{4,111,3\}$ —— 状态 S_3

执行指令 4 后，读写头在指定位置写 0，此后进入下一状态。

(5) $S_4=\{5,110,2\}$ —— 状态 S_4

执行指令 5 后，读写头左移一位，此后进入下一状态。

(6) $S_5=\{6,110,1\}$ —— 状态 S_5

执行指令 6 后，读写头左移一位，此后停机。最后结果为 6。

一般地，凡可用图灵机计算的问题称为图灵可计算的（Turing computable），而不能用图灵机计算的问题称为图灵不可计算的（Turing incomputable）。

12.2.3　图灵-丘奇论题

根据图灵的猜想，一个问题是可计算的（即能用计算机求解）与图灵可计算的是一致的。这一猜想后来被丘奇（Church）提升为论题，即一致公认的结论。为纪念这两人对此论题的贡献，该论题正式命名为图灵-丘奇论题（Turing-Church thesis），也有人称为丘奇论题（Church thesis）。

图灵-丘奇论题告诉我们：图灵可计算的是判别一个问题是否能用计算机计算求解的标准。由于图灵机是一种抽象、简单的数学模型，用它作工具以研究与判别一个问题是否能用计算机求解是一种较好的办法。

图灵-丘奇论题也告诉我们：尽管现代计算机结构复杂、功能强大、速度快捷，实际上它的计算能力并没有超出简单的图灵机的能力范围。从另一个方面看，图灵机的计算能力实际上是有限的，世界上有很多问题都是图灵机所不能解决的，因此，计算机也是无法解决的。正确理解与认识计算机的能力，既不盲目夸大也不无谓缩小，这是该论题给我们的另一个启示

12.2.4 图灵机与计算机

图灵机是一种研究可计算性问题的理论，但是，它的结构思想与方法为计算机的出现与发展提供了理论指导。用现代人的观点看，也许图灵机太简单、太原始了。但是要知道，图灵在1936年就提出图灵机的概念了，那是离真正计算机诞生10年前的事。在那个时候图灵就提出了有关计算机的基本结构思想体系，为计算机的面世提供了理论基础。图灵在图灵机中提出了四个计算机中的基本型结构思想。

1．提出了计算机组成的基本结构思想

在图灵机中提出了组成机器的两个基本单元——控制单元与磁带，这两个单元相当于计算机中的运算控制单元与存储单元，它们构成了计算机的结构基础。

2．提出了二进位数的基本思想

在图灵机中提出了用1与B两个基本数字符号即能表示所有数字的思想，它为现代计算机中的二进制数字表示提供了理论基础。

3．提出了指令系统的基本思想

在图灵机中提出了图灵机工作是以指令为单位进行的，同时提出了最基本的六条指令，它们构成了一个完整的指令系统。这种指令系统思想构成了计算机工作的基本原理。

4．提出了程序的基本概念

在图灵机中提出了程序的基本思想与基本结构，为计算机软件的出现奠定了基础。

图灵在当时为研究可计算性理论而提出了图灵机理论，他当时并没有想到，图灵机理论对10年后所出现的计算机会有如此重大的影响与作用。这正叫作："有心种花花齐开，无心栽柳柳成荫"。从这里也可以看出数学理论对计算机学科的重大影响力。

由于图灵机对计算机结构上的作用与影响，以及它对计算机可计算能力的决定性作用，因此，图灵被视为计算机之父，以他命名的奖项——图灵奖是计算机世界的诺贝尔奖。

小结

本章讨论计算机学科的两大数学基础——离散数学与可计算性理论。

1．离散数学

（1）建立在可数集上的数学称为离散数学，它特别适合于研究计算机学科并作为研究的一种工具与手段。

（2）离散数学主要由集合论（包括集合关系与函数）、代数系统、图论及数理逻辑等若干数学分支组成。

（3）在离散数学中：

- 集合研究学科对象的一般性规律。
- 关系研究学科内容的一般性规律。

- 函数是一种特殊关系，它研究某些特殊学科内容的一般性规则。
- 代数系统是以运算、系统为研究特点的学科内容规则的探讨。
- 图论是以图结构研究特点的学科内容规则的探讨。
- 数理逻辑是以推理为研究特点的学科内容规则的探讨。

2. 可计算性理论

（1）可计算性理论研究计算机求解的能力。

（2）可计算性理论采用图灵机理论作为研究手段。

（3）图灵机理论是一种数学理论，图灵机是一种抽象的机器，用于研究可计算性理论。

（4）图灵机还对计算机整体结构的组成起到了指导性作用。

习题

一、简答题

1. 什么叫集合？
2. 常用有哪些集合运算？它们满足哪些规律？
3. 什么叫关系？它有哪些运算？
4. 说明函数与关系的异同。
5. 什么叫运算？什么叫代数系统？
6. 在代数系统中一般有哪些规律？并请举出三个满足一定规律的代数系统。
7. 什么叫图？什么叫树？什么叫线性结构？给出它们的定义。
8. 请说明图的矩阵表示方法，并用一例表示。
9. 数理逻辑中有哪些基本概念？
10. 说明数理逻辑中的推理思想。
11. 什么叫可计算性问题？
12. 说明图灵机的工作原理。
13. 说明图灵机理论对计算机学科的影响与作用。

二、应用题

1. 北京、上海、杭州与南京等四城市间设有三条航线：北京与南京；上海与南京；杭州与南京。请问它们间可以开设哪几条航班？并请用图论与数理逻辑表示之。

2. 某读者前往图书馆查询图书，他希望能找到 19 世纪法国的长篇小说或我国近代的长篇小说。请将此要求用集合的方法表示。

第五篇

人文计算机——计算机文化

计算机这门学科既具理科性质内容又有工科性质内容，近年来由于它已深入人类社会，因此逐渐形成一门具文科性质内容的学科，称为计算机文化(Computer Culture)，或称人文计算机。

在本篇中主要介绍计算机在人文领域层面的内容。

本篇包括一章，即第 13 章“计算机与社会”，重点介绍计算机文化中的社会责任，这是计算机文化的核心。

第13章 计算机与社会

本章导读

本章重点介绍计算机文化中的社会责任。主要内容包括计算机文化中的道德、法律法规以及教育等内容。

内容要点：

- 计算机道德。

学习目标：

能了解计算机科学、技术与社会科学之间的关系。具体包括：

- 计算机道德。
- 计算机法律、法规。
- 信息社会中的教育。

通过本章学习，学生能了解使用计算机的社会责任并对自己规范使用计算机建立起严格的要求。

13.1 计算机文化

文化是人类精神层面的内容，属人文学科范畴，它是社会科学的一部分。文化包括哲学、宗教、教育、艺术、道德、心理、风俗、习惯及法律等，是一个包含多层次、多方面内容的统一体。

人类的生活、工作都是在一定的文化背景下进行的，文化对人类的影响与作用无处不在，无时不在，其影响力是巨大的，这种影响力有时是正向的，有时则是反向的。对任何人、任何工作，如在正确的文化引导下将会产生正面影响；如在不正确文化引导下将会产生负面影响，因此培养与加强正确文化是任何人与任何职业都需要的。既然如此，那么如何会出现专门的“计算机文化”这个概念呢？是否计算机文化在文化领域中有其特殊性？回答是肯定的。在计算机领域中除了有一般性的文化内涵还须有特殊的文化的要求与修养，这与计算机这门学科本身有关。

由于计算机已深入到社会的每个角落，计算机的应用正在改变着人们的思想、生活方式、工作节奏与习惯。同时，社会上的不健康思想、不道德作风，甚至违法的行为也正在影响着计算机使用。目前，全球使用计算机者（或称网民）已超过 20 亿，这个数字还在不断上升，他们已组成了一个庞大的计算机社会。这个社会是人类社会的一个缩影，也包括了人类社会中的文化，即在计算机社会中形成了计算机文化。

计算机学科迅速发展给人类社会带来了新的文明，同时也引来了新的困难与烦恼，有时甚至是灾难。这主要表现在如下几个方面：

① 个人隐私受到了威胁。

② 知识产权保护变得更加困难。

③ 在计算机社会中病毒流行，黑客攻击时有发生。

④ 计算机诈骗与计算机犯罪的出现。

⑤ 不良信息肆意传播。

⑥ 电子垃圾破坏生态，污染环境。

⑦ 计算机游戏及网络聊天的不恰当使用，给青少年造成心理和生理的危害。

这些现象表明，在计算机社会中需要提倡健康的社会风气，遵守计算机社会中的道德规范，严格执行计算机中的法律与法规，加强正确、规范使用计算机的教育已成为当务之急。

本章主要对计算机文化中的道德、法律法规及教育等几个问题作重点介绍，以引起人们对计算机文化的重视。

13.2 计算机道德

道德是文化的一个重要组成部分，它是社会为调整人与人间的关系所产生的行为规范。道德不具强制性，但它通过教育与舆论的力量影响人们的行为。计算机道德也是如此，计算机道德是为使人们在计算机社会中有自由使用计算机的权利所形成的行为、规范。这些行为与规范有很多，为使它们条理化，美国计算机学会（ACM）制定了“ACM 道德与职业行为规范”，共 24 条，其中主要的有：

① 不伤害他人和尊重他人隐私权。

② 尊重他人的知识产权。

③ 尊重国家、公司及企业的特有机密。

④ 做一个讲真话的人、一个诚信的人和一个值得别人信赖的人。

下面就其中几个问题进行说明：

1. 隐私权的保护

在计算机特别是互联网发达的今天，信息共享已为人们带来了巨大利益，互联网中的信息资源对人类社会发展起到了重大的作用。但是，与此同时个人的隐私受到了重大的冲击，并造成了严重社会问题。有人说“互联网上无隐私”，正是针对目前这种不尊重隐私所造成的后果的真实写照。保护隐私权已成为计算机文化与计算机道德中的重要内容。当然，对隐私权的保护不仅是道德问题，还须从立法、教育等多种方面着手解决，但是在法律、法规尚不健全的今天，从道德角度加强对隐私权保护尤为重要。

2. 知识产权保护

计算机软件是软件开发人员与企业花费巨大精力与财力的结晶，他们的劳动理应受到社会尊重，付费使用软件是天经地义的事。这不仅是一种公平的交易，也是促使企业与个人进一步开发软件、促进计算机事业发展所必需的。软件是一种知识产品，保护这种知识产品的产权是计算机道德的重要内容。计算机软件存在一些自身的弱点，即它易于复制，这样就为某些人盗用软件创造了条件，从而造成了计算机软件盗版的流行。

计算机软件盗版行为的抑止，除了法律手段外，更主要的是从个人自觉地规范自己行为着手，从道德层面下手，养成人人使用正版软件的良好社会风尚。

3. 不做黑客不制造与传播病毒

计算机社会中经常会产生天灾与人祸，其中天灾属外力不可阻挡的灾难，而人祸则是人为制造的灾难。其中，黑客入侵与病毒制造、传播是计算机社会中的典型人祸。

黑客入侵可以窃取他人隐私、破坏计算机中的信息资源及程序资源，导致计算机不能正常运行，严重的还会导致整个系统的崩溃。而计算机病毒的制造与传播也会产生类似的后果，计算机一旦感染病毒，就会使运行受到影响、信息资源遭受破坏，同时病毒还会随着网络四处传播，使整个网络遭受损害。

黑客与病毒制造者都是一些社会责任感缺失、公共道德沦落者，他们在计算机或网络中故意制造人为灾难，伴随着计算机及网络的产生而产生，发展而发展，至今仍在计算机社会中存在。这些行为反映了他们缺少教育与必要的道德品质，因此加强对他们在精神领域的行为规范是很有必要的。

4. 计算机诈骗与计算机犯罪

计算机技术是一种高科技技术，它能造福人类，但是它一旦被别有用心的人所掌握，也能祸害人类，其中计算机诈骗与计算机犯罪即是典型的例子。

计算机社会是一种虚拟社会，在这个社会中人们虽然远隔千里，互不相识，但是可以通过网络的虚拟平台，从相识、相知到相交，可以“网恋”“网婚”，还可以通过这个虚拟平台从事商务、政务等活动。总之，在人类社会所能发生的事，在这里也大多都能发生，但是这是一个虚无缥缈的社会，人与人之间虽能交互、办事，但他们间缺少真实性的基础，这就使计算机诈骗犯与罪犯钻了漏洞与空子，他们利用网络虚拟性，利用人们的某些不健康心理实施诈骗与犯罪，且屡屡得手，其犯罪效果往往超过人类社会。

因此，在计算机社会中要大力宣扬诚实做人，不贪图小利，同时也要告诫人们在网络中注意“害人之心不可有，防人之心不可无”的信条。

13.3 计算机的法律与法规

法律与道德是计算机社会中抑止不规范、不文明以及非法活动行为的两个不同侧面。道德是从精神层面对人类活动产生影响与约束，而法律（法规）则对人类活动起着强制性的约束作用。由于计算机中犯罪现象及非法活动近年来有上升趋势，因此从国际上到国内都陆续制定了一些专门用于计算机的法律与法规，如有关知识产权保护的法律法规、个人隐私权保护的法律法规。

从 20 世纪 90 年代起，我国就开始制定保护知识产品的相关法律与法规，其中重要的有：

- 中华人民共和国著作权法。
- 计算机软件保护条例。

- 中华人民共和国反不正当竞争法。
- 全国人民代表大会常务委员会关于惩治侵犯著作权的犯罪的决定。
- 计算机软件保护法。

近年来，有关保护隐私的法律、法规的制定也提上了日程，自 2007 年以来陆续制定了若干保护个人隐私的法律法规。

至于有关诈骗、黑客、病毒制造者以及其他网络犯罪，一般均可参照现有的有关刑事法律办理与执行，它们包括：

- 违反国家规定，侵入国家事务、国防建设、尖端科学技术领域的计算机信息的行为。
- 违反国家规定，对计算机信息系统功能进行删除、修改、增加、干扰，造成计算机信息系统不能正常运行。
- 违反国家规定，对计算机信息系统中存储、处理或者传输的数据和应用程序进行删除、修改、增加操作。
- 故意制作和传播计算机病毒等破坏性程序，影响计算机正常运行。

由于计算机技术发展很快，因此相关的法律法规的制定已有所滞后。目前，正在讨论及有待制定的法律、法规尚有很多，如“人肉搜索”立法即属此例。

13.4 信息社会中的教育

在这里的教育是指如何在计算机社会中宣扬好的道德品质，建立良好作风与风格以及教育人们如何在使用计算机时不损及他人利益，如何尊重他人隐私，如何尊重他人劳动，公平、公正对待人，以诚信态度对待人等。

这种教育的途径可以有多种，主要可通过下面几个方面实施：

1. 在教授专业知识时进行教育

教师在传授计算机专业知识，培养学生使用与开发计算机能力的同时，也要培养学生文明用机、合法用机的意识，指出不文明及非法用机的危害性。

这是进行教育的主要途径，是我们所提倡的“教书育人”的具体体现。这种教育不但应体现在正规的教学中，而且还应体现在各种非正规教学中，如各类计算机培训班、计算机讲座以及计算机的相关报告中。

2. 在媒体报道中进行教育

除了在专业知识传授时进行教育外，还应在媒体中（包括计算机的相关媒体中）进行正面导向性的宣传，颂扬正确道德品质，抨击非法、不文明的行为活动，以形成强大的舆论力量，促进正确的计算机道德风尚的建立。

3. 在计算机活动场所进行教育

在各类计算机活动场所，特别是广大青少年经常光顾的地方的工作人员也要教育计算机使用者遵守法律、法规，遵守纪律，养成良好的使用计算机的习惯，不可沉迷于计算机虚拟世界中。

4. 开设计算机文化课程

在国外计算机相关专业中开设“计算机文化”课程已成为风尚，在国内也有一些学校已开设此课程，它是宣传计算机文化的正规与固定的场所，建议有条件的学校进行尝试。

5. 加强青少年教育

对涉世不深的青少年群体要特别加强教育，包括家长、广大教育工作者以及国家法制工作人员等都要对青少年及时进行教育，使其形成树立文明用机的良好风尚。

小结

本章介绍计算机在人文领域层面的内容，称为计算机文化。重点介绍计算机使用者的社会责任，它包括道德、法律法规及教育等三方面：

（1）道德：

- 隐私权保护。
- 知识产权保护。
- 不做黑客、不制造与传播病毒。
- 计算机诈骗与犯罪的防止。

（2）计算机法律与法规：

- 保护知识产权的法律与法规。
- 保护隐私权的法律与法规。
- 计算机诈骗、黑客以及病毒制造和传播的法律与法规。

（3）教育。

习题

简答题

1. 为什么说计算机文化中的社会责任是计算机文化的核心？
2. 解释计算机文化在一般文化中的特殊意义。
3. 计算机道德主要包括哪些内容？
4. 计算机法律、法规包括哪些内容？
5. 在计算机文化的教育中有哪几方面途径？

参 考 文 献

[1] 徐家福．计算机科学技术百科全书[M]．3版．北京：清华大学出版社，2016.
[2] 徐洁磐．离散数学导论[M]．5版．北京：高等教育出版社，2016.
[3] 徐洁磐．数据库技术原理与应用教程[M]．2版．北京：机械工业出版社，2016.
[4] 张福炎，孙志挥．大学计算机信息技术教程[M]．6版．南京：南京大学出版社，2016.
[5] 阿里研究院．互联网＋从IT到DT[M]．北京：机械工业出版社，2016.
[6] 吕云翔，李沛伦．计算机导论[M]．北京：清华大学出版社，2015.
[7] 陈明．计算机导论[M]．2版．北京：清华大学出版社，2015.
[8] 王太雷，贝依林．计算机导论[M]．3版．北京：电子工业出版社，2015.
[9] 陈健，金志权，许健．计算机网络基础教程[M]．北京：中国铁道出版社，2015.
[10] 徐洁磐．计算机软件基础[M]．北京：中国铁道出版社，2013.
[11] 费翔林，骆斌．操作系统教程[M]．5版．北京：高等教育出版社，2013.
[12] 金志权．计算机实用教程[M]．北京：电子工业出版社，2012.
[13] 徐洁磐．计算机系统导论[M]．北京：机械工业出版社，2012.
[14] 刘丹，李禾．计算机导论[M]．北京：机械工业出版社，2012.
[15] 徐洁磐，朱怀宏．现代信息系统分析与设计教程[M]．北京：人民邮电出版社，2010.
[16] 高等学校计算机科学与技术教学指导委员会．高等学校计算机科学与技术专业能力构成与培养[M]．北京：机械工业出版社，2010.
[17] 安志远，邓振杰．计算机导论[M]．北京：高等教育出版社，2009.
[18] 高等学校计算机科学与技术教学指导委员会．高等学校计算机科学与技术专业核心课程教学实施方案[M]．北京：高等教育出版社，2009.
[19] 布鲁克希尔．计算机科学概论[M]．10版．刘艺，肖成海，马小会，译．北京：人民邮电出版社，2009.
[20] 戴尔，路易斯．计算机科学概论（第3版）[M]．张欣，胡伟，等译．北京：机械工业出版社，2008.
[21] 帕森斯．计算机文化导论（第10版）[M]．吕云翔，傅尔也，译．北京：机械工业出版社，2008.
[22] 黄国兴，陶树平，丁岳伟．计算机导论[M]．2版．北京：清华大学出版社，2008.
[23] 李昭原．数据库新进展[M]．2版．北京：清华大学出版社，2007.
[24] 中国计算机科学与技术教程2002研究组．中国计算机科学与技术学科教程2002[M]．北京：清华大学出版社，2002.